人力资源和社会保障部全国计算机信息高新技术考试

指定教材

Occupational Skill Testing Authority Ministry of MOLSS
全国计算机信息高新技术考试指定教材
OSTA BHP
人力资源和社会保障部职业技能鉴定中心
北京希望电子出版社
Beijing Hope Electronic Press

办公软件应用(Windows平台)

Windows 98/2000/XP, Office 97/2000/XP

试题汇编

（高级操作员级）

2011年修订版

国家职业技能鉴定专家委员会
计算机专业委员会 编写

科学出版社
www.sciencep.com

北京希望电子出版社
Beijing Hope Electronic Press
www.bhp.com.cn

内容简介

由人力资源和社会保障部职业技能鉴定中心在全国统一组织实施的全国计算机信息高新技术考试是面向广大社会劳动者举办的计算机职业技能考试，考试采用国际通行的专项职业技能鉴定方式，测定应试者的计算机应用操作能力，以适应社会发展和科技进步的需要。

本书包含了全国计算机信息高新技术考试办公软件应用模块（Windows 平台）Windows 98/2000/XP, Office 97/2000/XP 高级操作员级考试的全部试题，经国家职业技能鉴定专家委员会计算机专业委员会审定，考生考试时所做题目从中随机抽取。本书既可供正式考试时使用，也可供考生考前练习之用，是参加办公软件应用（Windows 平台）Windows 98/2000/XP, Office 97/2000/XP 高级操作员级考试的考生人手一册的必备技术资料。同时，本书可供高新技术考试的考评员和培训教师在组织培训、操作练习等方面使用。另外，本书还可作为各级各类大中专院校、技校、职高办公软件应用技能培训与测评的参考书。

为方便考生考前练习，题库素材将在随书光盘和高新考试教材服务网（www.citt.org.cn）上提供，同时在该网站上也将提供本书中八套试题的在线模拟练习。

需要本书或技术支持的读者，请与北京清河 6 号信箱（邮编：100085）销售部联系，电话：010-62978181（总机）、010-82702665，传真：010-82702698，E-mail：bhpjc@bhp.com.cn。体验高新技术考试教材及其网络服务，请访问 www.bhp.com.cn 或 www.citt.org.cn 网站。

图书在版编目（CIP）数据

办公软件应用（Windows 平台）试题汇编 ：2011 版.Windows 98/2000/XP, Office 97/2000/XP 高级操作员级/ 国家职业技能鉴定专家委员会计算机专业委员会编写. -- 北京 ：科学出版社, 2011.7

（人力资源和社会保障部全国计算机信息高新技术考试指定教材）

ISBN 978-7-03-030798-9

Ⅰ. ①办… Ⅱ. ①国… Ⅲ. ①Windows 操作系统－技术培训－习题集②办公室－自动化－应用软件，Office－技术培训－习题集 Ⅳ. ① TP316.7-44 ② TP317.1-44

中国版本图书馆 CIP 数据核字(2011)第 067601 号

责任编辑：石文涛 周鹏举 / 责任校对：韩培付
责任印刷：密 东 / 封面设计：张 洁

科学出版社 出版
北京东黄城根北街 16 号
邮政编码：100717
http://www.sciencep.com

北京市密东印刷有限公司印刷

科学出版社发行 各地新华书店经销

*

2011 年 7 月第 1 版 开本：787mm×1092mm 1/16
2011 年 7 月第 1 次印刷 印张：20.5
印数：1—3 000 字数：486 千字

定价：39.80 元（配一张 CD 光盘）

国家职业技能鉴定专家委员会
计算机专业委员会名单

全国计算机信息高新技术考试

办公软件应用（Windows 平台）操作员级

命题组成员

赵树林　王大印　闻金川　张增华

李大伟　付　磊　徐志飞　靳　梅

张　霄　李　哲　王　为　郭　萌

白海波　张　稳　强　斌　丁国钟

荣建民　赵枫朝　普　宁　金碧云

马义词　钟宏伟　雷　斌　李圣格

刘利军　吴雄华　范二朋　段之颖

金志农　奚　昕　石文涛　韩培付

周鹏举　杨　莉

全国计算机信息高新技术考试简介

全国计算机信息高新技术考试是劳动和社会保障部为适应社会发展和科技进步的需要，提高劳动力素质和促进就业，加强计算机信息高新技术领域新职业、新工种职业技能鉴定工作，授权劳动和社会保障部职业技能鉴定中心在全国范围内统一组织实施的社会化职业技能考试。根据劳动和社会保障部职业技能开发司、劳动和社会保障部职业技能鉴定中心劳培司字[1997]63 号文件，“考试合格者由劳动和社会保障部职业技能鉴定中心统一核发计算机信息高新技术考试合格证书。该证书作为反映计算机操作技能水平的基础性职业资格证书，在要求计算机操作能力并实行岗位准入控制的相应职业作为上岗证；在其他就业和职业评聘领域作为计算机相应操作能力的证明。通过计算机信息高新技术考试，获得操作员、高级操作员资格者，分别视同于中华人民共和国中级、高级技术等级，其使用及待遇参照相应规定执行；获得操作师、高级操作师资格者参加技师、高级技师技术职务评聘时分别作为其专业技能的依据”。

开展这项工作的主要目的，就是为了推动高新技术在我国的迅速普及，促使其得到推广应用，提高应用人员的使用水平和高新技术装备的使用效率，促进生产效率的提高；同时，对高新技术应用人员的择业、流动提供一个应用水平与能力的标准证明，以适应劳动力的市场化管理。

根据职业技能鉴定要求和劳动力市场化管理需要，职业技能鉴定必须做到操作直观、项目明确、能力确定、水平相当且可操作性强的要求。因此，全国计算机信息高新技术考试采用了一种新型的、国际通用的专项职业技能鉴定方式。根据计算机不同应用领域的特征，划分模块和系列，各系列按等级分别独立进行考试。

目前划分了五个级别：

序号	级别	与国家职业资格对应关系
1	高级操作师级	中华人民共和国职业资格证书国家职业资格一级
2	操作师级	中华人民共和国职业资格证书国家职业资格二级
3	高级操作员级	中华人民共和国职业资格证书国家职业资格三级
4	操作员级	中华人民共和国职业资格证书国家职业资格四级
5	初级操作员级	中华人民共和国职业资格证书国家职业资格五级

目前划分了 14 个模块，45 个系列，62 个软件版本。

序号	模块	模 块 名 称	编号	平　　台
1	00	初级操作员	001	Windows/Office
		办公软件应用	002	Windows 平台（MS Office）
			003	Windows 平台（WPS）
2	01	数据库应用	011	FoxBASE+平台
			012	Visual FoxPro 平台
			013	SQL Server 平台
			014	Access 平台
3	02	计算机辅助设计	021	AutoCAD 平台
			022	Protel 平台
4	03	图形图像处理	031	3D Studio 平台
			032	Photoshop 平台

续表

序号	模块	模块名称	编号	平台
4	03	图形图像处理	034	3D Studio MAX 平台
			035	CorelDRAW 平台
			036	Illustrator 平台
5	04	专业排版	041	方正书版、报版平台
			042	PageMaker 平台
			043	Word 平台
6	05	因特网应用	051	Netscape 平台
			052	Internet Explorer 平台
			053	ASP 平台
7	06	计算机中文速记	061	听录技能
8	07	微型计算机安装调试维修	071	IBM-PC 兼容机
9	08	局域网管理	081	Windows NT 平台
			082	Novell NetWare 平台
10	09	多媒体软件制作	091	Director 平台
			092	Authorware 平台
11	10	应用程序设计编制	101	Visual Basic 平台
			102	Visual C++平台
			103	Delphi 平台
			104	Visual C#平台
12	11	会计软件应用	111	用友软件系列
			112	金蝶软件系列
13	12	网页制作	121	Dreamweaver 平台
			122	Fireworks 平台
			123	Flash 平台
			124	FrontPage 平台
14	13	视频编辑	131	Premiere 平台
			132	After Effects 平台

根据计算机应用技术的发展和实际需要，考核模块将逐步扩充。

全国计算机信息高新技术考试密切结合计算机技术迅速发展的实际情况，根据软硬件发展的特点来设计考试内容和考核标准及方法，尽量采用优秀国产软件，采用标准化考试方法，重在考核计算机软件的操作能力，侧重专门软件的应用，培养具有熟练的计算机相关软件操作能力的劳动者。在考试管理上，采用随培随考的方法，不搞全国统一时间的考试，以适应考生需要。向社会公开考题和答案，不搞猜题战术，以求公平并提高学习效率。

全国计算机信息高新技术考试特别强调规范性，劳动和社会保障部职业技能鉴定中心根据“统一命题、统一考务管理、统一考评员资格、统一培训考核机构条件标准、统一颁发证书”的原则进行质量管理，每一个考核模块都制定了相应的鉴定标准和考试大纲，各地区进行培训和考试都执行统一的标准和大纲，并使用统一教材，以避免“因人而异”的随意性，使证书获得者的水平具有等价性。为适应计算机技术快速发展的现实情况，不断跟踪最新应用技术，还建立了动态的职业鉴定标准体系，并由专家委员会根据技术发展进行拟定、调整和公布。

考试咨询网站：www.citt.org.cn　培训教材咨询电话：010-82702672，010-62978181

出 版 说 明

全国计算机信息高新技术考试是根据原劳动部发［1996］19号《关于开展计算机信息高新技术培训考核工作的通知》文件，由人力资源和社会保障部职业技能鉴定中心统一组织的计算机及信息技术领域新职业国家考试。

根据职业技能鉴定要求和劳动力市场化管理需要，职业技能鉴定必须做到操作直观、项目明确、能力确定、水平相当且可操作性强的要求。因此，全国计算机信息高新技术考试采用了一种新型的、国际通用的专项职业技能鉴定方式。根据计算机不同应用领域的特征，划分了模块和平台，各平台按等级分别独立进行考试，应试者可根据自己工作岗位的需要，选择考核模块和参加培训。

全国计算机及信息高新技术考试特别强调规范性，人力资源和社会保障部职业技能鉴定中心根据“统一命题、统一考务管理、统一考评员资格、统一培训考核机构条件标准、统一颁发证书”的原则进行质量管理。每一个考试模块都制定了相应的鉴定标准和考试大纲，各地区进行培训和考试都执行统一的标准和大纲，并使用统一教材，以避免“因人而异”的随意性，使证书获得者的水平具有等价性。

为保证考试和培训的需要，每个模块的教材由两种指定教材组成。其中一种是汇集了本模块全部试题的《试题汇编》，一种是用于系统教学使用的《培训教程》。

本试题汇编根据办公软件应用模块培训和考核标准及高级操作员考试大纲编写，本试题汇编汇集全部试题，分8个单元，正式考试时，由考试服务中心为考生随机在每个单元抽取一个题号，形成选题单。考试时，由考生根据选题单上的单元和题号，按照本试题汇编中的操作要求和样文，调用计算机中的题库文件。这样，通过事先大量练习，达到使考生既通过考试，又熟练掌握了计算机应用技能的目的。

本试题汇编也能为社会各界组织计算机应用考试、检测单位成员计算机应用能力提供考试支持，为各级各类学校组织计算机教学与考试提供题源，为自学者提供学习的主要侧重点和实际达到能力的检测手段。

本书是《办公软件应用（Windows平台）Windows 98/2000/XP，Office 97/2000/XP试题汇编（高级操作员级）（2008版）》（CX-6354）一书的修订版。我们把书和素材（盘）中发现的文字错误做了改正，有些叙述不清楚、不准确、不妥当的地方也加以处理。我们力求使本书达到尽善尽美，相信我们的努力会给广大使用者带来更大的方便。

本书执笔人为赵树林、王大印、闻金川、张增华、李大伟、付磊、徐志飞、靳梅、张霄、李哲、王为、郭萌、白海波、张稳、强斌、丁国钟、荣建民、赵枫朝、普宁、金碧云、马义词、钟宏伟、雷斌、李圣格、刘利军、吴雄华等。

书中不当之处恳请批评指正。

出版说明

目　录

第一单元　操作系统应用

1.1　第 1 题

【操作要求】

1. 启动“资源管理器”。
2. **建立考生文件夹**：在 C 盘建立考生文件夹，文件夹名为考生准考证后 7 位。
   举例：如果考生的准考证号为 0490010610314000001，则考生文件夹名为 4000001。
3. **复制并重命名文件**：根据选题单指定的题号，将题库中 KSML2 文件夹内相应的文件复制到考生文件夹中，将文件分别重命名为 A1、A2、A3、A4、A5、A6、A7 和 A8，扩展名不变。

   说明：C 盘中有考试题库 Win2004GJW 文件夹，文件夹结构如下：

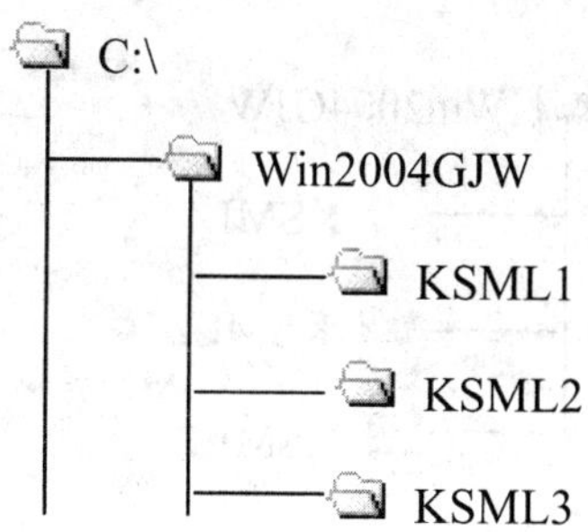

   如果考生的选题单为：

单元	一	二	三	四	五	六	七	八
题号	7	5	14	20	8	6	18	4

   则应将题库中 KSML2 文件夹内的文件 KS1-7.DOC、KS2-5.DOC、KS3-14.DOC、KS4-20.XLS、KS5-8.XLS、KS6-6.PPT、KS7-18.XLS、KS8-4.PST 复制到考生文件夹中，并分别重命名为 A1.DOC、A2.DOC、A3.DOC、A4.XLS、A5.XLS、A6.PPT、A7.XLS、A8.PST。

4. 系统设置与优化：

- 用磁盘清理程序对 C 驱动器进行清理，在进行磁盘清理时将整个屏幕以 BMP 图片格式保存到考生文件夹中，文件命名为 A1a（不必等待操作执行完毕）。
- 自定义任务栏，设置不显示时钟，并且在经典“开始”菜单中显示小图标，将上述两个操作设置后的效果屏幕分别以 BMP 图片格式保存到考生文件夹中，文件命名为 A1b 和 A1c，图片保存之后，恢复原设置。

1.2 第 2 题

【操作要求】

1．启动“资源管理器”。

2．**建立考生文件夹：** 在 C 盘建立考生文件夹，文件夹名为考生准考证后 7 位。

举例： 如果考生的准考证号为 0490010610314000001，则考生文件夹名为 4000001。

3．**复制并重命名文件：** 根据选题单指定的题号，将题库中 KSML2 文件夹内相应的文件复制到考生文件夹中，将文件分别重命名为 A1、A2、A3、A4、A5、A6、A7 和 A8，扩展名不变。

说明：C 盘中有考试题库 Win2004GJW 文件夹，文件夹结构如下：

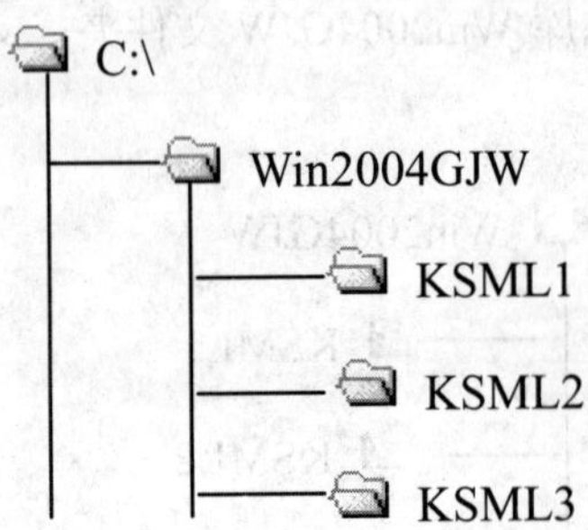

如果考生的选题单为：

单元	一	二	三	四	五	六	七	八
题号	7	5	14	20	8	6	18	4

则应将题库中 KSML2 文件夹内的文件 KS1-7.DOC、KS2-5.DOC、KS3-14.DOC、KS4-20.XLS、KS5-8.XLS、KS6-6.PPT、KS7-18.XLS、KS8-4.PST 复制到考生文件夹中，并分别重命名为 A1.DOC、A2.DOC、A3.DOC、A4.XLS、A5.XLS、A6.PPT、A7.XLS、A8.PST。

4．**系统设置与优化：**

- 使用磁盘清理程序对 C 驱动器进行清理，在进行磁盘清理时将整个屏幕以 BMP 图片格式保存到考生文件夹中，文件命名为 A1a（不必等待操作执行完毕）。
- 为“开始”菜单“程序”子菜单中的 Microsoft Word 程序创建桌面快捷方式，将设置后的桌面以 BMP 图片格式保存到考生文件夹中，文件命名为 A1b。

1.3　第3题

【操作要求】

1. 启动“资源管理器”。
2. 建立考生文件夹：在C盘建立考生文件夹，文件夹名为考生准考证后7位。
   举例：如果考生的准考证号为0490010610314000001，则考生文件夹名为4000001。
3. 复制并重命名文件：根据选题单指定的题号，将题库中KSML2文件夹内相应的文件复制到考生文件夹中，将文件分别重命名为A1、A2、A3、A4、A5、A6、A7和A8，扩展名不变。

   说明：C盘中有考试题库Win2004GJW文件夹，文件夹结构如下：

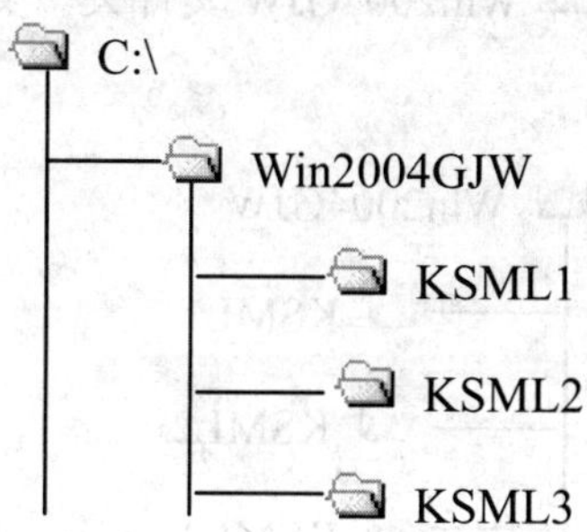

   如果考生的选题单为：

单元	一	二	三	四	五	六	七	八
题号	7	5	14	20	8	6	18	4

   则应将题库中KSML2文件夹内的文件KS1-7.DOC、KS2-5.DOC、KS3-14.DOC、KS4-20.XLS、KS5-8.XLS、KS6-6.PPT、KS7-18.XLS、KS8-4.PST复制到考生文件夹中，并分别重命名为A1.DOC、A2.DOC、A3.DOC、A4.XLS、A5.XLS、A6.PPT、A7.XLS、A8.PST。
4. 系统设置与优化：

- 使用磁盘碎片整理程序对C驱动器进行整理，在进行磁盘整理前对磁盘进行分析，查看分析报告并将整个屏幕以BMP图片格式保存到考生文件夹中，文件命名为A1a。
- 为“开始”菜单“程序”子菜单中的Microsoft Excel程序创建桌面快捷方式，将设置后的桌面以BMP图片格式保存到考生文件夹中，文件命名为A1b。

1.4 第 4 题

【操作要求】

1．**启动“资源管理器”**。

2．**建立考生文件夹**：在 C 盘建立考生文件夹，文件夹名为考生准考证后 7 位。

举例：如果考生的准考证号为 0490010610314000001，则考生文件夹名为 4000001。

3．**复制并重命名文件**：根据选题单指定的题号，将题库中 KSML2 文件夹内相应的文件复制到考生文件夹中，将文件分别重命名为 A1、A2、A3、A4、A5、A6、A7 和 A8，扩展名不变。

说明：C 盘中有考试题库 Win2004GJW 文件夹，文件夹结构如下：

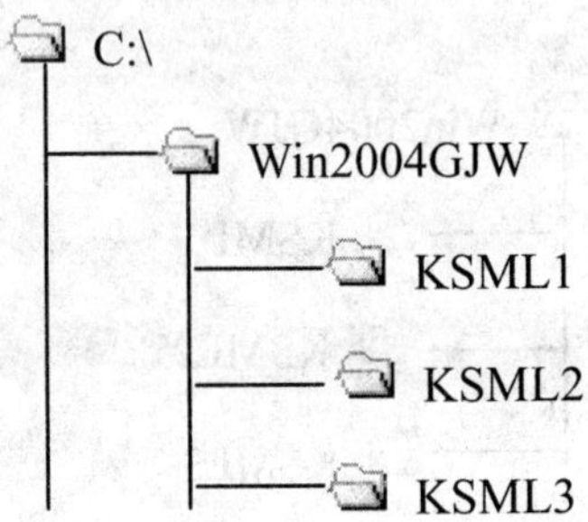

如果考生的选题单为：

单元	一	二	三	四	五	六	七	八
题号	7	5	14	20	8	6	18	4

则应将题库中 KSML2 文件夹内的文件 KS1-7.DOC、KS2-5.DOC、KS3-14.DOC、KS4-20.XLS、KS5-8.XLS、KS6-6.PPT、KS7-18.XLS、KS8-4.PST 复制到考生文件夹中，并分别重命名为 A1.DOC、A2.DOC、A3.DOC、A4.XLS、A5.XLS、A6.PPT、A7.XLS、A8.PST。

4．**系统设置与优化**：

- 查找 C 驱动器中所有扩展名为“.exe”的文件，查找完毕，将带有查找结果的当前屏幕以 BMP 图片格式保存到考生文件夹中，文件命名为 A1a。
- 将桌面背景设置为图片 C:\Win2004GJW\KSML3\BEIJING1-4.JPG，将设置后的桌面以 BMP 图片格式保存到考生文件夹中，文件命名为 A1b，图片保存之后，恢复原设置。

1.5　第5题

【操作要求】

1. 启动“资源管理器”。
2. **建立考生文件夹**：在C盘建立考生文件夹，文件夹名为考生准考证后7位。
   举例：如果考生的准考证号为0490010610314000001，则考生文件夹名为4000001。
3. **复制并重命名文件**：根据选题单指定的题号，将题库中KSML2文件夹内相应的文件复制到考生文件夹中，将文件分别重命名为A1、A2、A3、A4、A5、A6、A7和A8，扩展名不变。

   说明：C盘中有考试题库Win2004GJW文件夹，文件夹结构如下：

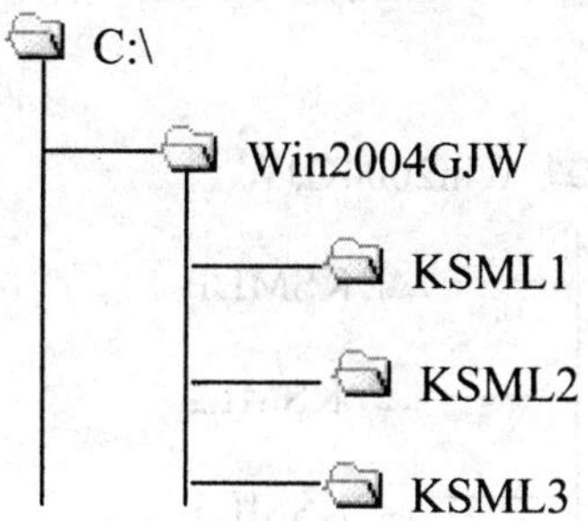

   如果考生的选题单为：

单元	一	二	三	四	五	六	七	八
题号	7	5	14	20	8	6	18	4

   则应将题库中KSML2文件夹内的文件KS1-7.DOC、KS2-5.DOC、KS3-14.DOC、KS4-20.XLS、KS5-8.XLS、KS6-6.PPT、KS7-18.XLS、KS8-4.PST复制到考生文件夹中，并分别重命名为A1.DOC、A2.DOC、A3.DOC、A4.XLS、A5.XLS、A6.PPT、A7.XLS、A8.PST。

4. 系统设置与优化：

- 查找C驱动器中所有扩展名为“.doc”的文件，查找完毕，将带有查找结果的当前屏幕以BMP图片格式保存到考生文件夹中，文件命名为A1a。
- 将桌面上的“我的电脑”和“网上邻居”两个图标更改为C:\Win2004GJW\KSML3\TUBIAO1-5A.exe和C:\Win2004GJW\KSML3\TUBIAO1-5B.exe，将更改图标后的桌面以BMP图片格式保存到考生文件夹中，文件命名为A1b，图片保存之后，恢复原设置。

1.6 第 6 题

【操作要求】

1．启动“资源管理器”。

2．**建立考生文件夹：**在 C 盘建立考生文件夹，文件夹名为考生准考证后 7 位。

举例：如果考生的准考证号为 0490010610314000001，则考生文件夹名为 4000001。

3．**复制并重命名文件：**根据选题单指定的题号，将题库中 KSML2 文件夹内相应的文件复制到考生文件夹中，将文件分别重命名为 A1、A2、A3、A4、A5、A6、A7 和 A8，扩展名不变。

说明：C 盘中有考试题库 Win2004GJW 文件夹，文件夹结构如下：

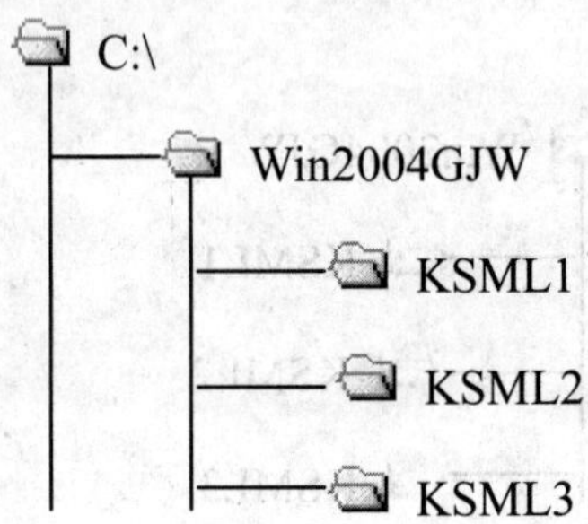

如果考生的选题单为：

单元	一	二	三	四	五	六	七	八
题号	7	5	14	20	8	6	18	4

则应将题库中 KSML2 文件夹内的文件 KS1-7.DOC、KS2-5.DOC、KS3-14.DOC、KS4-20.XLS、KS5-8.XLS、KS6-6.PPT、KS7-18.XLS、KS8-4.PST 复制到考生文件夹中，并分别重命名为 A1.DOC、A2.DOC、A3.DOC、A4.XLS、A5.XLS、A6.PPT、A7.XLS、A8.PST。

4．**系统设置与优化：**

- 在辅助功能选项中设置键盘允许使用“粘滞键”、“筛选键”和“切换键”，将设置键盘辅助功能的对话框以 BMP 图片格式保存到考生文件夹中，文件命名为 A1a。
- 将桌面背景设置为图片 C:\Win2004GJW\KSML3\BEIJING1-6.JPG，将设置后的桌面以 BMP 图片格式保存到考生文件夹中，文件命名为 A1b，图片保存之后，恢复设置。

1.7 第7题

【操作要求】

1. **启动“资源管理器”**。
2. **建立考生文件夹**：在C盘建立考生文件夹，文件夹名为考生准考证后7位。
   举例：如果考生的准考证号为0490010610314000001，则考生文件夹名为4000001。
3. **复制并重命名文件**：根据选题单指定的题号，将题库中KSML2文件夹内相应的文件复制到考生文件夹中，将文件分别重命名为A1、A2、A3、A4、A5、A6、A7和A8，扩展名不变。

说明：C盘中有考试题库Win2004GJW文件夹，文件夹结构如下：

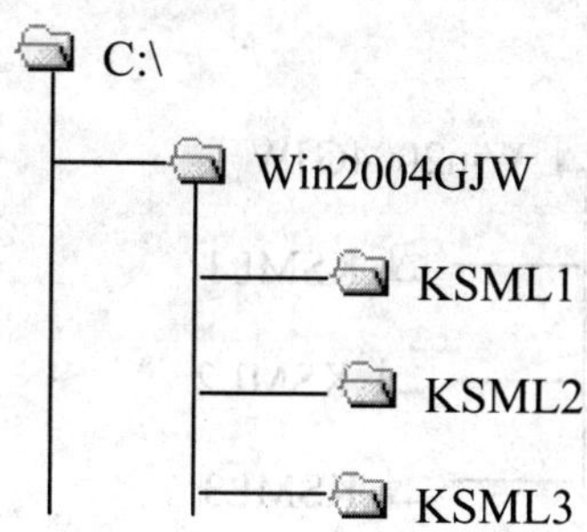

如果考生的选题单为：

单元	一	二	三	四	五	六	七	八
题号	7	5	14	20	8	6	18	4

则应将题库中KSML2文件夹内的文件KS1-7.DOC、KS2-5.DOC、KS3-14.DOC、KS4-20.XLS、KS5-8.XLS、KS6-6.PPT、KS7-18.XLS、KS8-4.PST复制到考生文件夹中，并分别重命名为A1.DOC、A2.DOC、A3.DOC、A4.XLS、A5.XLS、A6.PPT、A7.XLS、A8.PST。

4. **系统设置与优化**：

- 在辅助功能选项中设置允许使用“声音卫士”和“声音显示”，将设置声音辅助功能的对话框以BMP图片格式保存到考生文件夹中，文件命名为A1a。
- 将桌面背景设置为图片C:\Win2004GJW\KSML3\BEIJING1-7.JPG，将设置后的桌面以BMP图片格式保存到考生文件夹中，文件命名为A1b，图片保存之后，恢复原设置。

1.8 第 8 题

【操作要求】

1. **启动"资源管理器"。**
2. **建立考生文件夹：**在 C 盘建立考生文件夹，文件夹名为考生准考证后 7 位。

   举例：如果考生的准考证号为 0490010610314000001，则考生文件夹名为 4000001。
3. **复制并重命名文件：**根据选题单指定的题号，将题库中 KSML2 文件夹内相应的文件复制到考生文件夹中，将文件分别重命名为 A1、A2、A3、A4、A5、A6、A7 和 A8，扩展名不变。

   说明：C 盘中有考试题库 Win2004GJW 文件夹，文件夹结构如下：

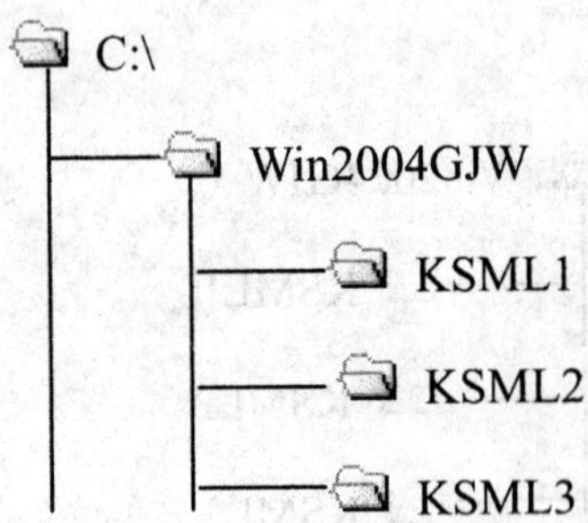

   如果考生的选题单为：

单元	一	二	三	四	五	六	七	八
题号	7	5	14	20	8	6	18	4

   则应将题库中 KSML2 文件夹内的文件 KS1-7.DOC、KS2-5.DOC、KS3-14.DOC、KS4-20.XLS、KS5-8.XLS、KS6-6.PPT、KS7-18.XLS、KS8-4.PST 复制到考生文件夹中，并分别重命名为 A1.DOC、A2.DOC、A3.DOC、A4.XLS、A5.XLS、A6.PPT、A7.XLS、A8.PST。
4. **系统设置与优化：**

- 将桌面上的"我的电脑"和"网上邻居"两个图标更改为 C:\Win2004GJW\KSML3\TUBIAO1-8A.exe 和 C:\Win2004GJW\KSML3\TUBIAO1-8B.exe，将更改图标后的桌面以 BMP 图片格式保存到考生文件夹中，文件命名为 A1a，图片保存之后，恢复原设置。
- 设置监视器的刷新频率为 75 赫兹，并将设置后的对话框以 BMP 图片格式保存到考生文件夹中，文件命名为 A1b。

1.9 第9题

【操作要求】

1. 启动“资源管理器”。
2. **建立考生文件夹**：在C盘建立考生文件夹，文件夹名为考生准考证后7位。
   举例：如果考生的准考证号为0490010610314000001，则考生文件夹名为4000001。
3. **复制并重命名文件**：根据选题单指定的题号，将题库中KSML2文件夹内相应的文件复制到考生文件夹中，将文件分别重命名为A1、A2、A3、A4、A5、A6、A7和A8，扩展名不变。

说明：C盘中有考试题库Win2004GJW文件夹，文件夹结构如下：

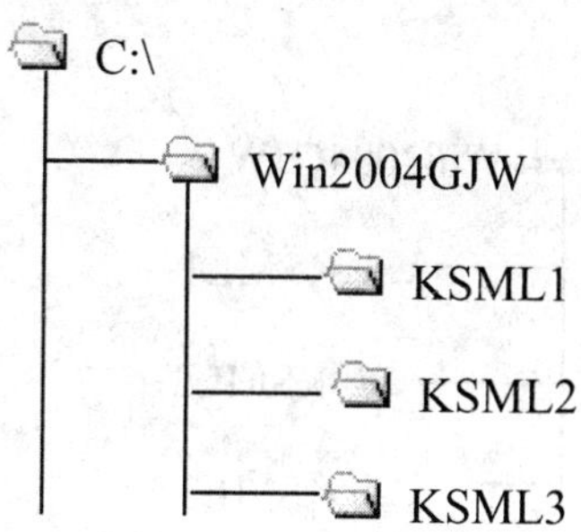

如果考生的选题单为：

单元	一	二	三	四	五	六	七	八
题号	7	5	14	20	8	6	18	4

则应将题库中KSML2文件夹内的文件KS1-7.DOC、KS2-5.DOC、KS3-14.DOC、KS4-20.XLS、KS5-8.XLS、KS6-6.PPT、KS7-18.XLS、KS8-4.PST复制到考生文件夹中，并分别重命名为A1.DOC、A2.DOC、A3.DOC、A4.XLS、A5.XLS、A6.PPT、A7.XLS、A8.PST。

4. 系统设置与优化：

- 设置当前日期为2004年9月1日，时间为11点30分30秒，将设置后的“时间和日期 属性”选项卡以BMP图片格式保存到考生文件夹中，文件命名为A1a，图片保存之后，恢复原设置。
- 将考生文件夹设置为共享，将设置后的“共享”选项卡以BMP图片格式保存到考生文件夹中，文件命名为A1b，图片保存之后，恢复原设置。

1.10 第 10 题

【操作要求】

1. 启动“资源管理器”。
2. **建立考生文件夹**：在 C 盘建立考生文件夹，文件夹名为考生准考证后 7 位。

举例：如果考生的准考证号为 0490010610314000001，则考生文件夹名为 4000001。

3. **复制并重命名文件**：根据选题单指定的题号，将题库中 KSML2 文件夹内相应的文件复制到考生文件夹中，将文件分别重命名为 A1、A2、A3、A4、A5、A6、A7 和 A8，扩展名不变。

说明：C 盘中有考试题库 Win2004GJW 文件夹，文件夹结构如下：

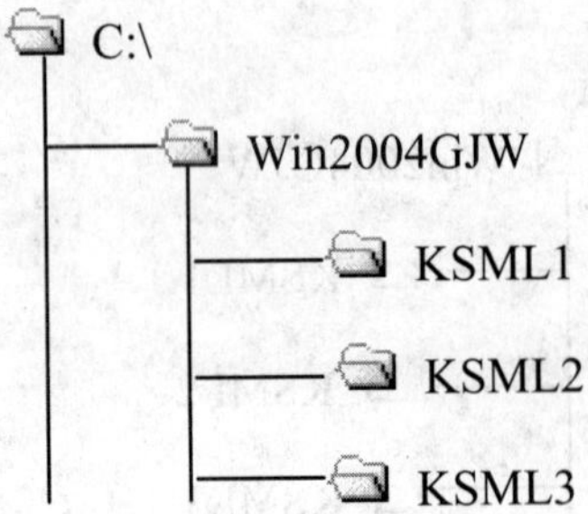

如果考生的选题单为：

单元	一	二	三	四	五	六	七	八
题号	7	5	14	20	8	6	18	4

则应将题库中 KSML2 文件夹内的文件 KS1-7.DOC、KS2-5.DOC、KS3-14.DOC、KS4-20.XLS、KS5-8.XLS、KS6-6.PPT、KS7-18.XLS、KS8-4.PST 复制到考生文件夹中，并分别重命名为 A1.DOC、A2.DOC、A3.DOC、A4.XLS、A5.XLS、A6.PPT、A7.XLS、A8.PST。

4. **系统设置与优化**：

- 使用磁盘碎片整理程序对 C 驱动器进行整理，在进行磁盘整理前对磁盘进行分析，将进行磁盘碎片整理时的对话框以 BMP 图片格式保存到考生文件夹中，文件命名为 A1a。
- 在任务栏上添加“链接”工具栏，并将任务栏置于桌面的顶端，将设置后的桌面以 BMP 图片格式保存到考生文件夹中，文件命名为 A1b，图片保存之后，恢复原设置。

1.11　第 11 题

【操作要求】

1. 启动“资源管理器”。
2. **建立考生文件夹**：在 C 盘建立考生文件夹，文件夹名为考生准考证后 7 位。
   举例：如果考生的准考证号为 0490010610314000001，则考生文件夹名为 4000001。
3. **复制并重命名文件**：根据选题单指定的题号，将题库中 KSML2 文件夹内相应的文件复制到考生文件夹中，将文件分别重命名为 A1、A2、A3、A4、A5、A6、A7 和 A8，扩展名不变。

说明：C 盘中有考试题库 Win2004GJW 文件夹，文件夹结构如下：

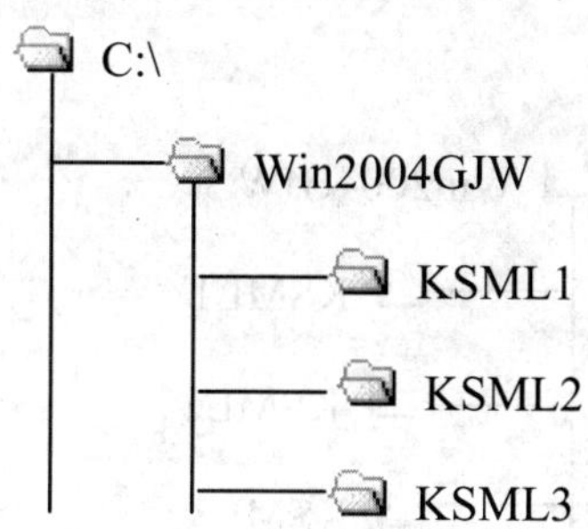

如果考生的选题单为：

单元	一	二	三	四	五	六	七	八
题号	7	5	14	20	8	6	18	4

则应将题库中 KSML2 文件夹内的文件 KS1-7.DOC、KS2-5.DOC、KS3-14.DOC、KS4-20.XLS、KS5-8.XLS、KS6-6.PPT、KS7-18.XLS、KS8-4.PST 复制到考生文件夹中，并分别重命名为 A1.DOC、A2.DOC、A3.DOC、A4.XLS、A5.XLS、A6.PPT、A7.XLS、A8.PST。

4. 系统设置与优化：

- 查找 C 驱动器中前 7 日创建的文件，要求大小在 30KB 以上，查找完毕，将带有查找结果的当前屏幕以 BMP 图片格式保存到考生文件夹中，文件命名为 A1a。
- 在任务栏上添加“桌面”工具栏，并将任务栏置于桌面的顶端，将设置后的桌面以 BMP 图片格式保存到考生文件夹中，文件命名为 A1b，图片保存之后，恢复原设置。

1.12 第 12 题

【操作要求】

1. 启动“资源管理器”。
2. **建立考生文件夹**：在 C 盘建立考生文件夹，文件夹名为考生准考证后 7 位。

   举例：如果考生的准考证号为 0490010610314000001，则考生文件夹名为 4000001。
3. **复制并重命名文件**：根据选题单指定的题号，将题库中 KSML2 文件夹内相应的文件复制到考生文件夹中，将文件分别重命名为 A1、A2、A3、A4、A5、A6、A7 和 A8，扩展名不变。

   说明：C 盘中有考试题库 Win2004GJW 文件夹，文件夹结构如下：

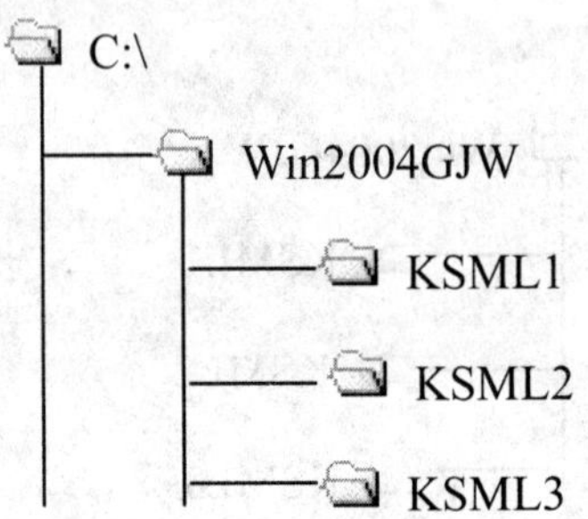

如果考生的选题单为：

单元	一	二	三	四	五	六	七	八
题号	7	5	14	20	8	6	18	4

则应将题库中 KSML2 文件夹内的文件 KS1-7.DOC、KS2-5.DOC、KS3-14.DOC、KS4-20.XLS、KS5-8.XLS、KS6-6.PPT、KS7-18.XLS、KS8-4.PST 复制到考生文件夹中，并分别重命名为 A1.DOC、A2.DOC、A3.DOC、A4.XLS、A5.XLS、A6.PPT、A7.XLS、A8.PST。

4. 系统设置与优化：

- 自定义任务栏，设置任务栏自动隐藏，并且在经典“开始”菜单中显示小图标，将上述 2 个操作设置后的效果屏幕分别以 BMP 图片格式保存到考生文件夹中，文件命名为 A1a 和 A1b，图片保存之后，恢复原设置。
- 设置电源使用方案为 30 分钟后关闭监视器，45 分钟后关闭硬盘，将设置后的对话框以 BMP 图片格式保存到考生文件夹中，文件命名为 A1c，图片保存之后，恢复原设置。

1.13　第 13 题

【操作要求】

1. **启动“资源管理器”。**
2. **建立考生文件夹：** 在 C 盘建立考生文件夹，文件夹名为考生准考证后 7 位。

   举例： 如果考生的准考证号为 0490010610314000001，则考生文件夹名为 4000001。
3. **复制并重命名文件：** 根据选题单指定的题号，将题库中 KSML2 文件夹内相应的文件复制到考生文件夹中，将文件分别重命名为 A1、A2、A3、A4、A5、A6、A7 和 A8，扩展名不变。

   说明：C 盘中有考试题库 Win2004GJW 文件夹，文件夹结构如下：

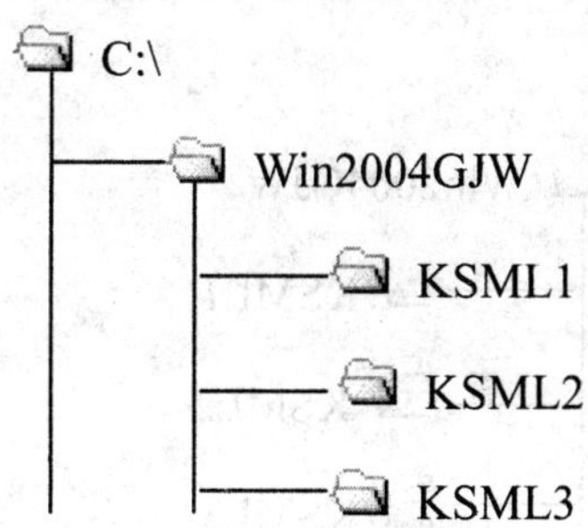

如果考生的选题单为：

单元	一	二	三	四	五	六	七	八
题号	7	5	14	20	8	6	18	4

则应将题库中 KSML2 文件夹内的文件 KS1-7.DOC、KS2-5.DOC、KS3-14.DOC、KS4-20.XLS、KS5-8.XLS、KS6-6.PPT、KS7-18.XLS、KS8-4.PST 复制到考生文件夹中，并分别重命名为 A1.DOC、A2.DOC、A3.DOC、A4.XLS、A5.XLS、A6.PPT、A7.XLS、A8.PST。

4. **系统设置与优化：**

- 更改系统声音“Windows 默认”方案中“启动 Windows”事件的声音为 C:\Win2004GJW\KSML3\QIDONG1-13.wav，并将该方案另存为“新声音方案”，将设置后的对话框以 BMP 图片格式保存到考生文件夹中，文件命名为 A1a，图片保存之后，恢复原设置。
- 将系统音量设置为静音，将设置后的对话框以 BMP 图片格式保存到考生文件夹中，文件命名为 A1b，图片保存之后，恢复原设置。

1.14 第 14 题

【操作要求】

1．启动“资源管理器”。

2．**建立考生文件夹**：在 C 盘建立考生文件夹，文件夹名为考生准考证后 7 位。

举例：如果考生的准考证号为 0490010610314000001，则考生文件夹名为 4000001。

3．**复制并重命名文件**：根据选题单指定的题号，将题库中 KSML2 文件夹内相应的文件复制到考生文件夹中，将文件分别重命名为 A1、A2、A3、A4、A5、A6、A7 和 A8，扩展名不变。

说明：C 盘中有考试题库 Win2004GJW 文件夹，文件夹结构如下：

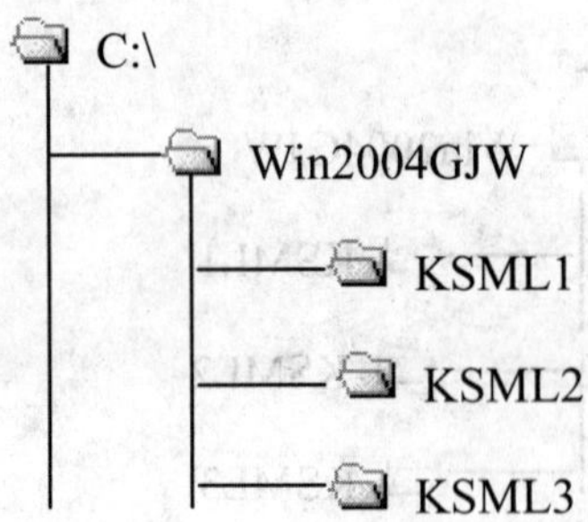

如果考生的选题单为：

单元	一	二	三	四	五	六	七	八
题号	7	5	14	20	8	6	18	4

则应将题库中 KSML2 文件夹内的文件 KS1-7.DOC、KS2-5.DOC、KS3-14.DOC、KS4-20.XLS、KS5-8.XLS、KS6-6.PPT、KS7-18.XLS、KS8-4.PST 复制到考生文件夹中，并分别重命名为 A1.DOC、A2.DOC、A3.DOC、A4.XLS、A5.XLS、A6.PPT、A7.XLS、A8.PST。

4．**系统设置与优化**：

- 设置电源使用方案为 20 分钟后关闭监视器，45 分钟后关闭硬盘，将设置后的对话框以 BMP 图片格式保存到考生文件夹中，文件命名为 A1a，图片保存之后，恢复原设置。
- 设置当前日期为 2004 年 11 月 1 日，时间为 1 点 30 分 30 秒，将设置后的“时间和日期 属性”选项卡以 BMP 图片格式保存到考生文件夹中，文件命名为 A1b，图片保存之后，恢复原设置。

1.15　第15题

【操作要求】

1. **启动“资源管理器”。**
2. **建立考生文件夹：**在C盘建立考生文件夹，文件夹名为考生准考证后7位。
   举例：如果考生的准考证号为0490010610314000001，则考生文件夹名为4000001。
3. **复制并重命名文件：**根据选题单指定的题号，将题库中KSML2文件夹内相应的文件复制到考生文件夹中，将文件分别重命名为A1、A2、A3、A4、A5、A6、A7和A8，扩展名不变。

   说明：C盘中有考试题库Win2004GJW文件夹，文件夹结构如下：

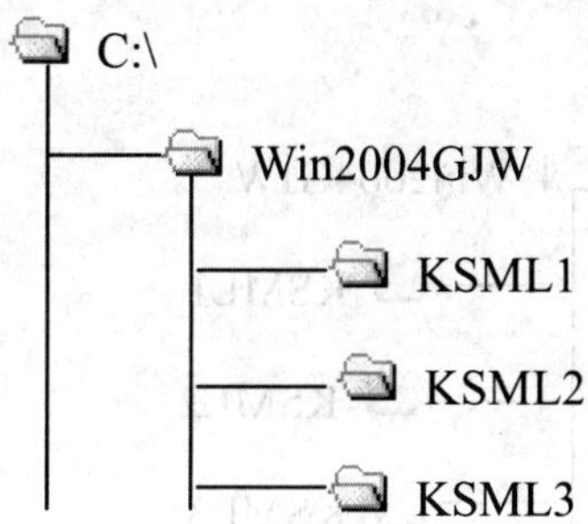

   如果考生的选题单为：

单元	一	二	三	四	五	六	七	八
题号	7	5	14	20	8	6	18	4

   则应将题库中KSML2文件夹内的文件KS1-7.DOC、KS2-5.DOC、KS3-14.DOC、KS4-20.XLS、KS5-8.XLS、KS6-6.PPT、KS7-18.XLS、KS8-4.PST复制到考生文件夹中，并分别重命名为A1.DOC、A2.DOC、A3.DOC、A4.XLS、A5.XLS、A6.PPT、A7.XLS、A8.PST。
4. **系统设置与优化：**

- 查找C驱动器中前3日修改过的文件，并且大小在80KB以上，查找完毕，将带有查找结果的当前屏幕以BMP图片格式保存到考生文件夹中，文件命名为A1a。
- 更改鼠标指针方案“Windows默认”中正常选择鼠标“正常选择”的形状为C:\Win2004 GJW\KSML3\SHUBIAO1-15.cur，并将该方案另存为“新鼠标方案”，将设置后的对话框以BMP图片格式保存到考生文件夹中，文件命名为A1b，图片保存之后，恢复原设置。

1.16 第 16 题

【操作要求】

1. **启动“资源管理器”。**
2. **建立考生文件夹：**在 C 盘建立考生文件夹，文件夹名为考生准考证后 7 位。
   举例：如果考生的准考证号为 0490010610314000001，则考生文件夹名为 4000001。
3. **复制并重命名文件：**根据选题单指定的题号，将题库中 KSML2 文件夹内相应的文件复制到考生文件夹中，将文件分别重命名为 A1、A2、A3、A4、A5、A6、A7 和 A8，扩展名不变。

   说明：C 盘中有考试题库 Win2004GJW 文件夹，文件夹结构如下：

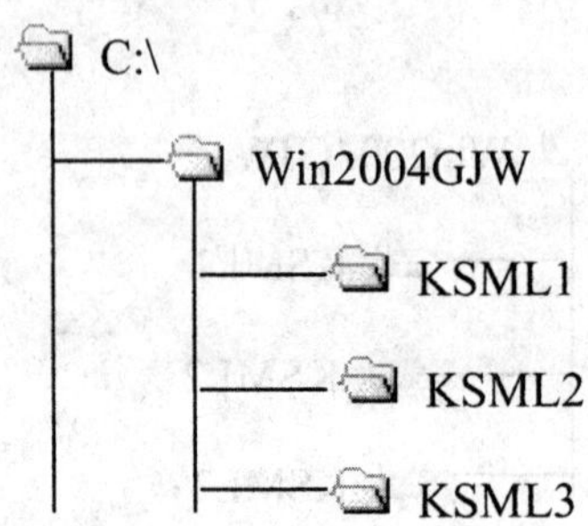

   如果考生的选题单为：

单元	一	二	三	四	五	六	七	八
题号	7	5	14	20	8	6	18	4

   则应将题库中 KSML2 文件夹内的文件 KS1-7.DOC、KS2-5.DOC、KS3-14.DOC、KS4-20.XLS、KS5-8.XLS、KS6-6.PPT、KS7-18.XLS、KS8-4.PST 复制到考生文件夹中，并分别重命名为 A1.DOC、A2.DOC、A3.DOC、A4.XLS、A5.XLS、A6.PPT、A7.XLS、A8.PST。
4. **系统设置与优化：**

- 将桌面背景设置为图片 C:\Win2004GJW\KSML3\BEIJING1-16.JPG，将设置后的桌面以 BMP 图片格式保存到考生文件夹中，文件命名为 A1a，图片保存之后，恢复原设置。
- 取消任务栏上的所有工具栏，并将任务栏置于桌面的右侧，将设置后的桌面以 BMP 图片格式保存到考生文件夹中，文件命名为 A1b，图片保存之后，恢复原设置。

1.17 第17题

【操作要求】

1．启动“资源管理器”。

2．**建立考生文件夹**：在C盘建立考生文件夹，文件夹名为考生准考证后7位。

举例：如果考生的准考证号为0490010610314000001，则考生文件夹名为4000001。

3．**复制并重命名文件**：根据选题单指定的题号，将题库中KSML2文件夹内相应的文件复制到考生文件夹中，将文件分别重命名为A1、A2、A3、A4、A5、A6、A7和A8，扩展名不变。

说明：C盘中有考试题库Win2004GJW文件夹，文件夹结构如下：

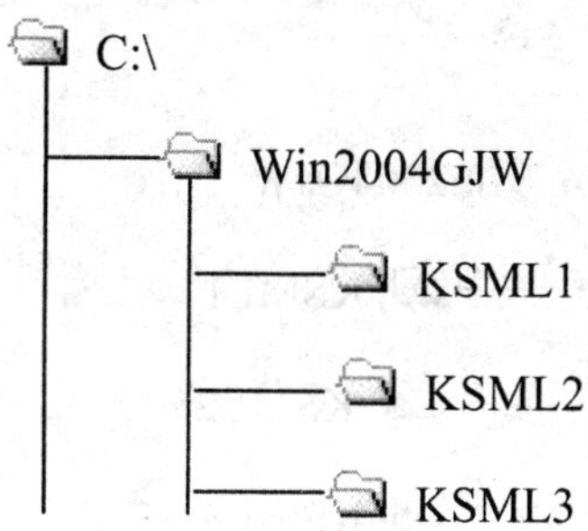

如果考生的选题单为：

单元	一	二	三	四	五	六	七	八
题号	7	5	14	20	8	6	18	4

则应将题库中KSML2文件夹内的文件KS1-7.DOC、KS2-5.DOC、KS3-14.DOC、KS4-20.XLS、KS5-8.XLS、KS6-6.PPT、KS7-18.XLS、KS8-4.PST复制到考生文件夹中，并分别重命名为A1.DOC、A2.DOC、A3.DOC、A4.XLS、A5.XLS、A6.PPT、A7.XLS、A8.PST。

4．系统设置与优化：

- 将桌面上的“我的电脑”和“网上邻居”两个图标更改为C:\Win2004GJW\KSML3\TUBIAO1-17A.exe和C:\Win2004GJW\KSML3\TUBIAO1-17B.exe，将更改图标后的桌面以BMP图片格式保存到考生文件夹中，文件命名为A1a，图片保存之后，恢复原设置。
- 设置监视器的刷新频率为70赫兹，并将设置后的对话框以BMP图片格式保存到考生文件夹中，文件命名为A1b。

1.18 第 18 题

【操作要求】

1. 启动“资源管理器”。
2. **建立考生文件夹**：在 C 盘建立考生文件夹，文件夹名为考生准考证后 7 位。

   举例：如果考生的准考证号为 0490010610314000001，则考生文件夹名为 4000001。
3. **复制并重命名文件**：根据选题单指定的题号，将题库中 KSML2 文件夹内相应的文件复制到考生文件夹中，将文件分别重命名为 A1、A2、A3、A4、A5、A6、A7 和 A8，扩展名不变。

   说明：C 盘中有考试题库 Win2004GJW 文件夹，文件夹结构如下：

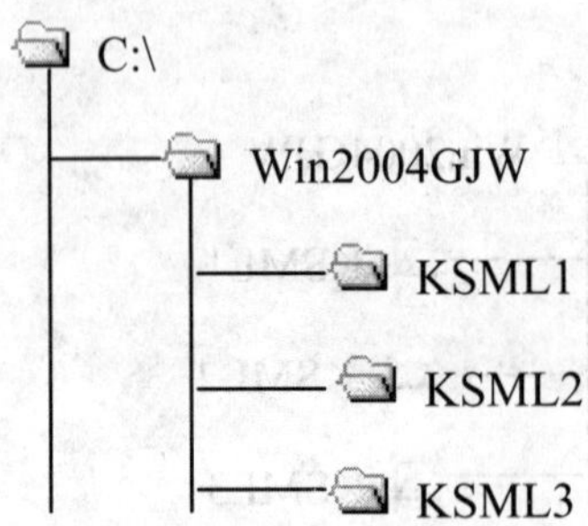

如果考生的选题单为：

单元	一	二	三	四	五	六	七	八
题号	7	5	14	20	8	6	18	4

则应将题库中 KSML2 文件夹内的文件 KS1-7.DOC、KS2-5.DOC、KS3-14.DOC、KS4-20.XLS、KS5-8.XLS、KS6-6.PPT、KS7-18.XLS、KS8-4.PST 复制到考生文件夹中，并分别重命名为 A1.DOC、A2.DOC、A3.DOC、A4.XLS、A5.XLS、A6.PPT、A7.XLS、A8.PST。

4. **系统设置与优化**：

- 设置当前日期为 2004 年 1 月 1 日，时间为 12 点 10 分 10 秒，将设置后的“时间和日期 属性”选项卡以 BMP 图片格式保存到考生文件夹中，文件命名为 A1a，图片保存之后，恢复原设置。
- 更该系统声音“Windows 默认”方案中“退出 Windows”事件的声音为 C:\Win2004GJW\KSML3\GUANJI1-18.wav，并将该方案另存为“新声音方案”，将设置后的对话框以 BMP 图片格式保存到考生文件夹中，文件命名为 A1b，图片保存之后，恢复原设置。

1.19 第19题

【操作要求】

1. **启动“资源管理器”。**

2. **建立考生文件夹：**在C盘建立考生文件夹，文件夹名为考生准考证后7位。

   举例：如果考生的准考证号为0490010610314000001，则考生文件夹名为4000001。

3. **复制并重命名文件：**根据选题单指定的题号，将题库中KSML2文件夹内相应的文件复制到考生文件夹中，将文件分别重命名为A1、A2、A3、A4、A5、A6、A7和A8，扩展名不变。

   说明：C盘中有考试题库Win2004GJW文件夹，文件夹结构如下：

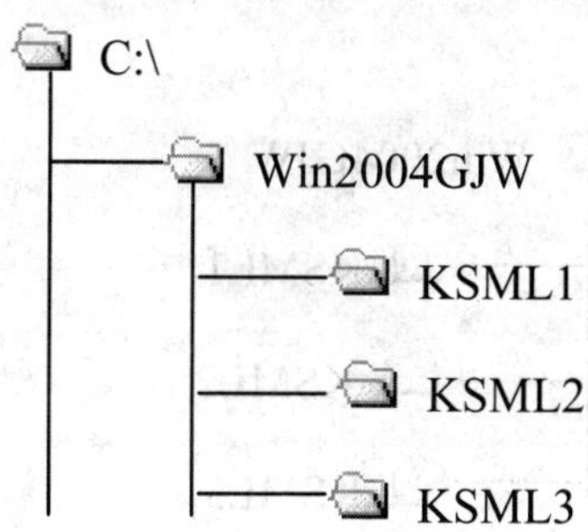

如果考生的选题单为：

单元	一	二	三	四	五	六	七	八
题号	7	5	14	20	8	6	18	4

则应将题库中KSML2文件夹内的文件KS1-7.DOC、KS2-5.DOC、KS3-14.DOC、KS4-20.XLS、KS5-8.XLS、KS6-6.PPT、KS7-18.XLS、KS8-4.PST复制到考生文件夹中，并分别重命名为A1.DOC、A2.DOC、A3.DOC、A4.XLS、A5.XLS、A6.PPT、A7.XLS、A8.PST。

4. **系统设置与优化：**

- 更改鼠标指针方案“Windows默认”中鼠标“移动”的形状为C:\Win2004GJW\KSML3\SHUBIAO1-19.cur，并将该方案另存为“新鼠标方案”，将设置后的对话框以BMP图片格式保存到考生文件夹中，文件命名为A1a，图片保存之后，恢复原设置。
- 使用磁盘碎片整理程序对C驱动器进行整理，在进行磁盘整理前对磁盘进行分析，查看分析报告并将整个屏幕以BMP图片格式保存到考生文件夹中，文件命名为A1b。

1.20 第 20 题

【操作要求】

1. 启动“资源管理器”。
2. **建立考生文件夹**：在 C 盘建立考生文件夹，文件夹名为考生准考证后 7 位。

   举例：如果考生的准考证号为 0490010610314000001，则考生文件夹名为 4000001。
3. **复制并重命名文件**：根据选题单指定的题号，将题库中 KSML2 文件夹内相应的文件复制到考生文件夹中，将文件分别重命名为 A1、A2、A3、A4、A5、A6、A7 和 A8，扩展名不变。

   说明：C 盘中有考试题库 Win2004GJW 文件夹，文件夹结构如下：

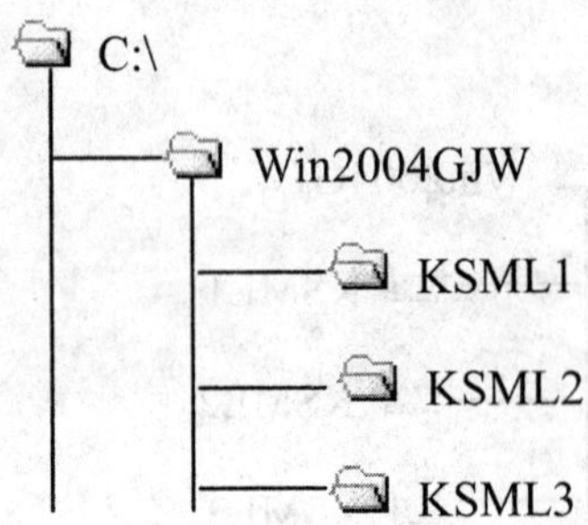

   如果考生的选题单为：

单元	一	二	三	四	五	六	七	八
题号	7	5	14	20	8	6	18	4

   则应将题库中 KSML2 文件夹内的文件 KS1-7.DOC、KS2-5.DOC、KS3-14.DOC、KS4-20.XLS、KS5-8.XLS、KS6-6.PPT、KS7-18.XLS、KS8-4.PST 复制到考生文件夹中，并分别重命名为 A1.DOC、A2.DOC、A3.DOC、A4.XLS、A5.XLS、A6.PPT、A7.XLS、A8.PST。
4. **系统设置与优化**：

- 设置监视器的刷新频率为 85 赫兹，并将设置后的对话框以 BMP 图片格式保存到考生文件夹中，文件命名为 A1a，图片保存之后，恢复原设置。
- 将考生文件夹设置为共享，将设置后的“共享”选项卡以 BMP 图片格式保存到考生文件夹中，文件命名为 A1b，图片保存之后，恢复原设置。

第二单元　文档处理的基本操作

2.1　第 1 题

【操作要求】

打开文档 A2.doc，按照样文进行如下操作，操作完成后保存文档。

1. **设置文档页面格式：**

- 按【样文 2-1A】设置页眉和页脚，在页眉左侧录入文本“音乐的魅力”，在右侧插入域“第 X 页　共 Y 页”。
- 按【样文 2-1A】将正文前两段设置为三栏格式，加分隔线。

2. **设置文档编排格式：**

- 按【样文 2-1A】将标题设置为艺术字，样式为艺术字库中的第 2 行第 5 列，字体为华文行楷，环绕方式为“紧密型”。
- 按【样文 2-1A】将正文前两段字体设置为楷体_GB2312，小四，字体颜色为蓝色。
- 按【样文 2-1A】将正文最后一段字体设置为仿宋_GB2312，小四。
- 按【样文 2-1A】将正文第一段设置为“首字下沉”格式，下沉行数为 2 行，首字字体设置为华文行楷。

3. **文档的插入设置：**

- 在【样文 2-1A】所示位置插入图片 C:\Win2004GJW\KSML3\TU2-1.bmp，设置图片大小为缩放 28%，环绕方式为“紧密型”。
- 在【样文 2-1A】最后一段文本“奋进”处添加批注“此处用词不当。”

4. **插入、绘制文档表格：**按【样文 2-1B】在文档尾部插入一个 3 行 3 列的表格，并合并第三列单元格。

5. **文档的整理、修改和保护：**保护文档的“窗体”，密码为“KS2-1”。

【样文 2-1A】

音乐的魅力　　第 1 页 共 1 页

音乐的魅力

生命如水，岁月如歌。当我们经历着四季变换，花开花谢，每天清晨感受着朝阳的温暖与晨露的滋润，聆听着山涧泉水的叮咚，封闭已久的心灵不经意间被它开启，才发现天空是那样的清澈而蔚蓝；花草是那样的艳丽而娇美，流水是那样的轻柔而活泼，擦肩而过的陌生人是那样的和蔼而可亲……原来，人生是这样的缤纷而多彩。

这种声音至纯——纯到与大自然如同一体；这种声音至美——美到与日月同辉；这种声音至灵——灵到让百花为之齐放，百鸟为之歌唱。这种声音是自然的力量，由自然转赠给人类。人类有了它，从此历史变得生动，生活开始奔放。

这种声音就是——音乐。音乐是一种力量，一种无可比拟的力量。它可催你奋进，可以给你抚慰，它更能够联结世界，沟通人心，给我们美好的一切。让我们对生活充满了憧憬和向往。这，就是音乐的力量。这，就是音乐的魅力。

【样文 2-1B】

2.2　第 2 题

【操作要求】

打开文档 A2.doc，按照样文进行如下操作，操作完成后保存文档。

1．**设置文档页面格式：**

- 按【样文 2-2A】设置页眉和页脚，在页眉左侧录入文本“走近科学”，在右侧插入页码“第 1 页”。
- 按【样文 2-2A】设置页边距，上、下各 4.0 厘米，左、右各 3.30 厘米，页眉、页脚距边界各 3.25 厘米。

2．**设置文档编排格式：**

- 按【样文 2-2A】将标题设置为艺术字，样式为艺术字库中的第 3 行第 1 列，字体为隶书，环绕方式为“浮于文字上方”。
- 按【样文 2-2A】将正文第一段字体设置为华文行楷，四号。
- 按【样文 2-2A】为正文后 4 段设置编号。

3．**文档的插入设置：**

- 在【样文 2-2A】所示位置插入图片 C:\Win2004GJW\KSML3\TU2-2.bmp，设置图片大小缩放 110%，环绕方式为“衬于文字下方”。
- 按【样文 2-2A】为最后一段中的文本“地热”插入脚注“来自地球深处的可再生热能。”

4．**插入、绘制文档表格：**按【样文 2-2B】在文档尾部插入一个 2 行 5 列的表格，自动套用格式“古典型 1”。

5．**文档的整理、修改和保护：**保护文档的“修订”，密码为“KS2-2”。

【样文 2-2A】

走近科学　　　　第 1 页

人口与能源

人口的增长，并非取决于能源的单一因素，但能源却是影响人口数量的一个重要因素。能源与人口之间存在着一种既相互影响又相互制约的关系。从人类对能源的利用和人口的发展关系来看，大致经历了四个阶段：

一　人类完全依赖自然光热而生存繁衍，这一时代是人类的原始能源时代，世界人口长期徘徊在 10 万～20 万之间，人口增长几乎处在停滞状态。

二　人类初步自觉地改造利用自然环境的柴草等初级能源。这一时代大约始于一万年以前的新石器时代。这时人类开创了刀耕火种的初始农业，世界人口增至 1000 万左右。

三　化石能源替代了柴草能源，尤其是世界进入了石油能源时代之后，人口直线上升。到 20 世纪末期，世界人口超过了 50 亿。

四　在 21 世纪，化石能源时代将逐步过渡到新能源时代。世界将进入以太阳能、地热[1]、风能、水能、海洋能和核聚变、增殖堆等能源为主导的新能源时代。随着能源结构的变革，人口质量的提高，世界人口将有可能稳定在适度的数量上。

【样文 2-2B】

[1] 来自地球深处的可再生热能。

2.3　第 3 题

【操作要求】

打开文档 A2.doc，按照样文进行如下操作，操作完成后保存文档。

1. **设置文档页面格式：**

- 按【样文 2-3A】设置页眉和页脚，在页眉左侧录入文本“商业网站”，在右侧插入页码“第 1 页”。
- 按【样文 2-3A】设置页边距，上、下各 4.1 厘米，左、右各 3.25 厘米，页眉、页脚距边界各 3.2 厘米，调整全文的段落左、右缩进 1 个字符。

2. **设置文档编排格式：**

- 按【样文 2-3A】将标题设置为艺术字，样式为艺术字库中的第 3 行第 2 列，字体为华文新魏，环绕方式为“浮于文字上方”。
- 按【样文 2-3A】将正文第一段字体设置为方正舒体，小三。
- 按【样文 2-3A】为正文第二段、第三段和第四段设置编号。
- 按【样文 2-3A】为正文倒数第二段添加底纹，颜色为灰色-50%，设置字体颜色为黄色。

3. **文档的插入设置：**

- 在【样文 2-3A】所示位置插入图片 C:\Win2004GJW\KSML3\TU2-3.WMF，设置图片大小为缩放 60%，环绕方式为“衬于文字下方”。
- 按【样文 2-3A】在第一段的开始处添加符号田。

4. **文档的整理、修改和保护：**将正文中所有文本“网站”的颜色设置为桔黄色。

5. **插入、绘制文档表格：**

- 按【样文 2-3B】在文档尾部插入一个 4 行 5 列的表格。
- 按【样文 2-3B】将第二行第二列单元格拆分为 3 列，将第三列中间的两个单元格合并为一个单元格。

【样文 2-3A】

商业网站 第 1 页

怎样建设自己的商业网站

现在你拥有了自己的域名以后，下一步就是建立和规划自己的网站了，在开始阶段，由于需求和内容建设都不是很充分，因此，对一个企业来讲，初级网站可以重点考虑以下几点：

一 建立一个简单有效的网站。
二 决定网站的内容。
三 设计美观大方的网页。

一个基本的电子商务　　是企业在线销售的灵魂，就如同一个企业印刷的目录和宣传手册，它负责向企业的用户、媒体、分析家提供有关公司产品、服务的基本信息。它不仅方便用户浏览、同时用户还可以方便地通过电子邮件或电话、或者写信与公司取得联系、　　的好坏将直接影响到用户对企业的认知度，它可以帮助潜在的用户将你作为一个供应商考虑。

从技术的角度来看，不需要太多先进的技术，有文字、图形和图表就足够了，让网站所传递出的信息表明你是一个值得信赖与合作的伙伴。

【样文 2-3B】

2.4　第 4 题

【操作要求】

打开文档 A2.doc，按照样文进行如下操作，操作完成后保存文档。

1．**设置文档页面格式：**

- 按【样文 2-4A】设置页眉和页脚，在页眉左侧录入文本“科普天地”，在右侧插入页码“第 1 页”。
- 按【样文 2-4A】将后 3 段设置为三栏格式，加分隔线。

2．**设置文档编排格式：**

- 按【样文 2-4A】将标题设置为艺术字，样式为艺术字库中的第 4 行第 1 列，字体为方正姚体，环绕方式为“浮于文字上方”。
- 按【样文 2-4A】将正文第一段字体设置为仿宋_GB2312，四号，添加单下划线，字体颜色为梅红色。

3．**文档的插入设置：**

- 在【样文 2-4A】所示位置插入图片 C:\Win2004GJW\KSML3\TU2-4.WMF，设置图片大小为缩放 40%，环绕方式为“四周型”。
- 按【样文 2-4A】在第一段开始处添加符号✎。

4．**插入、绘制文档表格：**

- 按【样文 2-4B】在文档尾部插入一个 4 行 4 列的表格，自动套用格式“竖列型 1”。
- 按【样文 2-4B】合并首行的单元格为一个单元格。

5．**文档的整理、修改和保护：**保护文档的“修订”，密码为“KS2-4”。

【样文 2-4A】

科普天地　　第 1 页

数学史话

数学是研究现实世界中数量关系和空间形式的科学。简单地说，就是研究数和形的科学。

在生产和劳动过程中，即使是最原始的民族，也知道简单的计数，并由用手指或实物计数发展到用数字计数。在中国，最迟在商代，即已出现用十进制数字表示大数的方法；至秦汉之际，即已出现完满的十进位制。

形的研究属于几何学的范畴。古代民族都具有形的简单概念，并往往以图画来表示，而图形之所以成为数学对象是由于工具的制作与测量的要求所促成的。规矩以作圆方，中国古代大禹治水时即已有规、矩、准、绳等测量工具。

由于数学研究对象的数量关系与空间形式都来自现实世界，因而数学尽管在形式上具有高度的抽象性，而实质上总是扎根于现实世界的。生活实践与技术需要始终是数学的真正源泉，反过来，数学对改造世界的实践又起着重要的、关键性的作用。理论上的丰富提高与应用的广泛深入在数学史上始终是相伴相生，相互促进的。

【样文 2-4B】

2.5 第5题

【操作要求】

打开文档 A2.doc，按照样文进行如下操作，操作完成后保存文档。

1．**设置文档页面格式：**

- 按【样文 2-5A】设置页眉和页脚，在页眉左侧录入文本“透视战争”，在右侧插入页码“第 1 页”。
- 按【样文 2-5A】将正文后两段设置为两栏格式，加分隔线。

2．**设置文档编排格式：**

- 按【样文 2-5A】将标题设置为艺术字，样式为艺术字库中的第 2 行第 2 列，字体为华文行楷，环绕方式为“四周型”。
- 按【样文 2-5A】将正文第一段字体设置为楷体_GB2312，小四，添加波浪型下划线。
- 按【样文 2-5A】为正文第二段添加底纹，颜色为浅蓝色，设置字体颜色为黄色。

3．**文档的插入设置：**

- 在【样文 2-5A】所示位置插入图片 C:\Win2004GJW\KSML3\TU2-5.bmp，设置图片大小为缩放 95%，环绕方式为“四周型”。
- 在【样文 2-5A】正文第三段第一行文本“战争”处插入批注“人类社会为争夺生存空间而发生的大规模暴力冲突。”

4．**文档的整理、修改和保护：**将正文中所有文本“战争”的颜色设置为红色。

5．**插入、绘制文档表格：**按【样文 2-5B】在文档尾部插入一个 3 行 5 列的表格，自动套用格式“列表型 8”。

【样文 2-5A】

透视战争　　　　第 1 页

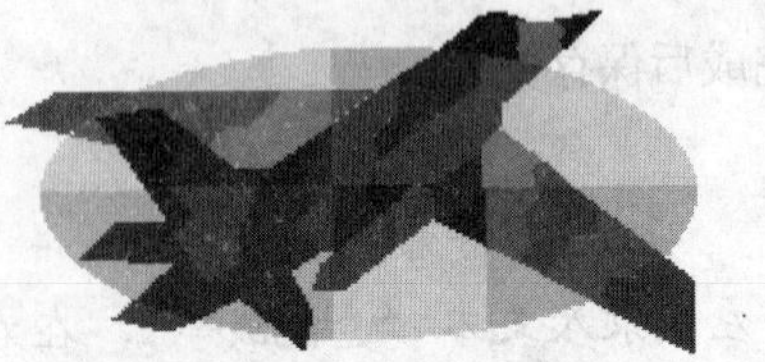

走近军事科学

军事科学是研究战争的本质和规律，并用于指导战争的准备与实施的科学。

是人类社会发展到一定历史阶段出现的特殊社会现象。原始社会部落或部落联盟之间的暴力冲突，可以看作是　的初始时期。几千年来，　绵延不断，愈演愈烈。

战争是客观存在的，有其发生、发展和消亡的规律。人们为了指导战争顺利进行，不断总结战争实践经验，探索战争的客观规律，寻求克敌制胜的手段和方法。军事学就是在这个基础上形成的。

军事科学是具有特定范畴的独立科学。它以战争为研究对象，而战争是有自己特殊的内涵和规律性的。同时，战争是极其复杂的社会现象，是敌对双方力量的总较量，战争的准备与实施涉及各个方面，所以军事科学又是一门综合性很强的科学。

【样文 2-5B】

2.6　第 6 题

【操作要求】

打开文档 A2.doc，按照样文进行如下操作，操作完成后保存文档。

1．**设置文档页面格式：**

- 按【样文 2-6A】设置页眉和页脚，在页眉左侧录入文本“世界风光”，在右侧插入页码“第 1 页”。
- 按【样文 2-6A】将正文第二段、第三段和第四段设置为三栏格式，加分隔线。

2．**设置文档编排格式：**

- 按【样文 2-6A】将标题设置为艺术字，样式为艺术字库中的第 4 行第 5 列，字体为华文新魏，环绕方式为“四周型”。
- 按【样文 2-6A】将正文第一段字体设置为方正姚体，小四，并添加双实线边框。
- 按【样文 2-6A】将正文最后一段字体设置为黑体，小四，并添加浅绿色底纹。

3．**文档的插入设置：**在【样文 2-6A】所示位置插入图片 C:\Win2004GJW\KSML3\TU2-6.bmp，设置图片大小：高度为 2.9 厘米、宽度为 3.5 厘米，环绕方式为“紧密型”。

4．**插入、绘制文档表格：**按【样文 2-6B】在文档的尾部插入一个 4 行 5 列的表格，并键入相应文字。

5．**文档的整理、修改和保护：**保护文档的“修订”，密码为“KS2-6”。

【样文 2-6A】

世界风光 第 1 页

草原之国蒙古

蒙古，地处东北亚内陆，北邻俄罗斯联邦，南邻中华人民共和国的内蒙古自治区。其边界长超过 8 千公里，其中和中国的边境有 4676.8 公里。国土面积 150 万平方公里，在国土面积方面,蒙古国为亚洲第六大国，全球第十八大国。平均海拔 1580 米。

蒙古国境内多为高原，全境可分为西部山地，中、东部高原和南部戈壁三个地形区，主要山脉有阿尔泰山、杭爱山、肯特山等。中蒙边境的友谊峰海拔 4374 米，是最高峰。戈壁面积占全国 1/3，地势缓平。主要河流有色楞格河及其支流鄂尔浑河、克鲁伦河等。山间还有内流河注入而成的湖泊，如乌布苏湖等。属典型的温带大陆性气候，冬季严寒，夏季温暖，温差大，降水少。北部茂密的森林与南部著名的戈壁滩形成鲜明的对照。

蒙古是传统的畜牧业国家。牧场面积广阔，畜牧业多为游牧、半游牧方式，逐水草而居的放牧传统仍占主要地位。养羊业是最重要的部门，此外还养牛、马和骆驼。种植业以谷物为主。主要矿藏资源有煤、铜、钼、萤石等。60 年代以来工业有较快发展，主要工业部门为畜产品加工、食品、采矿等。

乌兰巴托，蒙古第一大城市，始建于 350 年前。全国大约二百万人口的四分之一生活在乌兰巴托。尽管是大城市，但是这里却令人惊奇地安静，没有被交通噪音和其他城市常见的问题所困扰。

特勒吉是位于乌兰巴托东部 85 公里处的一个野外旅游营地，海拔高度 1600 米，全年开放，与乌兰巴托有公路相连，是乌兰巴托城外一个风光如画的景区。

【样文 2-6B】

汉赋	唐诗	宋词	元曲	明清小说

2.7　第7题

【操作要求】

打开文档 A2.doc，按照样文进行如下操作，操作完成后保存文档。

1. **设置文档页面格式：**
   - 按【样文 2-7A】设置页眉和页脚，在页眉左侧录入文本“科普论坛”，在右侧插入页码“第 1 页”。
   - 按【样文 2-7A】将正文第二段、第三段和第四段设置为三栏格式，加分隔线，字号设置为小五。
2. **设置文档编排格式：**
   - 按【样文 2-7A】将标题设置为艺术字，样式为艺术字库中的第 2 行第 5 列，字体为华文新魏，环绕方式为“四周型”。
   - 按【样文 2-7A】将正文第一段字体设置为楷体_GB2312、小四，并设置固定行距为 20 磅。
   - 按【样文 2-7A】为正文第五段添加底纹，颜色为黄色，字体颜色为红色，大小为小五。
   - 按【样文 2-7A】为正文最后 5 行添加编号，字体设置为方正姚体，字号为小四，颜色为蓝色，并设置固定行距为 20 磅。
3. **文档的插入设置：**在【样文 2-7A】所示位置插入图片 C:\Win2004GJW\KSML3\TU2-7.WMF，设置图片大小为高度 3.58 厘米，宽度为 5.4 厘米，环绕方式为“紧密型”。
4. **文档的整理、修改和保护：**将正文第二段、第三段和第四段的文本“科学精神”全部替换为红色文本“科学精神”，字号为五号。
5. **插入、绘制文档表格：**
   - 按【样文 2-7B】在文档的尾部插入一个 4 行 8 列的表格。
   - 按【样文 2-7B】合并首行除第一单元格以外的单元格，以及首列第二、第三和第四个单元格。

【样文 2-7A】

科普论坛　　第 1 页

什么是科学精神

科学精神，是党、政府和学术界，经常谈论的话题，随着科普的深入，越来越多的学者认为，科学精神应该是科普最重要的内容。但是，科学精神的定义和内涵到底是什么呢？2001 年 1 月 12 日，中国科普研究所和科学时报共同主办了关于科学精神的高层次学术研讨会。对科学精神的内涵，学者们进行了非常激烈地争论。

《科技导报》副主编蔡德诚先生认为，科学精神的内涵起码包括了 6 个方面：1.客观的依据；2.理性的怀疑；3.多元的思考；4.平权的争论；5.实践的检验；6.宽容的激励。

中国社科院哲学所金吾论教授认为，科学精神的内涵包括：1.求知求真求理，求知欲和好奇心；2.独立思考；3.勇于探索，不断创新，不怕失败，有理智和活跃的想象力；4.坚持真理，发扬不畏强暴的大无畏精神；5.确立正确的价值观，使研究成果有利于人类文明进步；6.遵守学术规范，不弄虚作假，不抄袭别人的学术成果，不武断，不专横；7.戒除成见，对已有理论、事实提出有依据的怀疑和批评争论；8.提倡合作交流的团队精神；9.无情的自我批评，切忌自我陶醉；10.运用并创造适合个人研究，提出问题，解决问题的科学方法。

于光远认为，科学精神的内涵就是求异谋同，独立思考和自由。中国社科院李惠国教授认为，科学精神的内涵是：1.实证精神；2.分析精神；3.开放精神；4.民主精神；5.革命精神。

从这些科学家和学者的观点中我们可以看出，他们虽然对科学精神内涵的看法不同，但是，大部分包含有这样几个基本内容：

一　理性的怀疑
二　求真求实
三　追求真理
四　民主、自由和开放性
五　求证和检验的精神

【样文 2-7B】

2.8　第 8 题

【操作要求】

打开文档 A2.doc，按照样文进行如下操作，操作完成后保存文档。

1．**设置文档页面格式：**

- 按【样文 2-8A】设置页眉和页脚，在页眉左侧录入文本“人与自然”，在右侧插入页码“第 1 页”。
- 按【样文 2-8A】将正文除第一段外的段落设置为三栏格式，加分隔线，字号为小五。

2．**设置文档编排格式：**

- 按【样文 2-8A】将标题设置为艺术字，样式为艺术字库中的第 4 行第 5 列，字体为华文行楷，环绕方式为“四周型”。
- 按【样文 2-8A】为正文第一段添加浅黄色底纹，字体设置为方正姚体，小四，将最后一句文本“人口膨胀导致的过度开发自然资源、过量砍伐森林、过度开垦土地是形成沙尘暴的主要原因，并加重了其强度和频度”字体设置为华文新魏，四号，颜色为蓝色；将第一段固定行距设置为 20 磅；段后间距为 1 磅。
- 按【样文 2-8A】将第二、第三和第四段固定行距设置为 15 磅。

3．**文档的插入设置：**在【样文 2-8A】所示位置插入图片 C:\Win2004GJW\KSML3\TU2-8.jpg，设置图片大小高度为 3.47 厘米，宽度为 4.16 厘米，环绕方式为“紧密型”。

4．**文档的整理、修改和保护：**将正文第二、第三和第四段的文本“沙尘暴”全部替换为红色文本“沙尘暴”，字体为华文新魏，字号为小四。

5．**插入、绘制文档表格：**

- 按【样文 2-8B】在文档的尾部插入一个 4 行 5 列的表格。
- 按【样文 2-8B】绘制斜线表头。

【样文 2-8A】

人与自然　　第 1 页

沙尘暴的形成和危害

沙尘暴是一种风与沙相互作用的天气现象,即由于强风将地面沙尘吹起，使大气能见度急剧降低的灾害性天气。形成的原因是多种多样的，既有自然原因，也有人为原因，像地球温室效应、厄尔尼诺现象、森林锐减、植被破坏、物种灭绝、气候异常等因素。其中，人口膨胀导致的过度开发自然资源、过量砍伐森林、过度开垦土地是形成沙尘暴的主要原因，并加重了其强度和频度。

沙尘暴作为一种高强度风沙灾害，并不是在所有有风的地方都能发生，只有那些气候干旱、植被稀疏的地区，才有可能发生沙尘暴。

沙尘暴多发生在每年的 4—5 月，以我国西北地区为例，每年此时，在太平洋上形成夏威夷高压，亚洲大陆形成印度低压，强烈的偏南风由海洋吹向陆地，控制大陆的蒙古高压开始由西向北移动，寒暖气流在此交汇，较重的西伯利亚寒流自西向东来势快，常形成大风。形成沙尘暴的风力一般 8 级以上，风速约每秒 25 米。此外，沙尘暴形成需要有充足的沙源，沙尘、沙粒能被风吹离地面。我国西北地区深居内陆，森林覆盖率不高，大部分地表为荒漠和草原，沙荒地多，为沙尘暴的形成提供了条件。况且，挖甘草、搂发菜、开矿这些掠夺性的破坏行为更加剧了这一地区的沙尘暴灾害。裸露的土地很容易被大风卷起形成沙尘暴甚至强沙尘暴。

在自然状态下，沙尘暴一般规模小。但由于人们乱垦草地和超载放牧，使大片草地变为荒地，加大了沙尘暴发生的频度和强度。本世纪 30 年代，美国在向西部大平原开发过程中，大量伐林毁草，致使大片草地沦为荒漠，导致了 3 次著名“黑风暴”的发生。据 1934 年席卷北美大陆的一次黑风暴事后估计，当时约有 3 亿吨沃土被吹走，其中芝加哥一天的降尘量达 1242 万吨。

【样文 2-8B】

2.9　第 9 题

【操作要求】

打开文档 A2.doc，按照样文进行如下操作，操作完成后保存文档。

1．**设置文档页面格式：**

- 按【样文 2-9A】设置页眉和页脚，在页眉左侧录入文本“网络世界”，在右侧插入页码“第 1 页”。
- 设置页边距，上、下各 4.1 厘米，左、右各 3.25 厘米，页眉、页脚距边界各 3.2 厘米。

2．**设置文档编排格式：**

- 按【样文 2-9A】将标题设置为艺术字，样式为艺术字库中的第 4 行第 4 列，字体为隶书，填充色为红色，线条色为蓝色，无阴影效果，字符间距为常规，环绕方式为“紧密型”。
- 按【样文 2-9A】将正文第一段文本字体设置为华文新魏，四号；第二段文本字体设置为仿宋_GB2312，小四，字体颜色为蓝色，加粗；第三段文本字体为楷体_GB2312，颜色为紫色；第四段至文章末尾所有段落文本字号为小五。
- 按【样文 2-9A】将正文第一段、第二段和第三段固定行距设置为 20 磅。
- 按【样文 2-9A】为正文第四段至第十段共 7 段设置项目符号，并设置字体为宋体。

3．**文档的插入设置：**在【样文 2-9A】所示位置插入图片 C:\Win2004GJW\KSML3\TU2-9.jpg，设置图片缩放为 64%，环绕方式为“紧密型”。

4．**插入、绘制文档表格：**

- 按【样文 2-9B】在文档的尾部插入一个 3 行 5 列的表格，自动套用格式“古典型 2”。
- 按【样文 2-9B】为表格添加上粗下细线型的边框线。

5．**文档的整理、修改和保护：**保护文档的“修订”，密码为“KS2-9”。

【样文 2-9A】

网络世界　　　　第 1 页

怎样预防电脑病毒

电脑病毒有许多种类，大体上可分为源码病毒、外壳病毒、操作系统病毒等几类，例如，大麻病毒就是一种操作系统病毒。

电脑病毒能够像生物病毒一样，在许多电脑之间传播，危害极大。电脑可以通过软件盘、网络传播，使电脑“生病”。

当电脑出现异常现象时，我们应先确认它是否有病毒。如果系统不认硬盘，应从软盘启动，然后再利用杀毒软件来检查并清除病毒。病毒对电脑系统造成的破坏是很大的，而且被破坏的部分是很难恢复甚至是不可恢复的；一些电脑病毒隐蔽性较强不易被发现，还有一部分病毒即使被发现也不易被清除；而且一些新的病毒又不断出现。因此，我们必须通过严密的措施防止电脑病毒的侵入，具体措施如下：

1. 要防止“病从口入”，在使用任何磁盘时都要事先用杀病毒软件检查是否带毒。
2. 安装防病毒卡。
3. 严禁任何人员使用其他外来拷贝盘，不使用盗版软件，特别是不得用盗版软件盘玩电脑游戏。
4. 对于系统文件，如ＤＯＳ各种文件，以及所有需要保护的数据文件，如自己录入好的文章等都要作好备份以进行保存。
5. 将有关文件和数据加密保护，在需要时再对其进行解密。
6. 对一些文件和子目录进行加密，或将其属性改为只读或隐含。
7. 电脑系统感染病毒后，可利用一定的防毒硬件和软件进行清除。

硬件清除法是通过硬件方式来实现杀毒的。对于非电脑专业人员该方法是一种较好的选择。我国的反病毒产品主要是以反病毒卡为代表的辅助硬件产品。如华能反病毒卡、智能病毒防护卡和瑞星防病毒卡等。

软件清除法是利用一定的杀毒软件清除程序中存留的有害的病毒程序，例如金山公司的金山毒霸，江民公司的KV3000等都是很好的杀毒软件。

【样文 2-9B】

2.10　第 10 题

【操作要求】

打开文档 A2.doc，按照样文进行如下操作，操作完成后保存文档。

1．**设置文档页面格式：**

- 按【样文 2-10A】设置页眉和页脚，在页眉左侧录入文本“动物世界”，在右侧插入页码“第 1 页”。
- 按【样文 2-10A】将正文除第一段外，其余部分设置成两栏格式，加分隔线。

2．**设置文档编排格式：**

- 按【样文 2-10A】将标题设置为艺术字，样式为艺术字库中的第 3 行第 1 列，字体为华文中宋，环绕方式为“四周型”。
- 按【样文 2-10A】将正文第一段字体设置为楷体_GB2312，小四，并添加青绿色底纹；将第 2 段字体设置为方正姚体，小四；将第三段字体设置为仿宋_GB2312，小四；将第四段字体设置为黑体；将第五段字体设置为华文新魏，小四；将第六段字体颜色设置为蓝色，加着重号，加粗。
- 按【样文 2-10A】将正文第一段设置段前、段后间距各为 0.5 行。
- 按【样文 2-10A】将正文第一段、第二段和第五段设置固定行距为 20 磅。

3．**文档的插入设置：**在【样文 2-10A】所示位置插入图片 C:\Win2004GJW\KSML3\TU2-10.jpg，设置图片高度为 3.02 厘米，宽度 5.00 厘米；环绕方式为“紧密型”。

4．**插入、绘制文档表格：**

- 按【样文 2-10B】在文档的尾部插入一个 3 行 5 列的表格，自动套用格式“简明型 3”。
- 按【样文 2-10B】为表格添加边框。

5．**文档的整理、修改和保护：**保护文档的“窗体”，密码为“KS2-10”。

【样文 2-10A】

动物世界 第 1 页

候鸟迁飞之谜

候鸟的迁飞，一般每年都有两次：一次在秋季，离开它的生殖地区向南迁飞以越冬；另一次在春季，由越冬地迁回原生殖地。候鸟为什么要随季节变化而更换自己栖息的地方呢？

生物学家告诉我们：鸟类的迁飞，是由于长期的生活条件的变更而引起的。迁飞是鸟类对季节变化所形成的一种适应能力：天冷了，草木枯萎了，鸟类的食物--昆虫、鱼虾、水草也稀少了，不迁飞，就难以继续生存。所以，每当天气转冷以后，敏感的候鸟就会自发成群结队地向着温暖的、曾经生活过的南方飞迁！

那么，它们又为什么不在南方永久定居下来，反而每年都要这样忙忙碌碌地往返奔波呢？这是因为，夏季的时候，太阳直射在北回归带，北半球的中、高纬度地带的日照时间长，有利于鸟类的繁殖；如果继续留在南方（低纬度地区），反而不利。

另外，有些科学家认为，鸟类的这种行为的形成，有它一定的历史根源。远在几百万年以前，地球上有过冰河时期。那时候，北方“流”来的冰块，覆盖了北半球的广大地区。在那些地方生活的鸟类，由于食物的稀少而被迫迁到南方温暖的地区。当地球上的气候慢慢回暖，而冰河也逐渐向北方消退以后，有许多鸟类由于对“故乡”的“留恋”，在夏季又飞回北方繁殖。冬季，它们仍然飞到南方去住上一段时期。这样长期的来回飞迁，便渐渐地形成一种“春去秋回”的迁徙习性。

但是，有人提出了不同的看法，认为鸟儿在古代地球气温升高时也迁飞。又该怎样解释呢？

较普遍的意见是：也许，这是鸟类借助严酷的飞迁锻炼来淘汰低能的劣鸟、择优繁衍的一种本能驱使所致。

【样文 2-10B】

2.11　第 11 题

【操作要求】

打开文档 A2.doc，按照样文进行如下操作，操作完成后保存文档。

1．**设置文档页面格式：**

- 按【样文 2-11A】设置页眉和页脚，在页眉左侧录入文本“环保漫谈”，在右侧插入页码“第 1 页”。
- 按【样文 2-11A】设置页边距为上、下各 4.2 厘米，左、右各 3.3 厘米。

2．**设置文档编排格式：**

- 按【样文 2-11A】将标题设置为艺术字，样式为艺术字库中的第 2 行第 3 列，字体为华文新魏，填充效果为预设颜色中的“雨后初晴”，线条为方点，粗细为 1 磅，环绕方式为“四周型”。
- 按【样文 2-11A】将第一段中第一句文本“湿地是指一年中至少有一段时间为潮湿或水涝的地区，其水深一般不超过 6 米，包括沼泽、泥炭地、滩涂和沼泽群落等”字体设置为楷体_GB2312，小四，加粗，加波浪型下划线；最后两句文本“但随着城市的发展，大量湿地被改造、填埋，至今北京已没有严格意义的天然湿地了。湿地的丧失，是城市越来越酷热、越来越干旱的原因之一”的字体设置为华文行楷，四号，加着重号。
- 按【样文 2-11A】将第一段设置固定行距为 20 磅。
- 按【样文 2-11A】为第二段、第三段和第四段设置项目符号，字体颜色为蓝色，段前、段后间距各 0.5 行。

3．**文档的插入设置：**在【样文 2-11A】所示位置插入图片 C:\Win2004GJW\KSML3\TU2-11.jpg，设置图片高度为 4.68 厘米，宽度为 7.05 厘米，环绕方式为“紧密型”。

4．**插入、绘制文档表格：**

- 在文档的尾部插入一个 4 行 8 列的表格，自动套用格式“简明型 1”。
- 按【样文 2-11B】添加边框线，合并首行除第一个单元格以外的单元格，以及首列第二、第三和第四个单元格。

5．**文档的整理、修改和保护：**保护文档的“窗体”，密码为“KS2-11”。

【样文 2-11A】

环保漫谈 第 1 页

保护湿地改善环境

湿地是指一年中至少有一段时间为潮湿或水涝的地区，其水深一般不超过 6 米，包括沼泽、泥炭地、滩涂和沼泽群落等。历史上北京有许多湿地，如“海淀”二字，即有“泉水丰茂，沼泽遍布”的含义。但随着城市的发展，大量湿地被改造、填埋，至今北京已没有严格意义的天然湿地了。湿地的丧失，是城市越来越酷热、越来越干旱的原因之一。

- ✓ 湿地含有丰沛水量，比陆地具有更大的比热，高温吸热，低温放热，从而调节气温，减小温差；同时，湿地是区域水循环的重要环节，雨季可以调蓄洪水，降低洪峰，并及时补充地下水，旱季可以增大蒸发，增加降水，从而减少旱、涝灾害。
- ✓ 湿地由动植物、微生物、土壤、水体以及砂砾基质组成，它们之间的生物、物理、化学作用使湿地成为天然的“空气净化器”和“污水处理厂”。大面积湿地可以直接吸附空气中的浮尘、细菌和有害气体，与降水、径流带来的尘土及有害物质一起沉滞于基质，从而起到净化空气的作用。
- ✓ 湿地为野生动植物提供良好的栖息地，以维持它们正常的繁衍，是天然的物种基因库；湿地提供丰富的水产品，出产泥炭、水电，可用于适度旅游开发，具有很高的经济价值；此外湿地还具有科研与景观价值。

【样文 2-11B】

2.12　第 12 题

【操作要求】

打开文档 A2.doc，按照样文进行如下操作，操作完成后保存文档。

1．**设置文档页面格式：**

- 按【样文 2-12A】设置页眉和页脚，在页眉左侧录入文本“健康之路”，在右侧插入页码“第 1 页”。
- 按【样文 2-12A】设置页边距，上、下各 4.3 厘米，左、右各 3.4 厘米。

2．**设置文档编排格式：**

- 按【样文 2-12A】将标题设置为艺术字，样式为艺术字库中的第 2 行第 3 列，字体为华文新魏，填充效果为预设颜色中的“雨后初晴”，无线条色，环绕方式为“四周型”。
- 按【样文 2-12A】将正文第一段字体设置为华文行楷，四号，蓝色；第二段文字设置为楷体_GB2312，四号，绿色；第 3 段字体设置为华文新魏，四号，粉红色；第四段字体设置为隶书，四号，深蓝色。
- 按【样文 2-12A】将第二段、第三段和第四段设置固定行距为 20 磅；并设置段前段后间距各 0.5 行。

3．**文档的插入设置：**在【样文 2-12A】所示位置插入图片 C:\Win2004GJW\KSML3\TU2-12.jpg，设置图片高度为 3.06 厘米，宽度为 4.13 厘米，环绕方式为“紧密型”。

4．**插入、绘制文档表格：**在文档的尾部插入一个 5 行 9 列的表格，按【样文 2-12B】合并第 4 列和第 8 列的第二、第三和第四行单元格，调整第一列的列宽为“2.1 厘米”且第一行的行高为“1.2 厘米”。

5．**文档的整理、修改和保护：**保护文档的“修订”，密码为“KS2-12”。

【样文 2-12A】

健康之路 第 1 页

海滨的空气

当你来到海滨，一定会觉得海滨的空气特别新鲜，特别让人精神舒畅。为什么海滨的空气特别清新呢？

这是因为海浪每天不断地拍打着海岸，海潮时涨时落，给海滨带来美丽的景色和悦耳的涛声，同时也带来了湿润的海滨空气。同时海滨的空气中含有大量的负氧离子，负氧离子称为“空气维生素”，它可以通过呼吸进入人体，改善肺的换气功能，增加氧的吸入量，二氧化碳的呼出量。

负氧离子是带负电的离子，有杀菌的作用，在空气中能抑制细菌的繁殖。大量的负氧离子提高人的交感神经的功能，使人精神焕发，精力充沛，还能增加血液中的血红蛋白的含量。

因此，海滨建有很多的疗养院，因为，海滨空气对患有肺气肿、高血压、神经衰弱、哮喘、贫血等疾病的人有治疗作用，有益于人体的健康，使人精神振奋。

【样文 2-12B】

2.13　第 13 题

【操作要求】

打开文档 A2.doc，按照样文进行如下操作，操作完成后保存文档。

1．**设置文档页面格式：**

- 按【样文 2-13A】设置页眉和页脚，在页眉左侧录入文本“生命科学”，在右侧插入页码“第 1 页”。
- 按【样文 2-13A】设置页边距，上、下各 4.0 厘米，左、右各 3.3 厘米。

2．**设置文档编排格式：**

- 按【样文 2-13A】将标题设置为艺术字，样式为艺术字库中的第 3 行第 1 列，字体为隶书，环绕方式为“四周型”。
- 按【样文 2-13A】将正文第一段字体设置为楷体_GB2312，四号，深蓝色；第二段字体设置为黑体，小四；第三段字体设置为华文新魏，小三，梅红色。
- 按【样文 2-13A】将正文各段设置固定行距为 20 磅；并设置段前、段后间距各 0.5 行。

3．**文档的插入设置：**在【样文 2-13A】所示位置插入图片 C:\Win2004GJW\KSML3\TU2-13.bmp，环绕方式为“紧密型”。

4．**插入、绘制文档表格：**

- 按【样文 2-13B】在文档的尾部插入一个 3 行 5 列的表格，并自动套用格式“网格型 5”。
- 按【样文 2-13B】合并第五列的 3 个单元格，调整首行单元格宽度。

5．**文档的整理、修改和保护：**保护文档的“批注”，密码为“KS2-13”。

【样文 2-13A】

生命科学　　　　　　　　　　　　　　　　　　　　　　　　第 1 页

大脑的左右半球是如何分开的

许多研究，特别是对脑损伤的研究表明大脑的两个半球确实存在分工的不同。左半球的优势在于分析具体的问题，而右半球则在分析画面、理解和识别上占优势。日本福冈九州大学的研究队伍发现在小鼠中有一种神经细胞的受体在大脑海马区的左右两侧是完全不同的，而海马区位于大脑的深处，是负责产生记忆和进行学习的主要区域。这些ＮＭＤＡ受体对于改变神经细胞间的联系的力度也即记忆和学习的基础来说是十分重要的。

另一方面，日本科学家们还在大脑的右半球细胞顶部的树状突（神经细胞的树状延伸部分）上发现了比底部更多类型的ＮＭＤＡ受体。而在左半球情况正好相反。神经细胞如何对输入的信号做出反应依赖于它在哪里接收到该信号，因此上述模式有助于了解记忆在两边产生情况的不同。

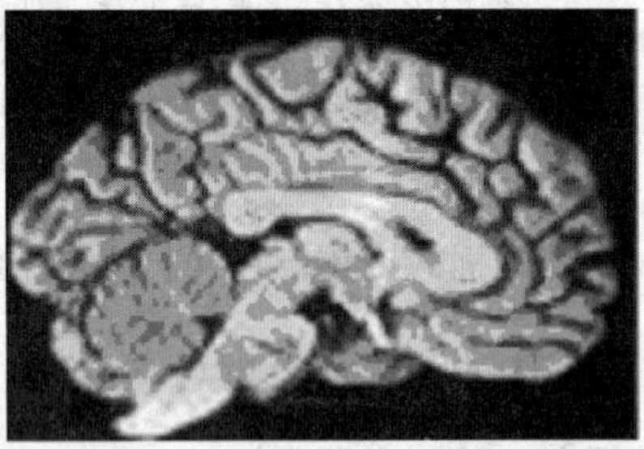

上述发现还为大脑左右半球不同的现象不仅仅局限于人类和高级灵长类的观点提供了证据。大脑的单侧性曾经被认为是高级认知能力产生的原因，但是上述发现的众多例子表明这一理论是站不住脚的。

【样文 2-13B】

2.14　第 14 题

【操作要求】

打开文档 A2.doc，按照样文进行如下操作，操作完成后保存文档。

1．**设置文档页面格式：**

- 按【样文 2-14A】设置页眉和页脚，在页眉左侧录入文本“地球的故事”，在右侧插入页码“第 1 页”。
- 按【样文 2-14A】设置纸张大小为 A4。

2．**设置文档编排格式：**

- 按【样文 2-14A】将标题设置为艺术字，样式为艺术字库中的第 2 行第 1 列，字体为隶书，填充效果为预设颜色中的“极目远眺”，无线条色；环绕方式为“四周型”。
- 按【样文 2-14A】将正文第一段字体设置为华文新魏，四号；第二段文字设置为楷体_GB2312，四号；第三段字体设置为华文行楷，四号，蓝色。
- 按【样文 2-14A】将正文各段设置固定行距为 20 磅；并设置段前、段后间距各 0.5 行。

3．**文档的插入设置：**在【样文 2-14A】所示位置插入图片 C:\Win2004GJW\KSML3\TU2-14.jpg，环绕方式为“紧密型”。

4．**插入、绘制文档表格：**

- 按【样文 2-14B】在文档的尾部插入一个 4 行 7 列的表格，并自动套用格式“彩色型 2”。
- 按【样文 2-14B】为表格添加边框。

5．**文档的整理、修改和保护：**保护文档的“窗体”，密码为“KS2-14”。

【样文 2-14A】

地球的故事　　　　第 1 页

神秘的南极冰雪

为什么南极会有如此多的冰雪呢？这主要与其纬度位置有关。同是位于地球的两极，纬度高低相同，太阳照射的时间长短和角度也一样，南极的冰却比北极的多。由于南极地势高，空气稀薄不保暖，虽有几个月全是白昼，但太阳只是在地平线上盘旋，太阳光斜射，巨大的冰原，像镜子一样，能反射几乎全部的阳光。

几乎全部的太阳光都被反射，因而，所获热量极少，气温进一步降低，造成终年酷寒。由于气候酷寒，南极的降水只能是以冰霰的形式降落下来，终年不化。这里年平均降水量不过 55 毫米，但由于气温低，蒸发弱，逐年积累，终于形成了巨大的冰原。

在整个地球上，被冰雪覆盖的面积总共有 1600 万平方千米，而南极就占了 4/5 以上。据估算，南极的淡水总量约相当于世界其他各洲淡水总量的 200 倍，这么巨大的淡水储量是人类的一项宝贵财富，科学家正在设想如何把这些冰块运进非洲和其他干旱地区，以解决那里的水源不足问题。不久的将来，这些沉睡千百万年的宝贵资源将被开发利用，为人类造福。

【样文 2-14B】

2.15　第 15 题

【操作要求】

打开文档 A2.doc，按照样文进行如下操作，操作完成后保存文档。

1．**设置文档页面格式：**

- 按【样文 2-15A】设置页眉和页脚，在页眉左侧录入文本“未来世界”，在右侧插入页码“第 1 页”。
- 按【样文 2-15A】将第二段、第三段和第四段设置为两栏格式。

2．**设置文档编排格式：**

- 按【样文 2-15A】将标题设置为艺术字，样式为艺术字库中的第 5 行第 4 列，字体为华文细黑，字号为 28，环绕方式为“浮于文字上方”。
- 按【样文 2-15A】为正文第一段添加浅黄色底纹，字体设置为楷体_GB2312，五号，蓝色；第二段字体设置为褐色；第三段字体设置为红色；第四段字体设置为淡紫色；第五段字体设置为黑体，五号，绿色。
- 按【样文 2-15A】将第一段设置段后间距为 0.5 行；最后一段设置段前间距为 0.5 行。

3．**文档的插入设置：**在【样文 2-15A】所示位置插入图片 C:\Win2004GJW\KSML3\TU2-15.jpg，设置图片高度为 3.49 厘米，宽度为 4.65 厘米，环绕方式为“紧密型”。

4．**文档的整理、修改和保护：**按【样文 2-15A】将正文中所有文本“农业工厂”添加双实线下划线。

5．**插入、绘制文档表格：**在文档的尾部插入一个 3 行 3 列的表格，自动套用格式“彩色型 2”，按【样文 2-15B】键入相应文字。

【样文 2-15A】

未来世界　　第 1 页

未来的农业工厂

随着社会的发展，各种新兴技术大量涌现，各个学科之间的结合性越来越强，如果不综合运用于实践，便难以体现出未来科学的真正价值。而机电技术作为重要的基础性学科担负着将各门学科的多种技术结合在一起的重任，并将为转换成巨大的生产力，推动社会高速的发展起着重大作用。

当前社会的人口巨增，可耕面积大量减少，人类的基础饮食面临着巨大的潜在威胁。据此本学院提出以智能机器人技术、先进控制技术、生物技术为结合的未来农业工厂。

当前，人类农业的生产，更多的依赖于自然的供给，受自然的制约。比如阳光，空气，水分等。然而，这些生长条件虽并不可少但并非是最佳，由此也就直接影响着农作物产品的生产周期、发育状况、品种式样及用途多样性。这既导致了人们缺乏各种食品的充分供给的矛盾，又导致了与随着人们日益增长的各种食品需求不协调的矛盾。然而，未来的一个世纪里，是一个以生物技术为先导，各种技术相互胶结共同递步产生技术巨大革命的世纪。

农业工厂的提出，是综合了未来的先进智能机器人技术——可以感应出农作物在生长过程中的各种需求并反馈给控制单元先进技术、先进控制技术——能够控制模拟自然环境的产生并控制调节模拟自然环境对农作物生长发育过程中的各种利于生长的最佳配给，以利于农作物的生长、生物技术——指按照人的意愿采取一定的技术手段，直接或间接地利用生物体及其机能，创造新的生物品种和新的生物制品。并在当前的体细胞杂交技术，转基因技术，组培技术，克隆技术基础上，认清农作物的发育过程，进行各种育种工作。

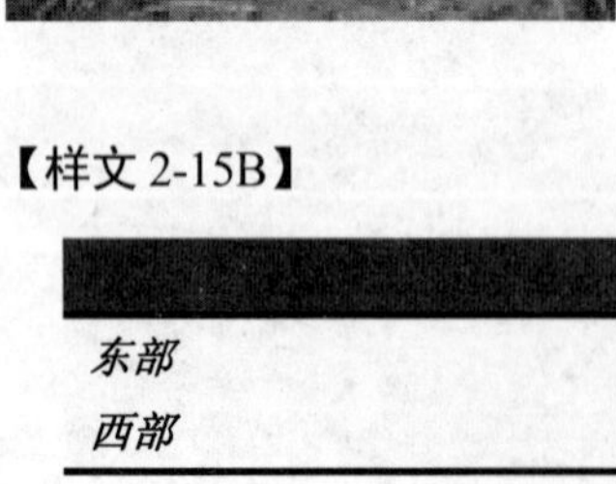

农业工厂综合利用先进的智能机器人技术、先进控制技术、未来生物技术并结合农作物的生长规律，将古老农业和传统的工业结合在一起。一改过去面朝黄土背朝天的平面化的落伍的农业生产模式，转变为全新的、立体的、智能化的生产模式，达到了缩短周期、增加产量、丰富品种、提高质量、丰富产品用途，从而使农业生产发生翻天覆地的变化。

【样文 2-15B】

	一月	二月
东部		
西部		

2.16　第 16 题

【操作要求】

打开文档 A2.doc，按照样文进行如下操作，操作完成后保存文档。

1．**设置文档页面格式：**

- 按【样文 2-16A】设置页眉和页脚，在页眉左侧录入文本“中华名楼”，在右侧插入页码“第 1 页”。
- 按【样文 2-16A】将第二段、第三段和第四段设置为三栏格式，加分隔线。

2．**设置文档编排格式：**

- 按【样文 2-16A】将标题设置为艺术字，样式为艺术字库中的第 5 行第 4 列，字体为隶书；环绕方式为“浮于文字上方”。
- 按【样文 2-16A】为第一段添加金色底纹，字体设置为楷体_GB2312，小四，深蓝色；最后一段字体设置为华文新魏，小四；第二段、第三段和第四段字体设置为小五。
- 按【样文 2-16A】将第一段和最后一段设置固定行距为 15 磅。

3．**文档的插入设置：**在【样文 2-16A】所示位置插入图片 C:\Win2004GJW\KSML3\TU2-16.jpg，设置图片高度为 3.30 厘米，宽度为 4.45 厘米，环绕方式为“紧密型”。

4．**文档的整理、修改和保护：**按【样文 2-16A】将正文第二段、第三段和第四段中的文本“岳阳楼”字体替换为华文行楷，颜色为红色，五号字。

5．**插入、绘制文档表格：**在文档的尾部插入一个 3 行 2 列的表格，按【样文 2-16B】在表格中键入相应文字。

【样文 2-16A】

岳阳楼

岳阳楼矗立于洞庭湖东岸，岳阳市西门城墙上，西临烟波浩淼的洞庭湖、北望滚滚东去的万里长江，水光楼影，相映成趣，扼长江，临洞庭。素有“洞庭天下水，岳阳天下楼”的盛誉，是我国著名的旅游胜地之一。

岳阳楼始为三国时吴国都督鲁肃训练水师构筑的阅兵台。唐开元四年(716),中书令张说谪守岳州，在阅兵台旧址，建一楼阁，因位于湖南大岳山之阳，故名“岳阳楼”。后几经兴废，据文献记载自唐宋以来重修达 30 余次。现存建筑为清同治六年(1867)再建。岳阳楼 因北宋范仲淹作《岳阳楼记》而名扬天下。1988 年中华人民共和国国务院公布为全国重点文物保护单位。

岳阳楼为三檐三层盔顶纯木结构。主楼平面呈长方形，宽 17.24 米,深 14.54 米，面积 240 平方米，通高 19.72 米。四面环以明廊，中间以 4 根楠木柱从地到顶承荷全楼大部分重力，再用 12 根柱作为内周，支撑二楼。外围绕以 20 根檐柱，彼此牵制，结为整体。飞檐与屋顶用伞形架传载荷重，屋檐下的斗形式似北方建筑中的“如意斗”层垒相对，荷重承力，托楼顶，是罕见的建筑结构。

全楼榫卯交接，未用一钉，工艺精巧，结构严整，造型庄重。三层飞檐与楼顶，均盖黄色琉璃筒板瓦。整个楼的建筑，无论在美学、力学或建筑学以及工艺等方面都充分显示了中国古代建筑的民族风格。岳阳楼内，一楼四周悬挂着历代名人雅士的诗词对联，二楼正中悬挂着清乾隆年间书法家张照书写的《岳阳楼记》大型雕屏。

岳阳楼位岳阳市西门城头。它威然矗立，脚踏烟波浩淼的洞庭湖，面对青螺滴翠的君山、头枕滚滚东去的长江、背靠繁华秀丽的闹市。与武昌的黄鹤楼，南昌的滕王阁齐名。有“江南三大名楼”之一的美称。三名楼中岳阳楼又独占鳌头。岳阳楼始建于公元 220 年前后，距今 1700 多年历史，三国时期为鲁肃阅军楼；南北朝时称巴陵城楼；初唐时称南楼；中唐李白赋诗后，始称岳阳楼，至公元 1045 年，庆历四年春，滕子京重修岳阳楼，请友范仲淹作了《岳阳楼记》，从此，岳阳楼更加闻名遐迩。

【样文 2-16B】

岳阳楼	湖南省岳阳市
黄鹤楼	湖北省武汉市
滕王阁	江西省南昌市

2.17　第 17 题

【操作要求】

打开文档 A2.doc，按照样文进行如下操作，操作完成后保存文档。

1．**设置文档页面格式：**

- 按【样文 2-17A】设置页眉和页脚，在页眉左侧录入文本“冬眠之谜”，在右侧插入页码“第 1 页”。
- 按【样文 2-17A】将正文除最后两段外的其余各段设置为三栏格式，加分隔线。

2．**设置文档编排格式：**

- 按【样文 2-17A】将标题设置为艺术字，样式为艺术字库中的第 3 行第 5 列，字体为华文新魏，字号为 28，环绕方式为“四周型”。
- 按【样文 2-17A】为最后两段添加海绿色底纹，字体颜色为黄色。
- 将倒数第二段的文本“冬眠动物”设置为中文版式中的“合并字符”格式，字号为 9。

3．**文档的插入设置：**在【样文 2-17A】所示位置插入图片 C:\Win2004GJW\KSML3\TU2-17.jpg，设置图片高度为 3.10 厘米，宽度为 3.47 厘米，环绕方式为“紧密型”。

4．**插入、绘制文档表格：**

- 按【样文 2-17B】在文档的尾部插入一个 3 行 4 列的表格，自动套用格式“精巧型 1”。
- 按【样文 2-17B】合并第四列的 3 个单元格，合并第三行的第二和第三个单元格，平均分布第三行的第一和第二个单元格宽度；添加边框。

5．**文档的整理、修改和保护：**保护文档的“修订”，密码为“KS2-17”。

【样文 2-17A】

冬眠之谜　　　　第 1 页

动物是如何冬眠的

动物的冬眠，早就引起了人类的关注。

人们研究动物冬眠，主要是针对热血动物。因为它们能精确地和有目的地控制自己的体温。动物冬眠只是动物休眠的一种形式，此外还有夏眠、日眠和夜眠等。动物冬眠一般从当年 10 月或 11 月开始，直到次年 3、4 月份，其间每 3 天或 3 星期中断一次，以便能进食，排泄大小便，这叫休眠周期。

冬眠时，动物体内会发生一系列生理变化。心脏：跳动缓慢，心脏的功能大大降低。这样就有效地防止了血液循环紊乱；肺：呼吸减慢，一次呼吸最长达 10 分钟；肾：产生的尿量很少；性生活：在冬眠前就完全停止，在冬眠沉睡时期又慢慢恢复。只有蝙蝠例外；脑：冬眠中骨髓仍在工作着，中脑代替间脑成为热调节器的变化中心。

动物的冬眠受自然条件的影响最大。外界刺激越多，内部本能的适应能力越强。首先，外界温度对动物的冬眠有重要影响。当周围环境温度在 5℃～10℃时，最易引起冬眠。其次，食物的缺乏是促成冬眠的因素。对于鸟类，一般只要限制食物或者是让它饥饿，它就会立即进入昏睡状态。再次，光也是引起冬眠的重要外界条件。如果光线时间减少或昏暗时，动物便很快开始冬眠。

从根本上说，动物要度过冬眠，取决其两种适应的能力。其一是适应物质变化的全部过程，能在温度极低下度过来，并能迅速地复苏。其二是必须有很高的制造热量能力。一种是抖动肌肉生热；另一种是通过化学热调节器发挥作用。

冬眠动物有一种特有的组织——褐色脂肪组织。它从颈部延至脊髓，具有产生热量、保护动物安全过冬的能力。这一组织在冬天会慢慢地被消耗掉，到第二年夏天和秋天时又重新制造出来。

至于冬眠动物自动调节生物节律和机体复苏的机制是怎样的，人们至今仍在探索。

【样文 2-17B】

<table>
<tr><td></td><td></td><td></td><td rowspan="3"></td></tr>
<tr><td></td><td></td><td></td></tr>
<tr><td colspan="2"></td><td></td></tr>
</table>

2.18　第 18 题

【操作要求】

打开文档 A2.doc，按照样文进行如下操作，操作完成后保存文档。

1．**设置文档页面格式：**

- 按【样文 2-18A】设置页眉和页脚，在页眉左侧录入文本“诗词欣赏”，在右侧插入页码。
- 按【样文 2-18A】设置纸张大小为 16 开，设置页边距为上、下各 3.0 厘米，左、右各 4.0 厘米，页眉、页脚距边界各 2.0 厘米。

2．**设置文档编排格式：**

- 按【样文 2-18A】将标题设置为艺术字，样式为艺术字库中的第 2 行第 1 列，字体为华文行楷，环绕方式为“四周型”。
- 按【样文 2-18A】将正文最后 2 段字体设置为华文新魏，三号；将第三行字体设置为楷体_GB2312，五号。
- 按【样文 2-18A】将正文第二行文本“苏轼”设置段前、段后间距各 1 行。

3．**文档的插入设置：**

- 在【样文 2-18A】所示位置插入图片 C:\Win2004GJW\KSML3\TU2-18.jpg，环绕方式为“衬于文字下方”。
- 在【样文 2-18A】的第二行文本“苏轼”处插入批注“宋朝大文学家”。

4．**插入、绘制文档表格：**

- 按【样文 2-18B】在文档的尾部插入一个 4 行 7 列的表格，自动套用格式“简明型 3”。
- 按【样文 2-18B】合并第四列和第七列的第二、第三、第四行单元格，添加边框。

5．**文档的整理、修改和保护：**保护文档的“修订”，密码为“KS2-18”。

【样文 2-18A】

诗词欣赏　　1

水调歌头

丙辰中秋，欢饮达旦，大醉，作此篇。兼怀子由。

明月几时有？把酒问青天。不知天上宫阙，今夕是何年。我欲乘风归去，又恐琼楼玉宇，高处不胜寒。起舞弄清影，何似在人间！

转朱阁，低绮户，照无眠。不应有恨，何事偏向别时圆？人有悲欢离合，月有阴晴圆缺，此事古难全。但愿人长久，千里共婵娟。

【样文 2-18B】

2.19　第 19 题

【操作要求】

打开文档 A2.doc，按照样文进行如下操作，操作完成后保存文档。

1. **设置文档页面格式：**

- 按【样文 2-19A】设置页眉和页脚，在页眉左侧录入文本“诗词欣赏”，在右侧插入页码。
- 按【样文 2-19A】设置纸张大小为 16 开，设置页边距为上、下各 3.2 厘米，左、右各 4.1 厘米，页眉、页脚距边界各 2.0 厘米。

2. **设置文档编排格式：**

- 按【样文 2-19A】将标题设置为艺术字，样式为艺术字库中的第 2 行第 3 列，字体为隶书，环绕方式为“四周型”。
- 按【样文 2-19A】将正文两个段落字体设置为华文行楷，三号。
- 将第二行文本“柳永”设置为隶书，小四，居中，段前、段后各 0.5 行。

3. **文档的插入设置：**在【样文 2-19A】所示位置插入图片 C:\Win2004GJW\KSML3\TU2-19.jpg，环绕方式为“紧密型”。

4. **插入、绘制文档表格：**在文档的尾部插入一个 3 行 3 列的表格，按【样文 2-19B】在表格中键入相应文字。

5. **文档的整理、修改和保护：**保护文档的“批注”，密码为“KS2-19”。

【样文 2-19A】

诗词欣赏　　1

雨霖铃

柳永

寒蝉凄切，对长亭晚，骤雨初歇。都门帐饮无绪，留恋处、兰舟催发。执手相看泪眼，竟无语凝噎。念去去、千里烟波，暮霭沉沉楚天阔。

多情自古伤离别，更那堪、冷落清秋节！今宵酒醒何处？杨柳岸、晓风残月。此去经年，应是良辰好景虚设。便纵有千种风情，更与何人说？

【样文 2-19B】

姓名	所处朝代	代表作品（选句）
苏轼	宋朝	明月几时有，把酒问青天。
柳永	宋朝	杨柳岸，晓风残月。

2.20 第20题

【操作要求】

打开文档 A2.doc，按照样文进行如下操作，操作完成后保存文档。

1．设置文档页面格式：

- 按【样文 2-20A】设置页眉和页脚，在页眉左侧录入文本“散文欣赏”，在右侧插入页码“第 1 页”。
- 按【样文 2-20A】将正文第二和第三段设置为两栏格式，加分隔线。

2．设置文档编排格式：

- 按【样文 2-20A】将标题设置为艺术字，样式为艺术字库中的第 3 行第 2 列，字体为华文行楷，字体为 32，环绕方式为“四周型”。
- 按【样文 2-20A】将正文第二段设置为“首字下沉”格式，下沉行数为三行。
- 按【样文 2-20A】为第一段添加底纹，颜色为淡紫色，字体颜色为浅黄色。
- 按【样文 2-20A】将第一段和最后一段字体设置为楷体_GB2312，小四；倒数第二段字体设置为华文新魏，四号，固定行距为 20 磅。
- 按【样文 2-20A】将第二段和第三段字体颜色设置为绿色，第四段为梅红色，最后一段为红色。为正文第三段第五行文本“于是，洗手的时候……”至第三段最后一行添加波浪型下划线。

3．**文档的插入设置**：在【样文 2-20A】所示位置插入图片 C:\Win2004GJW\KSML3\TU2-20.jpg，设置图片高度为 4.23 厘米，宽度为 3.27 厘米，环绕方式为“紧密型”。

4．**插入、绘制文档表格**：按【样文 2-20B】在文档的尾部插入一个 3 行 4 列的表格，自动套用“古典型 4”格式。

5．**文档的整理、修改和保护**：保护文档的“窗体”，密码为“KS2-20”。

【样文 2-20A】

散文欣赏　　第 1 页

匆匆

燕子去了，有再来的时候；杨柳枯了，有再青的时候；桃花谢了，有再开的时候。但是，聪明的，你告诉我，我们的日子为什么一去不复返呢？——是有人偷了他们罢：那是谁？又藏在何处呢？是他们自己逃走了罢：现在又到了哪里呢？

我不知道他们给了我多少日子；但我的手确乎是渐渐空虚了。在默默里算着，八千多日子已经从我手中溜去；像针尖上一滴水滴在大海里，我的日子滴在时间的流里，没有声音，也没有影子。我不禁头涔涔而泪潸潸了。

去的尽管去了，来的尽管来着；去来的中间，又怎样地匆匆呢？早上我起来的时候，小屋里射进两三方斜斜的太阳。太阳他有脚啊，轻轻悄悄地挪移了；我也茫茫然跟着旋转。于是——洗手的时候，日子从水盆里过去；吃饭的时候，日子从饭碗里过去；默默时，便从凝然的双眼前过去。我觉察他去的匆匆了，伸出手遮挽时，他又从遮挽着的手边过去，天黑时，我躺在床上，他便伶伶俐俐地从我身上跨过，从我脚边飞去了。等我睁开眼和太阳再见，这算又溜走了一日。我掩着面叹息。但是新来的日子的影儿又开始在叹息里闪过了。

在逃去如飞的日子里，在千门万户的世界里的我能做些什么呢？只有徘徊罢了，只有匆匆罢了；在八千多日的匆匆里，除徘徊外，又剩些什么呢？过去的日子如轻烟，被微风吹散了，如薄雾，被初阳蒸融了；我留着些什么痕迹呢？我何曾留着像游丝样的痕迹呢？我赤裸裸来到这世界，转眼间也将赤裸裸的回去罢？但不能平的，为什么偏要白白走这一遭啊？

你聪明的，告诉我，我们的日子为什么一去不复返呢？

【样文 2-20B】

第三单元　文档处理的综合操作

3.1　第1题

【操作要求】

打开文档A3.doc，按如下要求进行操作，操作完成后保存文档，操作结果如【样文3-1】所示。

1．**应用样式：**

- 将文档中第一行样式设置为“文章标题”，第二行设置为“标题注释”。
- 将文章正文的前4段套用C:\Win2004GJW\KSML1\KSDOT3.DOT模板中的“正文段落”样式。

2．**修改样式：**

- 以正文为基准样式，将“重点正文”样式修改为：字体为仿宋_GB2312，字号为小四，字形加粗，为段落填充-10%的灰色底纹，自动更新对当前样式的改动，并应用于正文第五段。
- 将“项目符号”样式修改为：字体为仿宋_GB2312，字号为小四，项目符号为✓，并应用于正文第六段、第七段、第八段和第九段。

3．**新建样式：**以正文为基准样式，新建“段落格式”样式，字体为华文细黑，字号为小四，行间距固定值为18磅，段前、段后间距各为0.5行，并应用于正文第十段和第十一段。

【样文3-1】

全光网的知识

佚名供稿

全光网，原理上讲就是网中直到端用户节点之间的信号通道仍然保持着光的形式，即端到端的全光路，中间没有光电转换器。数据从源节点到目的节点的传输过程都在光域内进行，而其在各网络节点的交换则使用高可靠、大容量和高度灵活的光交叉连接设备（OXC）。这样，网内光信号的流动就没有光电转换的障碍，信息传递过程无需面对电子器件处理信息速率难以提高的困难。另外，全光网中由于没有电的处理，故允许存在各种不同的协议和编码形式，使信号传输具有透明性。

全光网的基本结构可以分为光网络层和电网络层。利用波分复用技术的全光网将采用三级体系结构。0 级（最低一级）是众多单位各自拥有的局域网（LAN），它们各自连接若干用户的光终端（OT）。每个 0 级网的内部使用同一套波长，但各个 0 级网多数也可重复使用同一套波长。1 级可看作许多城域网（MAN），它们各自设置波长路由器连接若干个 0 级网。2 级可以看作全国或国际的骨干网，它们利用波长转换器或交换机连接所有的 1 级网。

在未来的全光通信网中，全光的性能监控、检错、故障隔离和恢复功能都将在光层上实现。这使得全光网具有用更高效的保护与恢复策略以及更简单、更有效的网络控制与管理功能。

为了保证全光网的透明性并保证信号在长途传送网中的性能，需要制订统一的光信号质量标准，以及利用光域设备进行性能诊断以验证光信号性能。如果无法在光域进行状态检测以获取相关的网络信息，将无法保证透明光网络的正常工作，因为网络状态信息的获取是网络运营、管理和维护的基础。

总的说来全光网具有以下一些优点：

- ✓ 解决了“电子瓶颈”问题。
- ✓ 降低成本，挖掘宽带潜力。
- ✓ 波分复用（WDM）全光网具备可扩充性和可重构性。
- ✓ 端到端服务。

近年来，我国光纤通信市场增长迅速，以每年 20%的速度递增。目前我国长途传输网的光纤化比重已超过 80%，其中中国电信长途光缆总长超过 20 万公里，中国联通长途光缆总长达到 1.87 万公里。

据信息产业部透露，我国在光纤通信方面的计划是：2000 年在现有光缆网基础上主要采用 2.5G 和 10G 同步传输技术，建成覆盖全国的网络型光缆干线网，辅之以数字微波和卫星通信网，构成高速、宽带、安全、可靠的信息通道。

3.2 第2题

【操作要求】

打开文档 A3.doc，按如下要求进行操作，操作完成后保存文档，操作结果如【样文 3-2】所示。

1．应用样式：

- 将文档中第一行样式设置为“文章标题”，第二行样式设置为“标题注释”。
- 将文章正文的第一段套用 C:\Win2004GJW\KSML1\KSDOT3.DOT 模板中的“正文段落 1”样式。

2．修改样式：

- 以正文为基准样式，将“文章正文”样式修改为：字体为楷体_GB2312，加下划线，段前、段后间距各为 0.5 行，自动更新对当前样式的改动，并应用于正文第二段。
- 将修改“重点正文”样式：字体为楷体_GB2312，段落为灰色-10%底纹，段前、段后间距各为 0.5 行，并应用于正文第三段。

3．新建样式：

- 以正文为基准样式，新建“段落 1”样式，字体为仿宋_GB2312，字形为加粗，加着重号，段前、段后间距各为 0.5 行，并应用于正文第四段。
- 以正文为基准样式，新建“段落 2”样式：字体为华文细黑，字体颜色为玫瑰红色，段落左、右各缩进 2 个字符，并应用于正文第五段。

【样文 3-2】

什么是 DNA 计算机

——摘自《中国科技报》

电子计算机是 20 世纪最重大的科技成就之一。纵观一千年来的科技进步，没有什么比计算机和互联网发展得更快。综观计算机的发展之路，无非是功能越来越强，体积越来越小。进入新千年后传统计算机技术面临新一轮的技术更迭。早在 1964 年，Intel 公司创始人戈登·摩尔在一篇很短的论文里断言：每十八个月，集成电路的性能将提高一倍，而且价格将降低一倍，这就是著名的摩尔定律。

在过去的 30 多年中，半导体工业的发展基本上遵循着摩尔定律，大约每十八个月就会把挤在指甲壳那么大的硅片里的晶体管数量增加一倍。目前 0.18 微米的微电子工艺技术已经趋于成熟，到 2010 年，微电子工艺将突破 0.1 微米。但是物理学定律认为，这种成倍增长的速度不会永远持续下去。最终，晶体管会变得非常小，小到晶体管的组件将只有几个分子那么大。在这样小的距离里，传统的计算机理论将完全失效，起作用的将是古怪的量子定律，电子会从一个地方跳到另外一个地方而不穿过这两个地方之间的空间，这就是所谓的隧道效应。这时电子会越过原子粗细的导线和绝缘层，从而产生致命的短路。寻找硅替代物已成为一场运动。

在众多新型计算机当中，生物计算机，也就是是 DNA 计算机是最具潜力和发展前景的。它突破了传统计算机在理论和工艺上的诸多限制，拥有其他计算机无法比拟的优势。一位科学家预言："未来 DNA 计算机的芯片也许就是一滴溶液。" DNA 计算机最大的优点在于其惊人的存贮容量和运算速度。1 立方米的ＤＮＡ溶液，可存储 1 万亿亿的二进制数据，十几个小时的ＤＮＡ计算，相当于所有电脑问世以来的总运算量，而 DNA 计算机消耗的能量却非常小，只有普通电脑的十亿分之一。DNA 计算机最为引人之处在于：作为生物计算机，它在"人机合一"方面的发展前景将是令人难以想象的。展望 21 世纪，DNA 计算机将是传统计算机的理想的终结者。

到底 DNA 计算机身为何物，它又是怎样实现如此神速的运算，又为何令许多科学家为之心驰神往呢？下面，我们将逐层揭开蒙在 DNA 计算机身上的神秘面纱。

按照科学家的设想，DNA 计算机的外部是一种非常薄的玻璃膜，内装着精巧的晶格，晶格里放着生物芯片。生物芯片有许多种，如合成蛋白芯片，血红素芯片，基因芯片，多糖芯片，以及神经元芯片等。通过生物芯片，信息以波的形式传播，当波沿着蛋白质分子链传播时，会引起蛋白质分子链中单键、双键结构顺序的变化，当一列波传播到分子链的某一部位时，它们就像硅芯片集成电路中的载流子那样传递信息。同时，生物芯片还拥有巨大的存储记忆、逻辑运算等功能。此外，生物芯片具备的低阻抗、低能耗的性质，可以有效地解决热问题，这就给 DNA 计算机的进一步发展开拓了广阔的前景。

3.3 第3题

【操作要求】

打开文档 A3.doc，按如下要求进行操作，操作完成后保存文档，操作结果如【样文 3-3】所示。

1. 应用样式：

- 将文档中第一行样式设置为“文章标题”，第二行样式设置为“标题注释”。
- 将文章正文的第一段套用 C:\Win2004GJW\KSML1\KSDOT3.DOT 模板中的“正文段落 2”样式。

2. 修改样式：

- 以正文为基准样式，将“正文样式”样式修改为：字体为华文新魏，字号为四号，行间距为固定值 18 磅，自动更新对当前样式的改动，并应用于正文第二段。
- 修改“正文样式 1”样式：字体为楷体_GB2312，字号为小四，字形为加粗，行间距为固定值 18 磅，并应用于正文第三段。

3. 新建样式：

- 以正文为基准样式，新建“重点段落”样式，字体为幼圆，字形为加粗，效果为阴影，行间距为固定值 18 磅，并应用于正文第四段。
- 以正文为基准样式，新建“重点段落 1”样式：字体为隶书，字号为四号，行间距为固定值 18 磅，并应用于正文第五段。

【样文 3-3】

信 息 时 代 的 思 考

——摘自《中国青年报》

经济全球化的趋势不能或者说至少现在不能消灭作为国家或民族这些独立利益主体的存在，因此就存在着国家之间的竞争，而在当今，国家的竞争更本质地表现在经济实力方面的竞争，经济实力的增长也已经从传统的依赖资源投入模式转向依赖以技术为主的投入模式，一个国家的科技水平及其技术产业化的水平从根本上决定了一个国家的经济实力及发展前景。

努力发展本国经济是现时每个国家的首要的问题，对于中国来说，发展经济更是重中之重。专业化“企业—科研教育机构”的电子商务交易平台就是为科学技术的创造发明者和科学技术的应用者创造一个信息交流的平台，通过这个平台可以充分挖掘现存的技术资源，使科研教育机构的科研工作者及在校有研究发明才能的学生能够把自己的研究课题与以企业为主体的社会生产单位的需要紧密结合起来，达到缩短技术发明与技术应用之间的时间周期。同时作为企业来说，可以将企业内部的研究开发资源与外部的技术资源结合起来，突破自身技术资源的局限，加速研究开发的时间周期，缩短技术实施的试验周期。

随着计算机网络的兴起，网络的快速、便捷、特别是获取大量信息的廉价成本使传统的贸易方式发生了重大的变革，正如现在正蓬勃兴起的电子商务，它基于网络构架出一个虚拟的交易市场，在这个虚拟的市场背后真实而有序的进行着大量的物流转移。“**B to B**（企业—企业）、**B to C**（企业—顾客）、**B to G**（企业—政府）”这些概念已经付诸实施或正在实施中进行艰难的探索，人们已经承认将企业的采购、生产、销售、服务等过程利用网络来完成是有效而有益的，但是，还有一个过程还没有引入电子商务的正式概念，即产品的研发阶段。

网络大大地扩大了人们获取信息的渠道，也推动了信息的迅速膨胀，人们面临的问题不再是苦于寻找信息，而是如何去鉴定信息的真实性和可靠性。当你带着确定的目标进入网络，第一种可能会收集到大量的迥异的却又似是而非的信息等待你去逐个的确认并进行优选，第二种可能会获取大量相同的信息，结果是你什么也没找到。在大量的信息面前，你会发现你看到的东西是所有人都能看到的，你获取的是廉价的信息。所以切不要为自己付出的低廉成本而沾沾自喜，除非你有高超的洞察力，否则你会发现在获取信息的过程中实际上你付出了巨大的机会成本。

这里我们更注意的是努力挖掘和充分利用这些技术，即在这些技术的支持下，重新认识我们的工作理念并且为之设计其运行的工作平台，从而更充分地利用我们稀缺的资源，降低交易成本，推动技术的产业化，实现国富民强。

3.4　第4题

【操作要求】

打开文档A3.doc，按如下要求进行操作，操作完成后保存文档，操作结果如【样文3-4】所示。

1．应用样式：

- 将文档中第一行样式设置为“文章标题”，然后居中，第二行样式设置为“标题注释”。
- 将文章正文的第一段套用C:\Win2004GJW\KSML1\KSDOT3.DOT模板中的“正文段落3”样式。

2．修改样式：

- 以正文为基准样式，将“正文01”样式修改为：字体为隶书，字号为小四，字形为倾斜，字体颜色为红色，阴影，行间距为固定值18磅，自动更新对当前样式的改动，并应用于正文第二段。
- 以正文为基准样式，将“正文02”样式修改为：字体为华文细黑，字号为四号，字形为加粗，字体颜色为粉红色，行间距为固定值18磅，自动更新对当前样式的改动，并应用于正文第三段。

3．新建样式：

- 以正文为基准样式，新建“要点段落01”样式：字体为仿宋_GB2312，字号为四号，字体颜色为海绿色，加下划线，下划线为深蓝色，行间距为固定值16磅，并应用于正文第四段。
- 以正文为基准样式，新建“要点段落02”样式，字体为华文彩云，字号为五号，字符间距为加宽1磅，字体颜色为蓝-灰色，并应用于正文第五段。

【样文3-4】

生物电脑的现状及发展

——摘自《羊城晚报》

到目前为止，生物电脑的研究取得了一些进展。比如，如何为生物电脑设

问题，是编程方面的巨大挑战，语言非常复杂。神经语汇中的每一个“字”，都是可重复性的电子脉动。而当神经细胞互相沟通时，这些电子字眼就会通过触处进行传递。触处之间连成一个网络，每一个触处可以有多达 20 万个管道，读一个管道含有细胞生命的部分资讯。有点类似电视从同一电缆收到不同频道的节目。解读这么多个细胞之间的对话，在数年前还无法做到。不过，现代电脑已经能够解决这个问题。

指导细胞进入状态。神经生物学家马德尔研制出一套能够即时翻译神经细胞语言的电脑程序。电子脉冲通过塞在神经细胞里的探测器，传入电脑。程序则解读和计算细胞的电流，从而再通过探测器做出回应。掌握这股回应脉冲的力度，就能够模拟神经细胞的传导管道。神经细胞的回应也是有如与另一细胞沟通，而不是电脑。

生物电脑的学习关键，神经工程师德威尔特说：“我们将教导神经细胞如何自我连接。”反复练习和重复是学习的关键，但这需要时间。幸好，神经细胞都很喜欢练习，因此迪多的小组正努力让它们开始学习，希望能教导一个平方毫米的神经细胞，学会算术和确认花纹。这将是首次让神经细胞进行自我连接。迪多说：“工程方面还有很多头疼的地方。不过，一旦使到这些细胞启动之后，你几乎无法令它们停止计算。”

生物芯片的概念源自于计算机芯片。狭义的生物芯片即微阵列芯片，主要包括 DNA 微阵列、寡核着酸微阵列和蛋白质微阵列。分析的基本单位是在一定尺寸的基片（如硅片、玻璃、塑料和尼龙膜等）表面有序地以点阵方式排列的一系列固定于一定位置的可选址的识别分子，这样的每一个分子都可以视为一个传感器的探头。微阵列芯片在一定的条件下进行结合反应，反应结果可用荧光法、化学发光法或是同位素法来显示，再用扫描仪等光学器件记录，最后通过专门的计算机软件进行分析。广义的生物芯片是指能对生物分子进行快速并行处理和分析的微型团体薄型器件。总之，将现有的任何生物化学反应微缩化和快速化的器件都被归总为生物芯片，如聚合酶键式反应（PCR）芯片、阵列毛细管电泳芯片等。当代生物芯片技术的基本思想在 20 世纪 80 年代中后期已经出现。

1991 年，Fodor 在《科学》杂志上发表了利用光刻技术与光化学合成技术制作检测多肽的成果。5 年后的 1996 年，该公司的芯片产品 IGeneChiP 开始投放市场，其中包括用于检测艾滋病病毒（HIV）I 基因与 P53 肿瘤基因突变的芯片，还有用于研究药物新陈代谢时基因变化的细胞色素 P450 芯片。1996 年，斯坦福大学生物化学系的 Davi 和 Brown 等人第一次提出了 CDNA 微阵列技术。

3.5 第5题

【操作要求】

打开文档 A3.doc，按如下要求进行操作，操作完成后保存文档，操作结果如【样文 3-5】所示。

1．应用样式：

- 将文档中第一行样式设置为“文章标题”，第二行样式设置为“标题注释”。
- 将文章正文的第一段套用 C:\Win2004GJW\KSML1\KSDOT3.DOT 模板中的“正文段落 4”样式。

2．修改样式：

- 以正文为基准样式，将“正文段落 01”样式修改为：字体为新宋体，字号为小三，字形为加粗，字体颜色为深蓝色，行间距为固定值 20 磅，自动更新对当前样式的改动，并应用于正文第二段。
- 以正文为基准样式，将“正文段落 02”样式修改为：字体为隶书，字号为四号、字形为加粗倾斜、字体颜色为蓝-灰色，行间距为固定值 21 磅，段前、段后 0.5 行，自动更新对当前样式的改动，并应用于正文第三段。

3．新建样式：

- 以正文为基准样式，新建“重点段落 01”样式：字体为方正舒体，字号为小三，字形为加粗，行间距为固定值 14 磅，段前、段后 0.5 行，并应用于正文第四段。
- 以正文为基准样式，新建“重点段落 02”样式：字体为方正姚体，字号为小三，字形为加粗，行间距为固定值 20 磅，段前、段后各 0.5 行，并应用于正文第五段。

【样文 3-5】

拯救臭氧层

——摘自《中国青年报》

臭氧的分子式为 O_3，呈蓝色，因有特殊的臭味，因此，俗称臭氧。大气圈平流层（约 15~55 千米）中高出海平面 20~40km 的范围内，有一圈臭氧含量特别高的特殊大气层，大气中臭氧的平均含量大约只有 0.3×10^{-6}（一亿分之三十），而这里的臭氧含量接近 10×10^{-6}（十万分之一），高空大气层中几乎 90% 的臭氧都集中在这里，所以将其称为臭氧层。臭氧层在有效地保护地球生物的生存方面具有特别的功能。正是由于臭氧层有效地挡住了来自太阳的有害紫外线的侵袭，才使得人类和地球上的各种生命能够存在、繁衍和发展。因此，臭氧层又被称为保护地球的无缝天衣。

由于臭氧层被破坏，等于在屋顶上开了天窗，导致太阳对地球紫外线辐射增强。有研究表明，大气层中的臭氧层每减少 **1%**，到达地球表面的紫外线辐射就会增强 **2%**。如果臭氧层中臭氧层含量减少 **10%**，地球的紫外线辐射将增加 **19%～22%**。严重损害动植物的基本结构，降低生物产量。

1987 年，德国科学家发现北极上空也出现了臭氧空洞，面积是南极臭氧空洞的 1/3。每年春天，在地球的两个极地的上空仍再次形成臭氧层空洞，北极的臭氧层损失 20%~30%，南极的臭氧层损失 50%以上，西伯利亚上空的臭氧层损失 35%以上。

1998 年，中国科学家也发现，每年从 6 月到 10 月青藏高原上空会出现一个大气臭氧浓度异常低值中心，而且低值中心区域的臭氧量逐年减少，这可以说是地球上发现的第三个臭氧空洞。

1999 年 1 月 23 日，中国科学院大气物理研究所在广东惠州放飞了一只 3 万 m^3 的臭氧层科考气球，探测结果发现，北京地区大气臭氧层含量较以前减少了约 8 个百分点，已下降到近 20 年同期平均值的最低点。

3.6 第6题

【操作要求】

打开文档 A3.doc，按如下要求进行操作，操作结果如【样文 3-6】所示。

1．应用样式：

- 将文档中第一行样式设置为“文章标题”，第二行样式设置为“标题注释”。
- 将文章正文的第一段套用 C:\Win2004GJW\KSML1\KSDOT3.DOT 模板中的“正文段落 5 ”样式。

2．修改和新建样式：

- 以正文为基准样式，将“要点段落”样式修改为：字体为方正舒体，字号为小四，字体颜色为酸橙色，自动更新对当前样式的改动，并应用于正文第二段和第三段中。
- 以 KSYS01 为样式名新建样式：字体为方正姚体，字号为四号，字形为加粗，字体颜色为宝石蓝色，行距为固定值 18 磅，并应用于正文第四段和第五段。

3．创建模板：保存文档，并将当前文档命名为 A3a，以文档模板类型另存到考生文件夹中。

【样文 3-6】

生物材料的未来

——摘自《益寿文摘》

生物材料（Biomaterials）又称生物医用材料（Biomedical Materials），它是对生物体进行诊断、治疗和置换损坏的组织、器官或增进其功能的材料。生物材料的起步很早。早在公元前 5000 年就已经用人工牙植入口腔额骨，来修复失牙。由于当时工业不发达，直到 20 世纪 30 年代，随着工业的兴起才出现少数医用材料。20 世纪中后期，高分子工业的迅猛发展推动了生物医用材料的发展。直到 20 世纪 80 年代中期，生物医用材料还被视为一类无生命的材料。

20 世纪 80 年代后，随着生物技术研究的进展，人类已开始将生物技术应用于研制生物材料，在材料结构及功能设计中引入生物支架——活性细胞，利用生物要素和功能去构建所希望的材料，从而提出了组织工程的概念。标志着医学将走出组织器官移植的范畴，步入到制造组织和器官的新时代，是 21 世纪具有巨大潜力的高科技产业。

在组织工程研究中，核心是建立由细胞和生物材料构成的三维空间复合体。因此大力研究和开发新一代生物医用材料——生物相容性良好并可被人体逐步降解吸收的生物材料，是21世纪生物医用材料发展的重要方向。

随着人类生活水平的提高和寿命的延长，对人工骨替代材料的需求越来越多。仅人工骨关节一项，全世界目前每年需求达100万套。我国现有300万人因为先天性关节炎和骨伤等原因造成骨损伤，其中很大一部分需要全髋关节置换。但目前我国大陆（不包括台港澳）的人工关节置换每年只有3～4万套，与人口2000～3000万的台湾省持平，而且2/3以上是价格昂贵的国外产品。国内的人工关节厂家规模小且质量不高。这极大地限制了我国国民医疗水平的改善和国民身体素质的提高。所以，研制具有自主知识产权的高水平人工骨制品对于全国和首都的发展具有重大的社会和经济意义。

据介绍,美国生物医用材料的产值已高达上百亿美元,而我国生物材料市场占世界份额还不到2%。由此可见,生物医用材料和制品的发展前景十分广阔。

3.7 第7题

【操作要求】

打开文档 A3.doc，按如下要求进行操作，操作结果如【样文 3-7】所示。

1. **应用样式：**

- 将文档中第一行样式设置为“文章标题”，第二行样式设置为“标题注释”。
- 将文章正文的第一段套用 C:\Win2004GJW\KSML1\KSDOT3.DOT 模板中的“正文段落 6”样式。

2. **修改和新建样式：**

- 以正文为基准样式，将“重点段落”样式修改为：字体为华文行楷，字号为小四，字形为常规，字体颜色为青色，自动更新对当前样式的改动，并应用于正文第二段。
- 以 KSYS02 为样式名，新建样式：字体为华文中宋，字号为小四，字形为加粗，字体颜色为深蓝色，阴影，行距为固定值 18 磅，并应用于正文第三段。

3. **创建模板：**保存文档，并将当前文档命名为 A3a，以文档模板类型另存到考生文件夹中。

【样文 3-7】

北魏碑刻

——摘自《中国书法史》

由于北朝不禁碑，因此，其碑刻书法比南朝要丰富多彩，北魏初期书法方劲古拙，仍保留着隶书的笔画，《太武帝东巡碑》、《中岳嵩高灵庙碑》等都属于风格雄强一类。494 年孝文帝迁都洛阳，汉化达到高潮，书风随着起了变化。北魏帝王提倡佛教，开窟造像之风大兴，因此，造像碑也大为兴盛。这些造像、造像碑大多有题记，书法艺术保留至今的也非常丰富，著名的龙门石窟成为北魏书法艺术的宝库。龙门石窟书法以《牛橛造像记》、《杨大眼造像记》、《孙秋生造像记》等最著名。后世选择龙门造像题记有："龙门四品"、"龙门二十品"等名目。

在太和以后又出现了像：《张猛龙碑》、《敬使君碑》、《曹恪碑》等著名的碑刻。北朝的碑刻书法艺术以北魏和东魏为最精，风格多样。北魏碑刻书风大体上可分雄强、秀丽两大类。前者以《张猛龙碑》为代表，后者以《敬使君碑》为代表。北朝的摩崖石刻著名的有北魏的《石门铭》、《论经书诗》等，北齐的《泰山金刚经》、《天柱山铭》等，因山凿石，书写常随石势而成，又因石质不同，镌刻也有所不同。

北朝墓志数量之多为前所未有，出现了《元简墓志》、《刁遵墓志》、《张黑女墓志》、《刘玉墓志》等各种不同风格的墓志书法艺术。北魏以后的墓志书法渐趋疏宕平整，北魏的茂密浑厚的风格已渐趋消失。

3.8　第 8 题

【操作要求】

打开文档 A3.doc，按如下要求进行操作，操作结果如【样文 3-8】所示。

1．**应用样式**：

- 将文档中第一行样式设置为“文章标题”，第二行样式设置为“标题注释”。
- 将文章正文的第一段套用 C:\Win2004GJW\KSML1\KSDOT3.DOT 模板中的“正文段落 7”样式。

2．**修改和新建样式**：

- 以正文为基准样式，将“中间段落”样式修改为：字体为隶书，字号为三号，字体颜色为浅蓝色，下划线为宝石蓝色，自动更新对当前样式的改动，并应用于正文第二段。
- 以 KSYS03 为样式名，新建样式：字体为宋体，字号为三号，字形为加粗，字体颜色为紫色，阴影，行距为固定值 16 磅，并应用于正文第三段。

3．**创建模板**：保存文档，并将当前文档命名为 A3a，以文档模板类型另存到考生文件夹中。

【样文 3-8】

兵家之武圣 商界之财神

——摘自《谈古论今》

关羽的一生是以忠贞、守义、勇猛和武艺高强著称，故兵家对其都很推崇。统帅领兵治军，将校率卒打仗，凡争战之事，不论正义的和非正义的，都希望自己的将校兵卒武艺高强，英勇顽强，关羽便被树为榜样而尊为武圣。北宋时期梁山泊农民起义军，为了争取关羽的后裔“大刀关胜”上山入伙，以壮大起义军的声威，振奋兵卒的士气，首领宋江情愿让出自己坐的第一把交椅。以后，元末以刘福通为首的红巾农民起义军和明末高迎祥、李自成、张献忠为领袖的农民起义军，直到太平天国洪秀全领导的农民起义军，都十分

崇敬关羽。太平天国起义军编印了一本名为《天情道理书》的小册子，书后附有东王杨秀清褒奖天国弟妹的51首诗，其中就有十多首是以关羽等蜀汉勇将来比拟天国的英雄们："古称关(羽)赵(云)最英雄，天国英雄志亦同"；"扫清世间妖百万，英雄胜比汉关(羽)张(飞)"等。有些地方将敬奉关羽的庙宇称为武庙，庙内将关羽和岳飞合祀亦称为"双关庙"，民间说法，岳飞乃忠义神武的关公转世。有意思的是在民国3年，袁世凯把持的北洋政府还下令在北京鼓楼西兴建关岳庙，将关公与岳飞合祀，祈望他的北洋军将领能与关羽一样勇武善战，常胜不败。

在香港、澳门以及印度尼西亚、马来西亚、菲律宾、新加坡等东南亚国家华人、华侨集中经商的地方，几乎各大公司、各家商号、店铺均敬奉有关公的神像，商民们视关羽为能够招财进宝、庇护商贾的财神。内地商人敬奉关羽始于明代末期，清代和民国时期更为盛行。

随着商品经济的发展，各地皆有境外客商云集，而晋商更是独领风骚，数量多且分布广。聚于一地的同籍客商多以成立"商会"和建立"会馆"的方式相联络，为其自身利益服务。各地商会敬奉的主神便是关公，会馆建筑的格局则完全仿照关帝庙的式样。改革开放后，随着社会主义商品市场的建立，特别是信仰自由和政治环境的宽松，大量私营个体商户和非国有经济的商家又请出关羽这位尊神作为心理依托，期望能保佑自己生意兴隆，常交好运。位于运城火车站广场西侧的"关公大酒店"是一家由私人投资开办的综合性住宿餐饮业，总经理张小别与关羽同乡，他不仅以关公为大酒店的名称，还在接待大厅特设装饰精美的神龛，内置关公全身沉香木雕像，除关公祭日、传统节日在神龛前摆设供品，虔诚乞灵外，每日酒店开门，都要由保安门卫向关公神像上香行礼，天天如此，从不间断，还要求所有工作人员熟知关公生平事迹，学习关公的忠诚守义和敬业精神，这在本区商界中是比较有代表性的。

3.9　第 9 题

【操作要求】

打开文档 A3.doc，按如下要求进行操作，操作结果如【样文 3-9】所示。

1．应用样式：

- 将文档中第一行样式设置为“文章标题”，第二行样式设置为“标题注释”。
- 将文章正文的第一段套用 C:\Win2004GJW\KSML1\KSDOT3.DOT 模板中的“正文段落 8”样式。

2．修改和新建样式：

- 以正文为基准样式，将“重要段落”样式修改为：字体为楷体_GB2312，常规，字号为四号，字体颜色为红色，段前、段后 1 行，行距为固定值 16 磅，自动更新对当前样式的改动，并应用于正文第二段。
- 以 KSYS04 为样式名，新建样式：字体为华文中宋，字号为小三，字形为加粗倾斜，字体颜色为浅桔黄色，行距为固定值 16 磅，段前、段后 1 行，并应用于正文第三段。

3．创建模板：保存文档，并将当前文档命名为 A3a，以文档模板类型另存到考生文件夹中。

【样文 3-9】

明清漆饰家具

——摘自《追踪古人、古事、古物》

据史料记载，我国运用漆工工艺制造精美的家具大约是在公元前八世纪到公元前五世纪的春秋时代。而古代漆器的第一个黄金时代出现在战国时期，当时出现了彩绘漆床、漆几、漆俎、漆箱等。以后从秦汉到隋唐，又经历了五代，宋元，漆饰家具的工艺也进一步的完善。我们可以从不久前老山汉墓中出土的一块描金漆板中可见一斑。然而到了明清两代，我国古代漆器家具工艺在不断推陈出新中又发展到了一个新的高峰。

明清漆木家具大体可以分为两类。一类是素色漆裹家具，常出现于箱子、柜子及各种制作考究的桌案。其造法一般是先用漆灰填木缝后再上一层漆灰，糊织物或披麻，然后再上一层漆灰，最后上素漆等几道工序。素漆的颜色常见的有红、黑、绿等。每道工序的加工次数或多或少，做工或精或粗。第二类是描金彩绘家具。就是在家具素漆的基础上用金、银粉或铜粉描绘图案文饰，有时也用其它颜色做适当彩绘。彩绘的图案各式各样，有山水、花鸟、人物。一般人物的题材不外乎“婴戏图”“历史典故”及“美女图”等。等绘完图后，再罩一层清漆加以固定颜料。

造漆裹所用的材料有生漆、麻布、土子、砖灰（调漆灰用）、熟漆（调色漆用）及各种矿物质颜料。所用颜料不外乎银朱、赭石、靛花、石黄、烟煤。家具有了漆裹，对防止木料开裂和对箱柜的防虫，防尘都起重要的作用。值得一提的是一般漆木家具的木材所采用的是软木，如榉木、杉木、松木等。没见用硬木的。北方人称之为“柴木”，而南方人则称“白木”。因为硬木家具不易虫蛀且有其自然的木纹装饰。

3.10　第 10 题

【操作要求】

打开文档 A3.doc，按如下要求进行操作，操作结果如【样文 3-10】所示。

1. 应用样式：

- 将文档中第一行样式设置为“文章标题”，第二行样式设置为“标题注释”。
- 将文章正文的第一段套用 C:\Win2004GJW\KSML1\KSDOT3.DOT 模板中的“正文段落 9”样式。

2. 修改和新建样式：

- 以正文为基准样式，将“正文段落”样式修改为：字体为幼圆，字号为小二，字形为加粗，字体颜色为深红色，段前、段后间距 1 行，行距为固定值 18 磅，自动更新对当前样式的改动，并应用于正文第二段。
- 以 KSYS05 为样式名，新建样式：字体为华文中宋，字号为三号，字形为常规，边框线为深蓝色 3 磅粗的实线，底纹为黄色，并应用于正文第三段。

3. 创建模板：保存文档，并将当前文档命名为 A3a，以文档模板类型另存到考生文件夹中。

【样文 3-10】

盛世明主

作者：天南

唐朝的繁华景象归功于唐朝第二代皇帝唐太宗李世民。唐太宗原是隋炀帝的随从侍卫，隋朝灭亡，唐朝成立后，他显露出惊人的政治才华，唐朝成立不久，他就杀死兄弟，并强迫父亲李渊交出皇位，时年二十八岁。他在位的二十三年，采取了许多有利于维护统一和加强君主专治中央集权的政治措施，使当时社会空前富裕，经济繁荣，中外交流频繁，被史家称作“贞观之治”，也成为后世向往的理想时代。

《十八学士图》中描绘了唐太宗手下的大臣们。唐太宗之所以被誉为旷世明君，与他善于招收和使用优秀人才有很大关系。这幅图中描绘的学士们有不少是隋朝官员，或是隋朝时通过科举考试的中榜者。隋朝时制定的各种律令以及民族大融合的蓝图就是通过这些官员的手传到了唐代。

据记载有时大臣们不顾自身的生命安危力谏皇帝，正是得力于这些敢于直谏的忠臣，才使得唐朝迎来了号称长安之春的繁华景象。唐太宗即位之初，社会凋蔽，为了巩固统治，他采取轻徭薄赋的政策，减轻徭役和兵役，不夺农时；降低赋税，紧缩政府机构的开支以恢复和发展生产。

3.11　第 11 题

【操作要求】

打开文档 A3.doc，按如下要求进行操作。

1. **创建主控文档、子文档**：按照【样文 3-11A】把 A3.doc 创建成主控文档，显示级别为 2 级，把标题“习题 12”创建成子文档，以 A3a.doc 为文件名，另存到考生文件夹中。
2. **创建题注、书签**：
   - 为文档中每个插图下方的图题位置，设立如“图 1……”等所示的题注（可以选择前 3 个图添加）。
   - 在标题“12.1　激活单元格”位置处插入书签“第一节标题”。
3. **自动编写摘要**：生成自动编写摘要，摘要类型为“新建一篇文档并将摘要置于其中”，摘要长度相当于原长度的 12%，把此摘要以 A3b.doc 为文件名，保存到考生文件夹中。
4. **创建目录**：按照【样文 3-11B】建立目录，放在文档首部，目录格式为“正式”，显示页码，页码右对齐，显示级别为 3 级，制表符前导符为“……”。

【样文 3-11A】

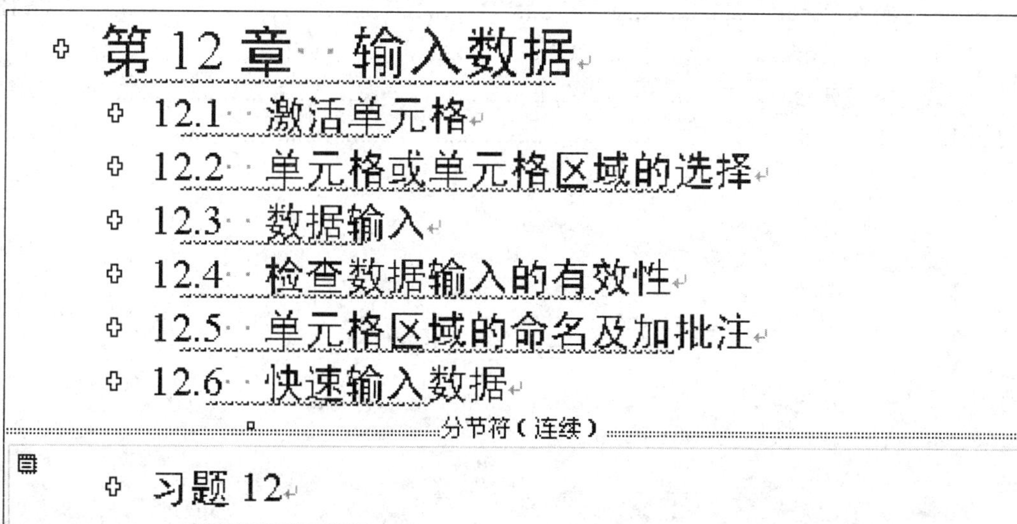

【样文 3-11B】

3.12　第 12 题

【操作要求】

打开文档 A3.doc，按如下要求进行操作。

1. **创建主控文档、子文档：**按照【样文 3-12A】把 A3.doc 创建成主控文档，显示级别为 2 级，把标题“习题 4”创建成子文档，以 A3a.doc 为文件名，另存到考生文件夹中。
2. **创建题注、书签：**
   - 在文档中每个插图下方的图题位置，设立如“图表 1”、“图表 2”等所示的题注（可以选择前 3 个图添加）。
   - 在标题“4.4　选定文本”位置处插入书签“第四节”。
3. **自动编写摘要：**生成自动编写摘要，摘要类型为“新建一篇文档并将摘要置于其中”，摘要长度相当于原长度的 15%，把此摘要以 A3b.doc 为文件名，保存到考生文件夹中。
4. **创建目录：**按照【样文 3-12B】建立目录，放在文档首部，目录格式为“优雅”，显示页码，页码右对齐，显示级别为 4 级，制表符前导符“____________”。

【样文 3-12A】

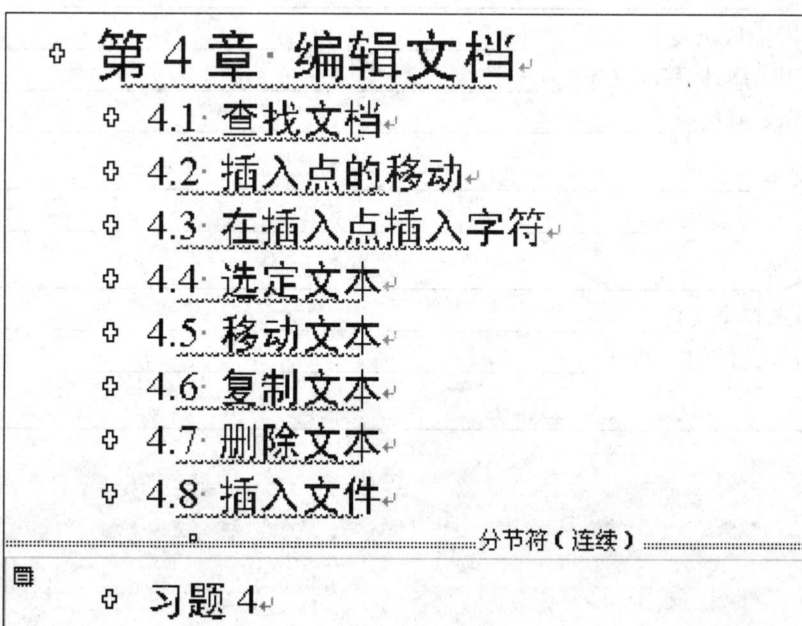
第 4 章 编辑文档
4.1 查找文档
4.2 插入点的移动
4.3 在插入点插入字符
4.4 选定文本
4.5 移动文本
4.6 复制文本
4.7 删除文本
4.8 插入文件
分节符（连续）
习题 4

【样文 3-12B】

3.13　第 13 题

【操作要求】

打开文档 A3.doc，按如下要求进行操作。

1. **创建主控文档、子文档**：按照【样文 3-13A】把 A3.doc 创建成主控文档，显示级别为 3 级，把标题“习题 10”创建成子文档，以 A3a.doc 为文件名，另存到考生文件夹中。

2. **创建题注、书签**：
    - 在文档中每个插图下方的图题位置，设立如“图 1”、“图 2”等所示的题注。
    - 在标题“10.2.2　公式和函数”位置处插入书签“第二小节”。

3. **自动编写摘要**：生成自动编写摘要，摘要类型为“新建一篇文档并将摘要置于其中”，摘要长度为 20 句，把此摘要以 A3b.doc 为文件名，保存到考生文件夹中。

4. **创建目录**：按照【样文 3-13B】建立目录，放在文档首部，目录格式为“流行”，显示页码，页码右对齐，显示级别为 3 级。

【样文 3-13A】

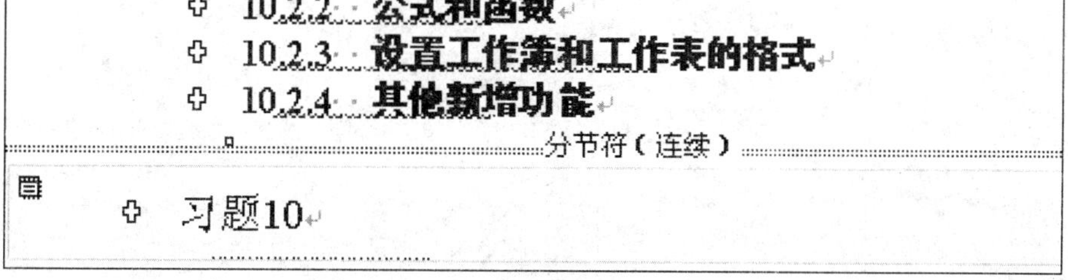

【样文 3-13B】

3.14　第 14 题

【操作要求】

打开文档 A3.doc，按如下要求进行操作。

1．**创建主控文档、子文档**：按照【样文 3-14A】把 A3.doc 创建成主控文档，显示级别为 2 级，把标题“习题 11”创建成子文档，以 A3a.doc 为文件名，另存到考生文件夹中。

2．**创建题注、书签**：

- 在文档中每个插图下方的图题位置，设立如“图 1”、“图 2”等所示的题注（可以选择前 3 个图添加）。
- 在标题“11.3　帮助系统”位置处插入书签“第三”。

3．**自动编写摘要**：生成自动编写摘要，摘要类型为“新建一篇文档并将摘要置于其中”，摘要长度相当于原长度的 15%，把此摘要以 A3b.doc 为文件名，保存到考生文件夹中。

4．**创建目录**：按照【样文 3-14B】建立目录，放在文档首部，目录格式为“简单”，显示页码，页码右对齐，显示级别为 4 级。

【样文 3-14A】

第 11 章　Excel XP 的基础知识

11.1　中文 Excel XP 的启动

11.2　Excel XP 工作窗口

11.3　帮助系统

分节符（连续）

习题 11

【样文 3-14B】

3.15　第 15 题

【操作要求】

打开文档 A3.doc，按如下要求进行操作。

1. **创建主控文档、子文档**：按照【样文 3-15A】把 A3.doc 创建成主控文档，显示级别为 3 级，把标题“习题 13”创建成子文档，以 A3a.doc 为文件名，另存到考生文件夹中。

2. **创建题注、书签**：

- 在文档中每个插图下方的图题位置，设立如“图 1”、“图 2”等所示的题注（可以选择前 3 个图添加）。
- 在标题“13.2　打开及关闭文件”位置处插入书签“第二节”。

3. **自动编写摘要**：生成自动编写摘要，摘要类型为“新建一篇文档并将摘要置于其中”，摘要长度相当于原长度的 20%，把此摘要以 A3b.doc 为文件名，保存到考生文件夹中。

4. **创建目录**：按照【样文 3-15B】建立目录，放在文档首部，目录格式为“古典”，显示页码，页码右对齐，显示级别为 4 级，制表符前导符“____________”。

【样文 3-15A】

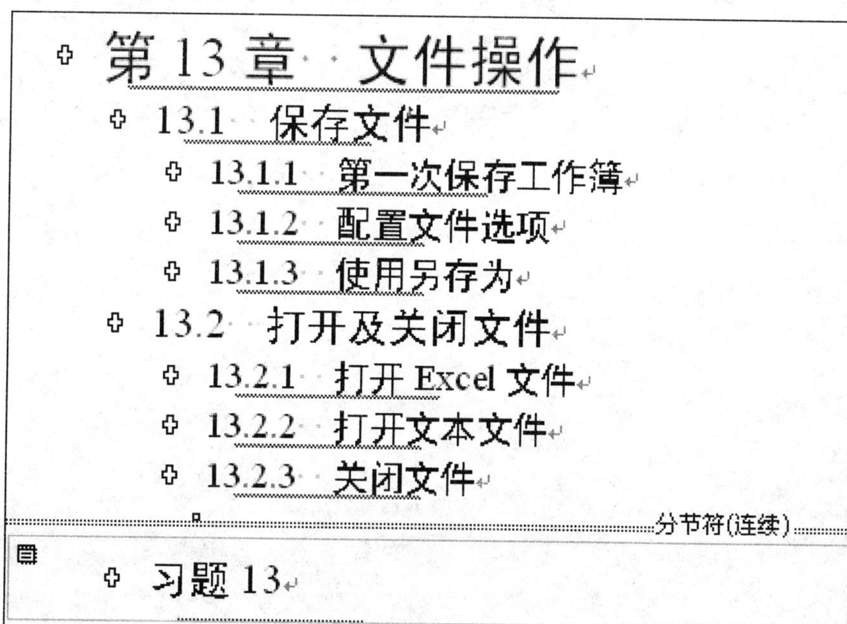

【样文 3-15B】

3.16　第16题

【操作要求】

打开文档A3.doc，按如下要求进行操作。

1．**创建主文档、数据源**：以当前活动窗口为邮件合并主文档，套用“信函”的形式创建主文档，打开数据源C:\Win2004GJW\KSML1\KSSJY3-16.XLS。

2．**编辑主文档**：

- 按照【样文3-16A】在当前主文档中插入合并域。
- 按照【样文3-16A】在文档结尾处插入适当的Word域，使其每次合并时能输入所需日期，该域所用到的提示文字“请输入日期!”，默认填充文字“年月日”，默认时间为2004年9月1日。将编辑好的主文档以A3a.doc为文件名，另存到考生文件夹中。

3．**合并邮件**：按【样文3-16B】依据“公司名”进行升序排序，然后将前3条记录进行合并，将结果以A3b.doc为文件名，保存到考生文件夹中。

【样文3-16A】

请柬

«公司名»您好:

本公司将于 2004-9-22 日在北京市体育馆举办电子产品交流大会，希望您带着自己公司的品牌产品参与!

宏图发展公司

2004 年 9 月 1 日

【样文 3-16B】

请柬

北大诚信电脑公司您好:

本公司将于 2004-9-22 日在北京市体育馆举办电子产品交流大会，希望您带着自己公司的品牌产品参与！

宏图发展公司

2004 年 9 月 1 日

请柬

长远发展有限公司您好:

本公司将于 2004-9-22 日在北京市体育馆举办电子产品交流大会，希望您带着自己公司的品牌产品参与！

宏图发展公司

2004 年 9 月 1 日

请柬

宏达实业有限公司您好:

本公司将于 2004-9-22 日在北京市体育馆举办电子产品交流大会，希望您带着自己公司的品牌产品参与！

宏图发展公司

2004 年 9 月 1 日

3.17　第 17 题

【操作要求】

打开文档 A3.doc，按如下要求进行操作。

1．**创建主文档、数据源**：以当前活动窗口为邮件合并主文档，套用“信函”的形式创建主文档，打开数据源 C:\Win2004GJW\KSML1\KSSJY3-17.XLS。

2．**编辑主文档**：

- 按照【样文 3-17A】在当前主文档的适当位置分别插入合并域“姓名”、“电话号码”、“欠费月数”和“欠费金额”。
- 按照【样文 3-17A】在文档结尾处插入适当的 Word 域，使其每次合并时能输入所需日期，该域所用到的提示文字“请输入日期”，默认填充文字“年月日”，默认时间为 2004 年 9 月 10 日。将编辑好的主文档以 A3a.doc 为文件名，另存到考生文件夹中。

3．**合并邮件**：按【样文 3-17B】依据“欠费金额”进行升序排序，然后将“欠费金额”在 400 元以上的记录进行合并，将结果以 A3b.doc 为文件名保存到考生文件夹中。

【样文 3-17A】

缴费通知

«姓名»您好：

您的电话　«电话号码»　现已欠费　«欠费月数»　个月，欠费金额　«欠费金额»　元，望您在 9 月 15 日前及时到通讯公司营业厅缴纳话费，否则将做拆机处理。

谢谢合作！

恒利达通讯公司

2004 年 9 月 10 日

【样文 3-17B】

缴费通知

李达您好：

您的电话 6939456 现已欠费 4 个月，欠费金额 425.23 元，望您在 9 月 15 日前及时到通讯公司营业厅缴纳话费，否则将做拆机处理。

谢谢合作！

恒利达通讯公司

2004 年 9 月 10 日

缴费通知

董军您好：

您的电话 6741523 现已欠费 6 个月，欠费金额 480 元，望您在 9 月 15 日前及时到通讯公司营业厅缴纳话费，否则将做拆机处理。

谢谢合作！

恒利达通讯公司

2004 年 9 月 10 日

缴费通知

陈连您好：

您的电话 6530206 现已欠费 8 个月，欠费金额 512.52 元，望您在 9 月 15 日前及时到通讯公司营业厅缴纳话费，否则将做拆机处理。

谢谢合作！

恒利达通讯公司

2004 年 9 月 10 日

3.18　第 18 题

【操作要求】

打开文档 A3.doc，按如下要求进行操作。

1．**创建主文档、数据源**：以当前活动窗口为邮件合并主文档，套用“信函”的形式创建主文档，打开数据源 C:\Win2004GJW\KSML1\KSSJY3-18.XLS。

2．**编辑主文档**：

- 按照【样文 3-18A】在当前主文档的适当位置分别插入合并域“姓名”、“系别”、“专业”和“学费”。
- 按照【样文 3-18A】在报名日期处插入适当的 Word 域，使其每次合并时能输入所需日期，该域所用到的提示文字“请输入日期”，默认填充文字“年月日”，默认时间为 2004 年 9 月 1 日。将编辑好的主文档以 A3a.doc 为文件名，另存到考生文件夹中。

3．**合并邮件**：按【样文 3-18B】筛选出“系别”为“新闻”系的记录进行合并，将结果以 A3b.doc 为文件名，保存到考生文件夹中。

【样文 3-18A】

录取通知书

«姓名»同学

你已被我院　«系别»　系　«专业»　专业正式录取，报到时请带上你的准考证和学费　«学费»　元，务必在　　2004 年 9 月 1 日　　　前到校报到！

河海大学招生办

2004-8-10

【样文 3-18B】

录取通知书

李畅同学

你已被我院 新闻 系 文秘 专业正式录取，报到时请带上你的准考证和学费 3200 元，务必在 2004 年 9 月 1 日 前到校报到！

河海大学招生办
2004-8-10

录取通知书

李明同学

你已被我院 新闻 系 中文 专业正式录取，报到时请带上你的准考证和学费 4000 元，务必在 2004 年 9 月 1 日 前到校报到！

河海大学招生办
2004-8-10

录取通知书

王强同学

你已被我院 新闻 系 中文 专业正式录取，报到时请带上你的准考证和学费 4000 元，务必在 2004 年 9 月 1 日 前到校报到！

河海大学招生办
2004-8-10

3.19　第 19 题

【操作要求】

打开文档 A3.doc，按如下要求进行操作。

1．**创建主文档、数据源**：以当前活动窗口为邮件合并主文档，套用“信函”的形式创建主文档，打开数据源 C:\Win2004GJW\KSML1\KSSJY3-19.XLS。

2．**编辑主文档**：按照【样文 3-19A】在当前主文档的适当位置分别插入合并域“姓名”、“性别”、“星座”、“年龄”、“通讯地址”、“邮编”、“联系电话”、“笔名”、“E-mail”和“QQ 号码”。将编辑好的主文档以 A3a.doc 为文件名，另存到考生文件夹中。

3．**合并邮件**：按【样文 3-19B】筛选出“星座”为“天秤座”的记录进行合并，将结果以 A3b.doc 为文件名，保存到考生文件夹中。

【样文 3-19A】

《心情花园夜航》有奖调查

姓名：«姓名»　　性别：«性别»　　星座：　«星座»　　年龄：«年龄»
通讯地址：　«通讯地址»
邮编：　«邮编»　　联系电话：　«联系电话»
笔名：　«笔名»　　E-mail：　«E-mail»　　QQ 号码：«QQ 号码»

【样文 3-19B】

《心情花园夜航》有奖调查

姓名：　秦孔　性别：　男　星座：　天秤座　年龄：　22
通讯地址：　洛阳市第一实验中学
邮编：　471000　联系电话：　0378-2576314
笔名：　错了吗　E-mail：　qinkuai@zz.com　QQ 号码：　57158441

《心情花园夜航》有奖调查

姓名： 王霞 性别： 女 星座： 天秤座 年龄： 22
通讯地址： 北京市海淀区中关村
邮编： 100866 联系电话： 010-6820302
笔名： 天南 E-mail： Wangxia@hotmai.com QQ 号码： 65176743

3.20　第 20 题

【操作要求】

打开文档 A3.doc，按如下要求进行操作。

1．**创建主文档、数据源**：以当前活动窗口为邮件合并主文档，套用“信函”的形式创建主文档，打开数据源 C:\Win2004GJW\KSML1\KSSJY3-20.XLS。

2．**编辑主文档**：

- 按照【样文 3-20A】在当前主文档的适当位置分别插入合并域“楼号”、“室号”、“水费”、“电费”、“卫生费”、“煤气费”和“共计费用”。
- 按照【样文 3-20A】在交费日期处插入适当的 Word 域，使其每次合并时能输入所需日期，该域所用到的提示文字“请输入日期”，默认填充文字“年月日”，默认时间为 2004 年 8 月 25 日。将编辑好的主文档以 A3a.doc 为文件名，另存到考生文件夹中。

3．**合并邮件**：按【样文 3-20B】将“共计费用”大于 600 的记录进行合并，将结果以 A3b.doc 为文件名，保存到考生文件夹中。

【样文 3-20A】

新鑫小区物业管理费的收缴通知

楼号：«楼号»

室号：«室号»　水费：«水费»元，电费：«电费»元，卫生费：«卫生费»元，煤气费：«煤气费»元，共计«共计费用»元，请您务必在　2004 年 8 月 25 日　前到物业管理办交清，否则将酌情处理！

特此通知！

新鑫小区物业管理办

2004 年 8 月 20 日

【样文 3-20B】

新鑫小区物业管理费的收缴通知

楼号：8

室号： 106 水费： 200 元， 电费： 180 元，卫生费： 160 元， 煤气费： 130 元， 共计 670 元，请您务必在 2004 年 8 月 25 日 前到物业管理办交清，否则将酌情处理！

特此通知！

新鑫小区物业管理办

2004 年 8 月 20 日

新鑫小区物业管理费的收缴通知

楼号：6

室号： 323 水费： 400 元， 电费： 140 元，卫生费： 100 元， 煤气费： 130 元， 共计 770 元，请您务必在 2004 年 8 月 25 日 前到物业管理办交清，否则将酌情处理！

特此通知！

新鑫小区物业管理办

2004 年 8 月 20 日

第四单元　数据表格处理的基本操作

4.1　第 1 题

【操作要求】

在 Excel 中打开文档 A4.XLS 进行如下操作。

1．**表格的环境设置与修改：**

- 在 Sheet1 工作表表格的标题行之前插入一空行。
- 将标题行行高设为 25，将标题单元格名称定义为“统计表”。

2．**表格格式的编排与修改：**

- 按【样文 4-1A】将 Sheet1 工作表表格的标题 A2:D2 区域设置为：合并居中，垂直居中，字体为楷体_GB2312，加粗，12 磅，黄色底纹，蓝色字体。
- 按【样文 4-1A】将数字单元格的数字居中；将最后一行的底纹设置为鲜绿色。
- 将 C:\Win2004GJW\KSML3\TU4-1.jpg 设定为工作表背景。

3．**数据的管理与分析：**

- 按【样文 4-1B】计算 Sheet2 工作表中“单价”的平均值，将结果填入 C10 单元格中。
- 按【样文 4-1B】在 Sheet2 工作表中按“销售收入”降序排序。
- 按【样文 4-1B】所示，利用条件格式将 Sheet2 工作表中“数量”列中介于 40 至 60 之间的数据设置为粉红色底纹。

4．**图表的运用：**按【样文 4-1C】利用 Sheet3 工作表的表格中相应数据，在 Sheet3 工作表中创建一个“三维饼图”图表，显示数值。

5．**数据、文档的修订与保护：**保护 Sheet2 工作表内容，设置密码为“gjks4-1”。

【样文 4-1A】

产品销售情况统计表			
名称	单价	数量	销售收入
钢材	4300	56	240800
化肥	2600	66	171600
木材	1500	64	96000
农药	5600	32	179200
油料	6500	45	292500
化学原料	6000	40	240000

【样文 4-1B】

产品销售情况统计表			
名称	单价	数量	销售收入
油料	6500	45	292500
钢材	4300	56	240800
化学原料	6000	40	240000
农药	5600	32	179200
化肥	2600	66	171600
木材	1500	64	96000
平均	4416.667		

【样文 4-1C】

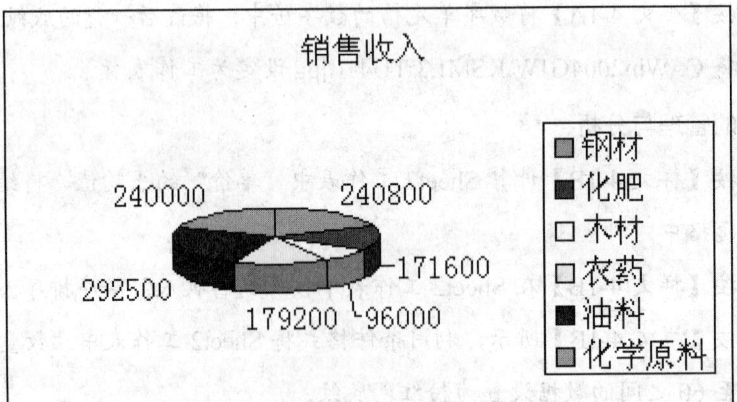

4.2　第 2 题

【操作要求】

在 Excel 中打开文档 A4.XLS 进行如下操作。

1．表格的环境设置与修改：

- 按【样文 4-2A】在 Sheet1 工作表表格的标题行下方插入一个空行；将表格中“科技部”行与“办公室”行对调。
- 按【样文 4-2A】将标题行行高设为 25，新插入的空行行高为 6，将标题单元格名称定义为“统计表”。

2．表格格式的编排与修改：

- 按【样文 4-2A】将 Sheet1 工作表表格的标题行 A1:E1 区域设置为：合并居中，垂直居中，字体为隶书，加粗，18 磅，灰色-25%底纹。
- 按【样文 4-2A】为 A3:A10 单元格区域添加浅绿色底纹。
- 将 C:\Win2004GJW\KSML3\TU4-2.jpg 设定为工作表背景。

3．数据的管理与分析：

- 按【样文 4-2B】在 Sheet2 工作表中按年度计算出各部门数值之和，并填入“合计”一行单元格中。
- 按【样文 4-2B】所示利用条件格式将 Sheet2 工作表中“2001 年”数据区域中介于 4000 至 7000 之间的数据设置为淡紫色底纹。

4．图表的运用：按【样文 4-2C】以 Sheet3 工作表的表格中的相应数据，在 Sheet3 工作表中创建一个“圆环图”图表。

5．数据、文档的修订与保护：保护 Sheet3 工作表内容和对象，设置密码为“gjks4-2”。

【样文 4-2A】

预算执行情况统计表				
部门	1998年	1999年	2000年	2001年
办公室	1222	7485	4465	6855
学生部	4554	5686	5566	8889
教务处	5022	7885	4555	7784
科技部	4545	5755	5654	8895
教材科	2333	7885	4545	4578
德育处	4566	5478	6745	4587
教育处	3545	2566	4568	7889

【样文 4-2B】

预算执行情况统计表				
部门	1998年	1999年	2000年	2001年
科技部	4545	5755	5654	8895
学生部	4554	5686	5566	8889
教务处	5022	7885	4555	7784
办公室	1222	7485	4465	6855
教材科	2333	7885	4545	4578
德育处	4566	5478	6745	4587
教育处	3545	2566	4568	7889
合计	25787	42740	36098	49477

【样文 4-2C】

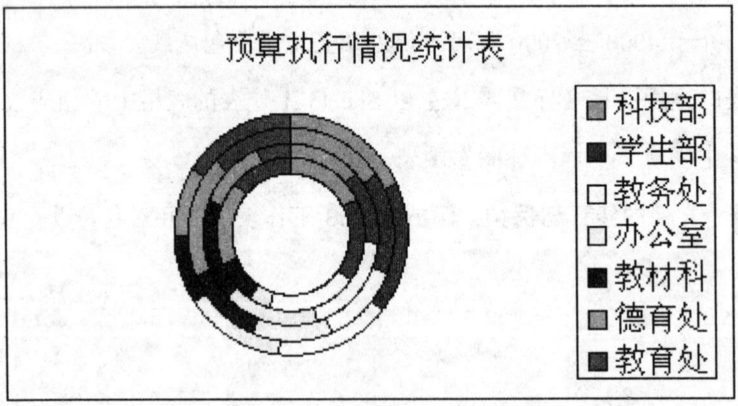

4.3 第3题

【操作要求】

在 Excel 中打开文档 A4.XLS 进行如下操作。

1. **表格的环境设置与修改**：在工作簿中插入 Sheet4 工作表，并把它移至 Sheet3 工作表之后，将 Sheet1 工作表重命名为“贸易统计”。

2. **表格格式的编排与修改**：

- 按【样文 4-3A】将 Sheet1 工作表表格的标题 A1:G1 区域设置为：合并居中，垂直居中，字体为华文行楷，字号为 20 磅。
- 按【样文 4-3A】将表格的表头行字体加粗；将表格的第一列加粗；将数据区域的数值设置为“货币”（货币符号为￥），无小数位。给全表加上灰色-40%底纹，白色字体。

3. **数据的管理与分析**：

- 按【样文 4-3B】使用 Sheet2 工作表中的数据，以“类别”为列字段，以 1 至 6 月份为求和项，从 Sheet2 工作表的 B15 单元格处建立数据透视表。
- 按【样文 4 3B】使用条件格式将 Shcct2 工作表透视表中 1 至 6 月份各行业贸易额介于 3000 与 5000 之间的数据设置为玫瑰红色底纹。

4. **图表的运用**：按【样文 4-3C】利用 Sheet3 工作表中相应数据，在 Sheet3 工作表中创建一个“复合饼图”图表，显示百分比。

5. **数据、文档的修订与保护**：保护 Sheet3 工作表对象，设置密码为“gjks4-3”。

【样文 4-3A】

2002年上半年贸易额统计表						
类别	1月份	2月份	3月份	4月份	5月份	6月份
批发零售业	￥17,567	￥21,131	￥18,165	￥21,949	￥21,219	￥21,208
餐 饮 业	￥3,122	￥4,402	￥2,689	￥3,345	￥3,416	￥4,016
其　　他	￥5,000	￥4,611	￥4,802	￥4,595	￥4,584	￥4,584
制 造 业	￥1,496	￥1,191	￥1,424	￥1,183	￥1,455	￥1,855
农业	￥2,734	￥3,331	￥3,639	￥3,322	￥3,574	￥3,374

【样文 4-3B】

	类别					
数据	餐 饮 业	农业	批发零售业	其　　他	制 造 业	总计
求和项:1月份	3122.1	2734.1	17567	4999.6	1495.8	29918.6
求和项:2月份	4401.8	3331.1	21130.5	4611.4	1190.9	34665.7
求和项:3月份	2689.3	3639.2	18164.9	4801.8	1424.1	30719.3
求和项:4月份	3344.9	3322.1	21949.2	4595.3	1183.2	34394.7
求和项:5月份	3416.1	3573.6	21218.7	4584.1	1455.2	34247.7
求和项:6月份	4016.1	3373.6	21208	4584.1	1855.2	35037

【样文 4-3C】

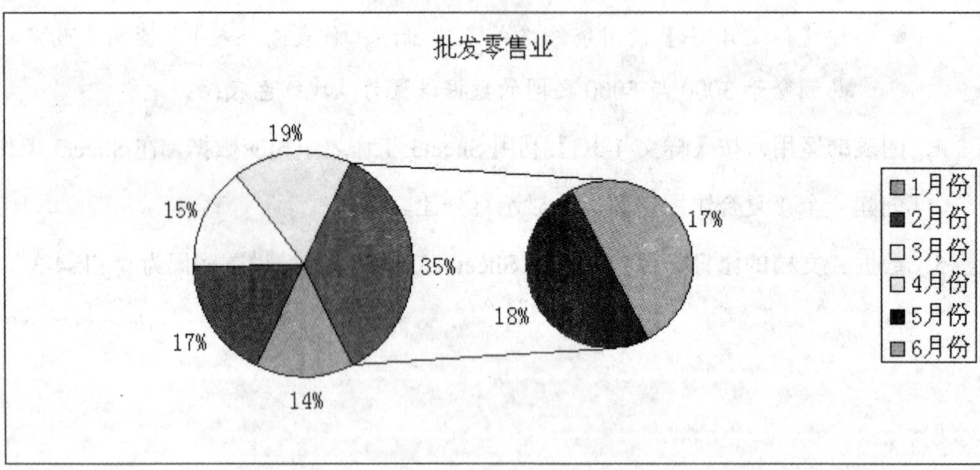

4.4　第 4 题

【操作要求】

在 Excel 中打开文档 A4.XLS 进行如下操作。

1．**表格的环境设置与修改：**

- 按【样文 4-4A】删除 Sheet1 工作表表格中的空行。
- 按【样文 4-4A】将 Sheet1 工作表表格中的标题行行高设置为 30，并将标题行名称定义为“统计表”。

2．**表格格式的编排与修改：**

- 按【样文 4-4A】将 Sheet1 工作表表格格式设置为自动套用格式“三维效果 1”。
- 按【样文 4-4A】将表格的标题设置为黑体，字号为 14 磅，将表格中的数据设置为“货币”(货币符号为￥)，小数点位数为 2 位。

3．**数据的管理与分析：**

- 按【样文 4-4B】使用 Sheet2 工作表中的数据，将甲乙两部门的数据进行求和合并计算，并将标题设置为“第 1 季度销售总表”。
- 按【样文 4-4B】将工作表表格格式设置为与【样文 4-4A】相同的格式。

4．**图表的运用：**按【样文 4-4C】利用 Sheet3 工作表中相应的数据，在 Sheet3 工作表中创建一个“簇状柱形图”图表，显示数值。

5．**数据、文档的修订与保护：**保护 Sheet2 工作表内容，设置密码为“gjks4-4”。

【样文 4-4A】

甲部门第1季度销售统计表			
名称	1月	2月	3月
新飞冰箱	￥52,414.00	￥35,417.00	￥21,470.00
格力空调	￥87,410.00	￥54,712.00	￥32,541.00
水仙洗衣机	￥35,412.00	￥25,412.00	￥15,875.00
格兰士微波炉	￥58,412.00	￥32,541.00	￥57,412.00
熊猫电视	￥58,749.00	￥65,784.00	￥25,748.00
荣声冰箱	￥52,471.00	￥587,496.00	￥36,547.00
长虹电视	￥52,478.00	￥54,214.00	￥14,758.00

【样文 4-4B】

第1季度销售总表			
名称	1月	2月	3月
新飞冰箱	￥98,285.00	￥83,238.00	￥78,951.00
格力空调	￥174,820.00	￥109,424.00	￥65,082.00
水仙洗衣机	￥70,824.00	￥50,824.00	￥31,750.00
格兰士微波炉	￥143,883.00	￥101,115.00	￥92,893.00
熊猫电视	￥117,498.00	￥131,748.00	￥51,496.00
荣声冰箱	￥104,942.00	￥1,174,992.00	￥73,094.00
长虹电视	￥106,656.00	￥96,359.00	￥40,172.00

【样文 4-4C】

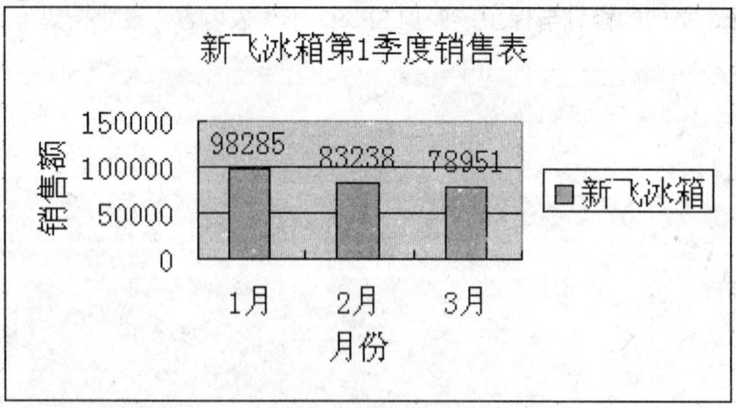

4.5　第5题

【操作要求】

在 Excel 中打开文档 A4.XLS 进行如下操作。

1．**表格的环境设置与修改：**

- 按【样文 4-5A】在 Sheet1 工作表的 B7 单元格前删除一行。
- 按【样文 4-5A】将 Sheet1 工作表表格中的标题行行高设为 30，并将标题行名称定义为“工人工资”。

2．**表格格式的编排与修改：**

- 按【样文 4-5A】将 Sheet1 工作表表格格式设置为自动套用格式“彩色 2”。
- 按【样文 4-5A】将表格的标题区域 A1:F1 合并居中；将表格的标题字体设置为华文新魏，字号为 20 磅。

3．**数据的管理与分析：**

- 按【样文 4-5B】在 Sheet2 工作表中使用公式计算出应发工资，并填入相应单元格中。
- 按【样文 4-5B】使用条件格式将工作表表格中基本工资介于 250 与 300 之间的数据设置为浅青绿色底纹。

4．**图表的运用：**按【样文 4-5C】利用 Sheet3 工作表中相应的数据，在 Sheet3 工作表中创建一个“簇状柱形图”图表，显示数值，不显示图例。

5．**数据、文档的修订与保护：**保护工作簿结构，设置密码为“gjks4-5”。

【样文 4-5A】

工资表					
姓名	性别	基本工资	岗位津贴	生活补贴	违纪扣除
张天义	男	195	20	65	20
陈利林	女	290	20	65	25
程小梅	女	230	30	65	10
周程	男	200	50	65	6
孙艳涛	女	223	50	65	23
刘志强	男	290	30	65	20
胡鹏飞	男	289	40	65	5
程思思	女	278	40	65	8
何小飞	男	235	30	65	8
刘梁	男	265	50	65	1

【样文 4-5B】

工资表						
姓名	性别	基本工资	岗位津贴	生活补贴	违纪扣除	应发工资
张天义	男	195	20	65	20	260
陈利林	女	290	20	65	25	350
程小梅	女	230	30	65	10	315
吴佳	女	265	50	65	14	366
周程	男	200	50	65	6	309
孙艳涛	女	223	50	65	23	315
刘志强	男	290	30	65	20	365
胡鹏飞	男	289	40	65	5	389
程思思	女	278	40	65	8	375
何小飞	男	235	30	65	8	322
刘梁	男	265	50	65	1	379

【样文 4-5C】

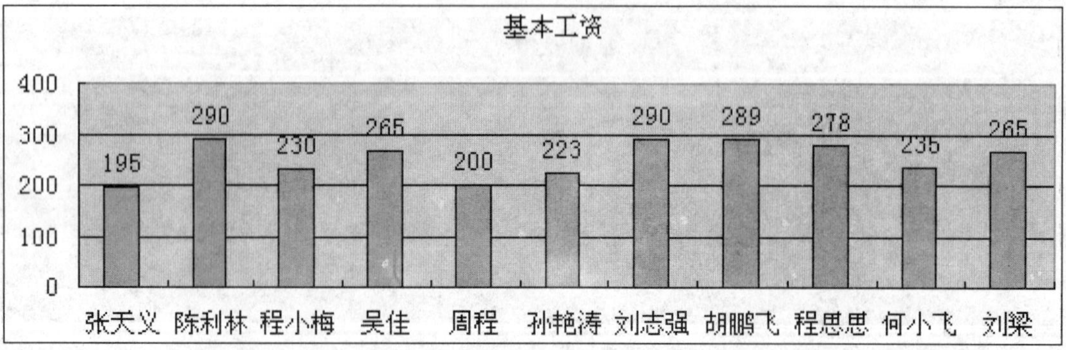

4.6 第6题

【操作要求】

在 Excel 中打开文档 A4.XLS 进行如下操作。

1. **表格的环境设置与修改**：
   - 按【样文 4-6A】在 Sheet1 工作表的 B7 单元格前插入一行，填入相应的内容。
   - 按【样文 4-6A】将 Sheet1 工作表表格中的标题行行高设置为 25，并将标题行名称定义为“学生成绩”。
2. **表格格式的编排与修改**：
   - 按【样文 4-6A】将表格中标题区域 A1:F1 合并居中；将表格的标题字体设置为方正姚体，字号为 20 磅。
   - 按【样文 4-6A】将表格的表头文字设置居中，加粗，并添加浅黄色底纹；将表格中数据区域中的数据设置为居中格式。
   - 按【样文 4-6A】将 C:\Win2004GJW\KSML3\TU 4-6.jpg 设定为工作表背景。
3. **数据的管理与分析**：按【样文 4-6B】在 Sheet2 工作表表格中，以“数学”为主关键字，“语文”为次要关键字，“地理”为第三关键字进行降序排序。
4. **图表的运用**：按【样文 4-6C】以 Sheet3 工作表的表格中相应数据，在 Sheet3 工作表中创建一个“分离型三维饼图”图表，显示数值。
5. **数据、文档的修订与保护**：保护工作簿结构和窗口，设置密码为“gjks4-6”。

【样文 4-6A】

学习成绩表					
学号	姓名	数学	语文	地理	历史
s200008	党利英	99	88	87	100
s200007	邓武	98	75	87	99
s200006	田英	89	98	88	86
s200003	孙炳	89	89	86	99
s200004	孙殿英	85	74	98	76
s200005	李刚	89	87	85	83
s200006	刘海华	87	88	85	87
s200007	赵伟	87	87	86	86
s200008	赵丽华	85	86	86	83
s200009	孙亚平	82	80	87	80
s200010	王硕	78	85	97	88

【样文 4-6B】

学习成绩表					
学号	姓名	数学	语文	地理	历史
s200007	党利英	99	88	87	100
s200006	邓武	98	75	87	99
s200005	田英	89	98	88	86
s200008	刘海华	89	88	85	87
s200003	孙炳	89	87	86	99
s200001	李刚	89	87	85	83
s200002	赵伟	87	87	86	86
s200009	赵丽华	85	86	86	83
s200010	孙亚平	82	80	87	80
s200004	王硕	78	85	97	88

【样文 4-6C】

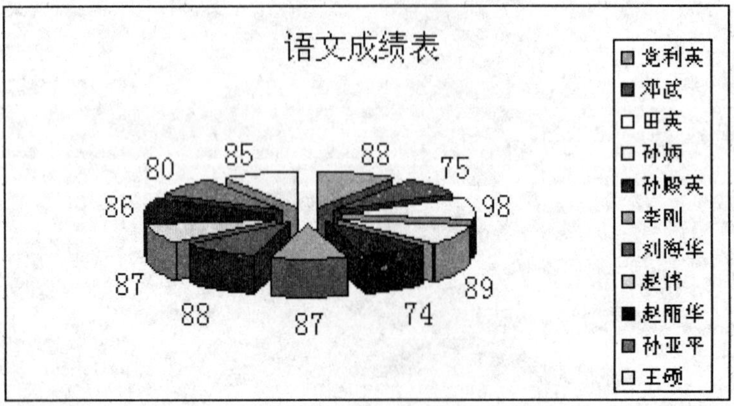

4.7　第 7 题

【操作要求】

在 Excel 中打开文档 A4.XLS 进行如下操作。

1．**表格的环境设置与修改：**

- 按【样文 4-7A】在 Sheet1 工作表的 B7 单元格前删除一行。
- 按【样文 4-7A】将 Sheet1 工作表表格中的标题行行高设置为 30，并将标题行名称定义为“工资表”。

2．**表格格式的编排与修改：**

- 按【样文 4-7A】将表格中标题区域 A1:I1 合并居中；将表格的标题字体设置为华文新魏，字号为 24 磅。
- 按【样文 4-7A】将表格的表头文字设置为居中，加粗，倾斜，浅青绿色底纹；将表格中数据区域中的数据设置为居中格式。
- 按【样文 4-7A】将 C:\Win2004GJW\KSML3\TU4-7.jpg 设定为工作表背景。

3．**数据的管理与分析：**按【样文 4-7B】在 Sheet2 工作表表格中，筛选出“职称”为“讲师”,“基本工资”小于等于 700 的数据。

4．**图表的运用：**按【样文 4-7C】利用 Sheet3 工作表中相应的数据，在 Sheet3 工作表中创建一个“复合条饼图”图表，显示数值。

5．**数据、文档的修订与保护：**保护工作簿窗口，设置密码为“gjks4-7”。

【样文 4-7A】

实验中学12月份教师工资表

编号	姓名	性别	职称	基本工资	奖金	水电费	房租费	实发工资
001	陈东东	男	助教	678	550	14	79	1135
002	吴艳晓	女	讲师	700	568	14	90	1164
003	何小飞	男	教授	650	600	13	68	1170
005	苏永刚	男	教授	568	748	12	80	1224
006	范琳	女	讲师	595	728	10	90	1223
007	毛静波	男	教授	625	712	8	101	1228
008	杨丹	女	讲师	750	604	16	90	1248
009	朱群	男	讲师	655	694	10	90	1249
010	刘占	男	助教	670	802	18	57	1397

【样文 4-7B】

实验中学12月份教师工资表

编号	姓名	性别	职称	基本工资	奖金	水电费	房租费	实发工资
002	吴艳晓	女	讲师	700	568	14	90	1164
006	范琳	女	讲师	595	728	10	90	1223
009	朱群	男	讲师	655	694	10	90	1249

【样文 4-7C】

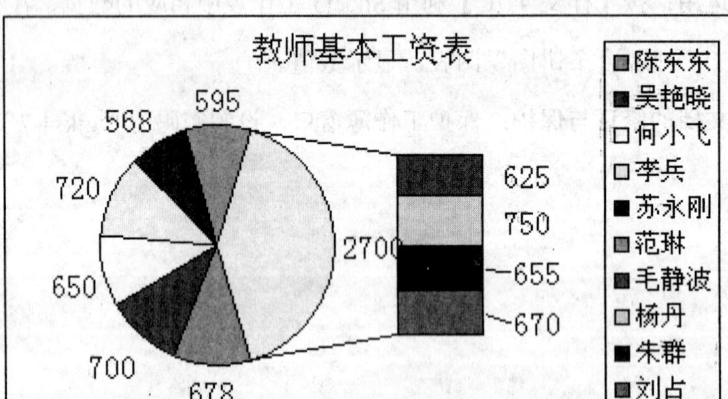

4.8 第8题

【操作要求】

在 Excel 中打开文档 A4.XLS 进行如下操作。

1. **表格的环境设置与修改：**
   - 按【样文 4-8A】在 Sheet1 工作表的 B9 单元格上面插入一行，并键入相应内容。
   - 按【样文 4-8A】将 Sheet1 工作表重命名为“花名册”。
2. **表格格式的编排与修改：**
   - 按【样文 4-8A】将表格中标题区域 B2:G2 合并居中；设置标题行行高为 30；将表格的标题字体设置为方正姚体，字号为 24 磅，并添加黄色底纹。
   - 按【样文 4-8A】设置表格的表头文本字体为隶书，字号为 18 磅，居中，加粗，并添加浅绿色底纹。将表格中“性别”、“年龄”和“评教成绩”3 列中的数据设置为居中格式。
3. **数据的管理与分析：**按【样文 4-8B】使用 Sheet2 工作表表格中的内容，以“性别”为分类汇总字段，以“年龄”为汇总项，进行求平均值的分类汇总。
4. **图表的运用：**按【样文 4-8C】利用 Sheet3 工作表的表格中相应的数据，在 Sheet3 工作表中创建一个“数据点雷达图”图表。
5. **数据、文档的修订与保护：**保护 Sheet2 工作表内容，设置密码为“gjks4-8”。

【样文 4-8A】

博文中学教师花名册					
编号	**姓名**	**性别**	**年龄**	**评教成绩**	**担任科目**
001	王志瑛	女	34	78	初一（1）班语文
002	刘美利	女	32	77	初二（1）班语文
003	康林林	男	35	78	初一（1）班数学
004	时友谊	男	32	85	初二（1）班数学
005	孙玟	女	29	69	初三（1）班语文
006	鲁迅	男	52	99	初三（2）班数学
007	路遥	女	36	84	初一（2）班语文
008	叶春华	女	31	82	初二（2）班语文
009	林辉	男	33	88	初一（2）班数学
010	王付生	男	32	74	初二（2）班数学
011	李清岚	女	32	64	初三（2）班语文

【样文 4-8B】

博文中学教师花名册					
编号	姓名	性别	年龄	评教成绩	担任科目
		男　平均	33		
		女　平均	32.33333		
		总计平均	32.6		

【样文 4-8C】

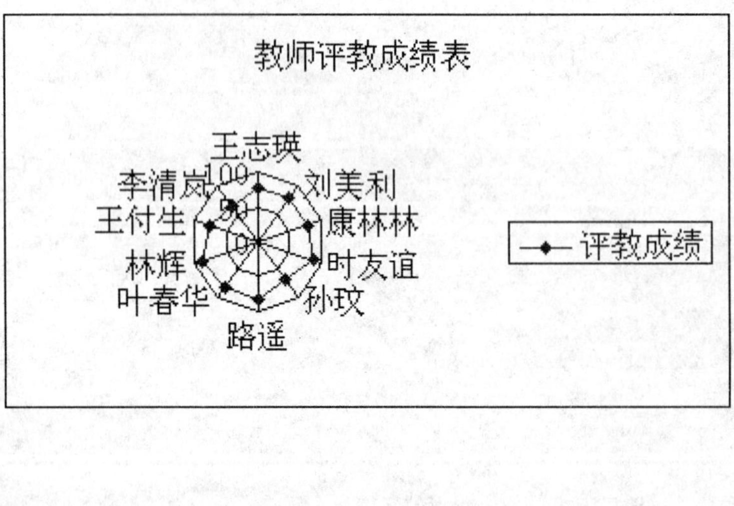

4.9 第9题

【操作要求】

在 Excel 中打开文档 A4.XLS 进行如下操作。

1．**表格的环境设置与修改：**

- 按【样文 4-9A】在 Sheet1 工作表的 B9 单元格下面插入一行，并键入相应内容。
- 按【样文 4-9A】将 Sheet1 工作表重命名为“一览表”。

2．**表格格式的编排与修改：**

- 按【样文 4-9A】将表格中标题区域 A2:I2 合并居中；将表格的标题字体设置为华文新魏，字号为 24 磅，颜色为红色，并添加淡紫色底纹；设置标题行行高为 30。
- 按【样文 4-9A】将表头一行和“姓名”一列添加粉红色底纹，将表格其余部分添加黄色底纹。

3．**数据的管理与分析：**按【样文 4-9B】使用 Sheet2 工作表表格中的内容，以“学历”和“职务”分别为分类汇总字段，以“总收入”为汇总项，进行求平均值的嵌套分类汇总。

4．**图表的运用：**按【样文 4-9C】利用 Sheet3 工作表中相应的数据，在 Sheet3 工作表中创建一个“簇状柱形图”图表，图例位于底部。

5．**数据、文档的修订与保护：**保护 Sheet3 工作表对象，设置密码为“gjks4-9”。

【样文 4-9A】

大道影视制作有限公司职员一览表								
姓名	性别	出生年月	学历	职务	基本工资	浮动工资	生活补贴	总收入
钱亮	男	1975-3-5	大学	工程师	1300	1800	170	3270
周岳	男	1969-6-30	研究生	总工程师	1500	2000	200	3700
郑涛	男	1973-2-1	研究生	高级工程师	1200	2000	150	3350
刘彦波	女	1971-2-15	大学	供销经理	1200	1500	200	2900
韩清	女	1970-5-21	大学	经济师	1300	2100	160	3560
关羽	男	1980-5-4	研究生	高级工程师	1500	200	150	1850
张丽	女	1974-9-2	大学	工程师	1250	1800	190	3240
赵亚美	女	1972-2-21	大专	秘书	1000	1500	120	2620
林丽娟	女	1974-10-1	大专	经济师	1100	1200	200	2500

【样文 4-9B】

大道影视制作有限公司职员一览表								
姓名	性别	出生年月	学历	职务	基本工资	浮动工资	生活补贴	总收入
周岳	男	1969-6-30	研究生	总工程师	1500	2000	200	3700
				总工程师 平均值				3700
郑涛	男	1973-2-1	研究生	高级工程师	1200	2000	150	3350
				高级工程师 平均值				3350
			研究生 平均值					3525
赵亚美	女	1972-2-21	大专	秘书	1000	1500	120	2620
				秘书 平均值				2620
林丽娟	女	1974-10-1	大专	经济师	1100	1200	200	2500
				经济师 平均值				2500
			大专 平均值					2560
钱亮	男	1975-3-5	大学	工程师	1300	1800	170	3270
				工程师 平均值				3270
刘彦波	女	1971-2-15	大学	供销经理	1200	1500	200	2900
				供销经理 平均值				2900
韩清	女	1970-5-21	大学	经济师	1300	2100	160	3560
				经济师 平均值				3560
张丽	女	1974-9-2	大学	工程师	1250	1800	190	3240
				工程师 平均值				3240
			大学 平均值					3242.5
				总计平均值				3142.5
			总计平均值					3142.5

【样文 4-9C】

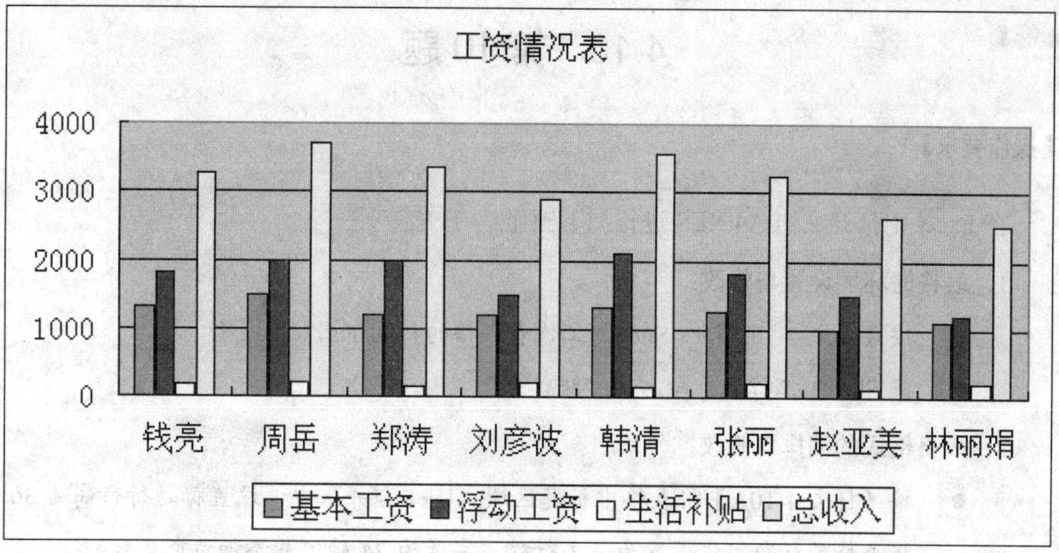
工资情况表
4000
3000
2000
1000
0
钱亮
周岳
郑涛
刘彦波
韩清
张丽
赵亚美
林丽娟
基本工资
浮动工资
生活补贴
总收入

4.10 第 10 题

【操作要求】

在 Excel 中打开文档 A4.XLS 进行如下操作。

1．**表格的环境设置与修改：**

- 按【样文 4-10A】在 Sheet1 工作表表格的标题下面插入一行。
- 将 Sheet1 工作表重命名为“统计表”。

2．**表格格式的编排与修改：**

- 按【样文 4-10A】将表格中标题区域 A1:E1 合并居中；设置标题行行高为 30；将表格的标题字体设置为华文行楷，字号为 24 磅，并添加黄色底纹。
- 设置新插入的行高为 6。
- 按【样文 4-10A】将表头一行字体设置为隶书，16 磅，加粗，并添加浅绿色底纹。
- 按【样文 4-10A】将表头“编号”、“农产品名称”和“负责人”的数据区域添加浅青绿色底纹。
- 按【样文 4-10A】将表格的数据区域设置为水平居中格式。

3．**数据的管理与分析：**

- 按【样文 4-10B】使用 Sheet2 工作表表格中的内容，利用公式计算出超额部分的数据。
- 按【样文 4-10B】在 Sheet2 工作表中，以“编号”为页字段，以“农产品名称”为行字段，以“负责人”为列字段，以“实缴数量”、“应缴数量”、“超额”为求和项创建一个数据透视表。

4．**图表的运用：**按【样文 4-10C】利用 Sheet3 工作表中相应的数据，在 Sheet3 工作表中创建一个“折线图”图表。

5．**数据、文档的修订与保护：**保护 Sheet3 工作表内容和对象，设置密码为“gjks4-10”。

【样文 4-10A】

大李乡缴售公粮统计表

编号	农产品名称	负责人	实缴数量(千克)	应缴数量(千克)
1	小麦	李旺盛	5665	5560
2	玉米	周民义	6476	6400
3	大豆	田翠花	6464	5124
4	花生	田翠花	2155	2140
5	水稻	周民义	4145	4211
6	油菜	李旺盛	6532	6542

【样文 4-10B】

编号	(全部)		
		负责人	
农产品名	数据	田翠花	总计
大豆	求和项:实缴数量(千克)	6464	6464
	求和项:应缴数量(千克)	5124	5124
	求和项:超额(千克)	1340	1340
花生	求和项:实缴数量(千克)	2155	2155
	求和项:应缴数量(千克)	2140	2140
	求和项:超额(千克)	15	15
求和项:实缴数量(千克) 的求和		8619	8619
求和项:应缴数量(千克) 的求和		7264	7264
求和项:超额(千克) 的求和		1355	1355

【样文 4-10C】

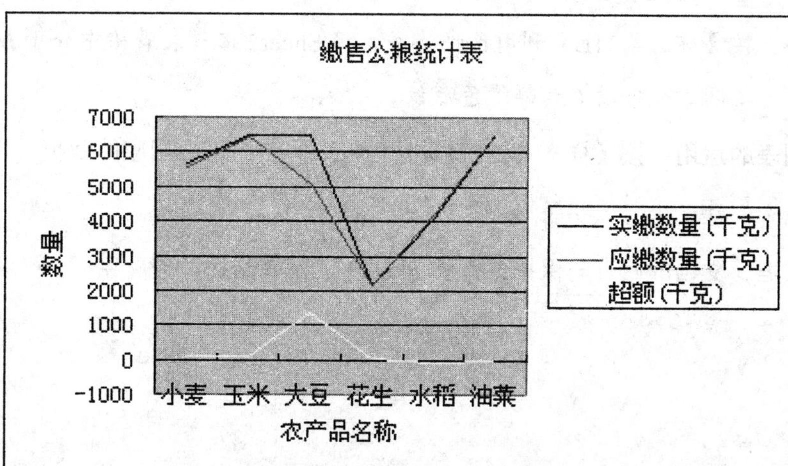

4.11 第 11 题

【操作要求】

在 Excel 中打开文档 A4.XLS 进行如下操作。

1. **表格的环境设置与修改：**
   - 按【样文 4-11A】在 Sheet1 工作表表格中标题下面插入一行，在表格左侧插入一列。
   - 将 Sheet1 工作表重命名为“统计表”。
2. **表格格式的编排与修改：**
   - 按【样文 4-11A】将单元格区域 B1:F2 合并居中；将表格的标题字体设置为华文行楷，字号为 18 磅，并添加灰色-40%底纹。
   - 按【样文 4-11A】将表头一行字体设置为隶书，16 磅，字体为蓝色。
   - 按【样文 4-11A】将表格中“商场名称”、“地理位置”两列添加绿色底纹，将另外 3 列添加粉红色底纹。
   - 按【样文 4-11A】将表格中的数据设置为水平居中格式。
3. **数据的管理与分析：**
   - 按【样文 4-11B】在 Sheet2 工作表表格中自动筛选出“服装类”大于 60000，百货类大于 65000 的值。
   - 按【样文 4-11B】利用条件格式，将 Sheet2 工作表表格中介于 60000 与 90000 之间的数据设置为鲜绿色底纹。
4. **图表的运用：**按【样文 4-11C】利用 Sheet3 工作表中相应的数据，在 Sheet3 工作表中创建一个“簇状条形图”图表。
5. **数据、文档的修订与保护：**保护 Sheet3 工作薄结构，设置密码为“gjks4-11”。

【样文 4-11A】

平阳市主要商场销售情况统计表				
商场名称	地理位置	家电类	百货类	服装类
花花商厦	兴华街	56000	90000	95000
为学百货	花园路	65000	68000	65000
务民商场	祝寿路	45000	65000	62000
华新商厦	平安大道	57000	87000	40000
永康商场	人民路	99000	80000	62000
泰隆百货	健康路	45000	98000	54000
政通百货	安民路	65000	65000	64000
永乐商场	永乐路	57000	55000	66000

【样文 4-11B】

平阳市主要商场销售情况统计表				
商场名称	地理位置	家电类	百货类	服装类
花花商厦	兴华街	56000	90000	95000
为学百货	花园路	65000	68000	65000
永康商场	人民路	99000	80000	62000

【样文 4-11C】

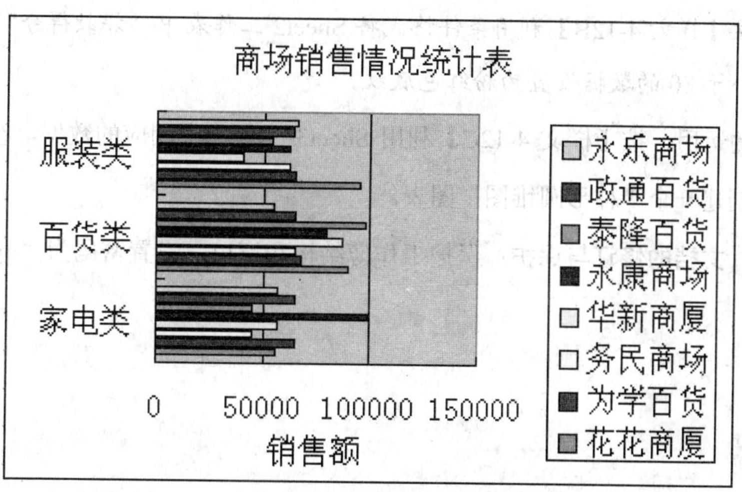

4.12 第 12 题

【操作要求】

在 Excel 中打开文档 A4.XLS 进行如下操作。

1．表格的环境设置与修改：

- 按【样文 4-12A】插入 Sheet4 工作表，并把 Sheet4 移至 Sheet3 之后。
- 将 Sheet1 工作表中的标题单元格定义为“积分表”。

2．表格格式的编排与修改：

- 按【样文 4-12A】将表格中标题区域 A1:H1 合并居中；将表格的标题字体设置为华文行楷，字号为 22 磅，并添加灰色-40%底纹。
- 按【样文 4-12A】将表头一行字体设置为华文新魏，18 磅，添加玫瑰红色底纹。
- 按【样文 4-12A】将表格中数据区域设置为水平居中格式。
- 按【样文 4-12A】为表格中数据区域添加桔黄色底纹，文本区域添加鲜绿色底纹。

3．数据的管理与分析：

- 按【样文 4-12B】在 Sheet2 工作表表格中以“评教得分”为主要关键字，以“年终总分”为次要关键字进行降序排序。
- 按【样文 4-12B】利用条件格式将 Sheet2 工作表中“评教得分”大于 90 或者小于 80 的数据设置为粉红色底纹。

4．图表的运用：按【样文 4-12C】利用 Sheet3 工作表中相应的数据，在 Sheet3 工作表中创建一个“柱形圆锥图”图表。

5．数据、文档的修订与保护：保护工作薄结构和窗口，设置密码为“gjks4-12”。

【样文 4-12A】

华夏外国语学院教师评教积分表							
姓名	性别	职称	出勤奖	评教得分	竞赛奖分	其它	年终总分
孔德武	男	教授	78	85	78	87	328
石清华	女	教授	74	68	74	78	294
李珍珍	女	教授	77	78	57	85	297
杨小凤	女	副教授	78	96	65	78	317
石富财	男	讲师	79	86	85	86	336
张金宝	男	讲师	77	88	85	87	337
刘凤英	女	副教授	78	87	75	84	324
李国华	男	讲师	71	85	74	84	314
叶杏梅	女	副教授	75	87	84	75	321
李发财	男	教授	76	87	74	74	311

【样文 4-12B】

华夏外国语学院教师积分表							
姓名	性别	职称	出勤奖分	评教得分	竞赛奖分	其它	年终总分
李发财	男	教授	76	96	74	74	320
叶杏梅	女	副教授	75	88	84	75	322
张金宝	男	讲师	77	87	85	87	336
刘凤英	女	副教授	78	87	75	84	324
李国华	男	讲师	71	87	74	84	316
石富财	男	讲师	79	86	85	86	336
杨小凤	女	副教授	78	85	65	78	306
李珍珍	女	教授	77	85	57	85	304
石清华	女	教授	74	78	74	78	304
孔德武	男	教授	78	68	78	87	311

【样文 4-12C】

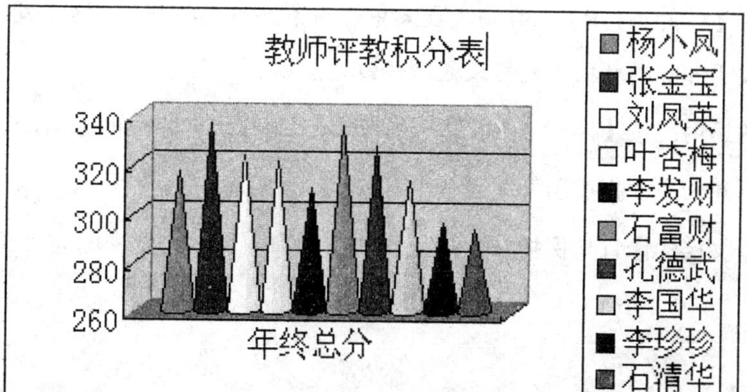

4.13 第 13 题

【操作要求】

在 Excel 中打开文档 A4.XLS 进行如下操作。

1. 表格的环境设置与修改：
   - 按【样文 4-13A】复制 Sheet1 工作表，并将新表命名为“抽样调查表”。
   - 按【样文 4-13A】将“抽样调查表”工作表的表格中标题单元格命名为“抽样调查”。
2. 表格格式的编排与修改：
   - 按【样文 4-13A】在抽样调查表中将表格中标题区域 A1:G1 合并居中；将表格的标题字体设置为隶书，字号为 18，行高为 25。
   - 将表格的表头、第一列和第二列设为楷体_GB2312，字号为 12 磅，并为表格添加淡蓝色底纹。
   - 按【样文 4-13A】将各公司 1~4 月份的数据进行求和计算，并填入“总计”一列相对应的单元格中。
3. 数据的管理与分析：
   - 按【样文 4-13B】使用 Sheet2 工作表表格中的数据，以“所在城市”为页字段，以“公司名称”为列字段，以 1~4 月份为求和项，从 Sheet2 工作表的 B15 单元格处建立数据透视表。
   - 按【样文 4-13B】在数据透视表中使用条件格式将郑州三家公司 1~4 月份利税大于 600 的数据单元格设置为粉红色底纹。
4. 图表的运用：按【样文 4-13C】利用 Sheet3 工作表中相应的数据，在 Sheet3 工作表中创建一个“折线图”图表。
5. 数据、文档的修订与保护：保护工作薄结构和窗口，设置密码为“gjks4-13”。

【样文 4-13A】

私营企业利税抽样调查表（单位：万元）						
公司名称	所在城市	1月份	2月份	3月份	4月份	总计
德银物业	郑州	587	487	785	659	2518
惠民搬运	广州	875	578	547	950	2950
园苑房产	广州	687	658	658	854	2857
新地广告	北京	497	985	698	657	2837
达利营销	郑州	587	875	598	357	2417
拓展房产	北京	876	781	562	741	2960
佳景房产	郑州	785	852	213	963	2813

【样文 4-13B】

所在城市	郑州			
	公司名称			
数据	达利营销	德银物业	佳景房产	总计
求和项:1月份	587	587	785	1959
求和项:2月份	875	487	852	2214
求和项:3月份	598	785	213	1596
求和项:4月份	357	659	963	1979

【样文 4-13C】

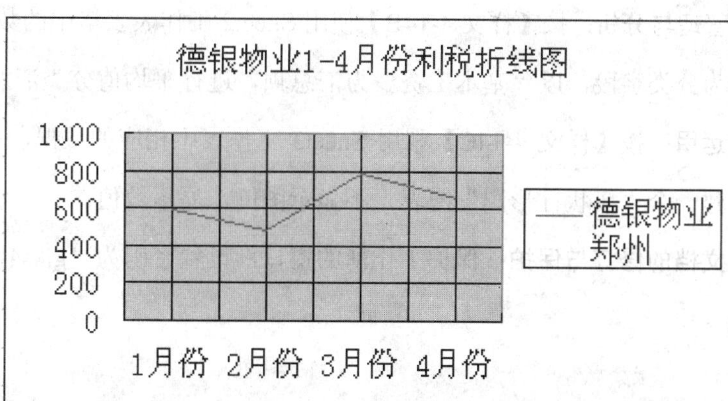

4.14 第 14 题

【操作要求】

在 Excel 中打开文档 A4.XLS 进行如下操作。

1. 表格的环境设置与修改：

- 按【样文 4-14A】在 Sheet1 工作表表格中上面插入一行，并在 A1 单元格中输入标题“华联股份有限公司职员工资表”。
- 按【样文 4-14A】在 Sheet1 工作表表格标题下面插入一行，将单元格区域 A2:A3、B2:B3、C2:C3、D2:D3、E2:E3、F2:F3 和 J2:J3 分别合并单元格，并将其中内容设置为水平居中、垂直居中格式。
- 按【样文 4-14A】将单元格区域 G2:I2 合并单元格，并在合并后的单元格中输入文本“扣除”，设置为水平居中格式。

2. 表格格式的编排与修改：

- 按【样文 4-14A】将表格中标题区域 A1:J1 合并居中；将表格的标题字体设置为隶书，字号为 22 磅。将表格的表头行字体设为华文新魏，倾斜，字号为 14。
- 按【样文 4-14A】利用公式计算每人的实发工资，并填入相对应的单元格中。
- 按【样文 4-14A】为表格添加细实线的边框。

3. 数据的管理与分析：按【样文 4-14B】使用 Sheet2 工作表表格中的数据，以“部门名称”为分类字段，以“基本工资”为汇总项，进行平均值分类汇总。

4. 图表的运用：按【样文 4-14C】利用 Sheet3 工作表中相应的数据，在 Sheet3 工作表中创建一个“簇状柱形图”图表，不显示图例，显示数值。

5. 数据、文档的修订与保护：保护工作薄的窗口，设置密码为“gjks4-14”。

【样文 4-14A】

华联股份有限公司职员工资表

部门名称	职员姓名	基本工资	奖金	加班费	补助	扣除			实发工资
						旷工	水电费	房租费	
财物部	宋玲玲	500	60	65	50	10	11	80	574
财物部	李风梅	500	60	15	50	5	14	80	526
统计部	李军伟	400	60	15	50	0	12	80	433
人事部	杨静雪	500	60	20	50	20	15	80	515
人事部	丁雪松	550	60	20	50	12	12	80	576
后勤部	顾菲	400	60	25	50	20	14	80	421
保安部	赵长征	500	60	50	50	5	13		642
保安部	曾志伪	350	60	20	50	20	10	80	370
保安部	张娼松	400	60	30	50	10	10	80	440
后勤部	贾中	400	60	20	50	25	12		493
商品部	赵娜	500	60	35	50	0	10	80	555
出纳部	刘小玉	600	60	20	50	10	10	80	630
商品部	杨晚风	700	60	40	50	10	13	80	747
出纳部	杨沛	600	60	20	50	10	14	80	626
商品部	刘力群	700	60	20	50	0	11		819
统计部	刘爱爱	350	60	50	50	0	15	80	415

【样文 4-14B】

部门名称	职员姓名	基本工资
保安部 平均值		416.6667
财物部 平均值		500
出纳部 平均值		600
后勤部 平均值		400
人事部 平均值		525
商品部 平均值		633.3333
统计部 平均值		375
总计平均值		496.875

【样文 4-14C】

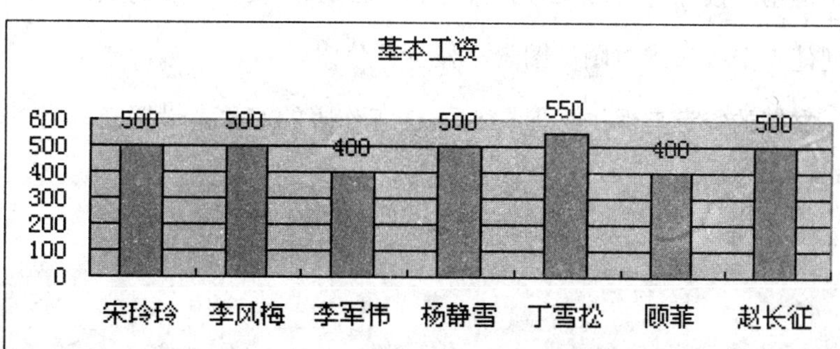

4.15 第 15 题

【操作要求】

在 Excel 中打开文档 A4.XLS 进行如下操作。

1．表格的环境设置与修改：

- 按【样文 4-15A】在 Sheet1 工作表的表格中将“性别”一列和“部门”一列对调；在“部门”一列左侧插入一列“年龄”，并键入数据。
- 按【样文 4-15A】在 Sheet1 工作表的表格中将“奖金”、“补助”和“实际工资”三列删除；在“月薪”左侧插入一列“职务”，在右侧插入一列“政治面貌”，并键入相应内容。
- 按【样文 4-15A】在 Sheet1 工作表的表格中将标题改为“林安公司职员基本情况一览表”。

2．表格格式的编排与修改：

- 按【样文 4-15A】将表格中标题区域 A1:G1 合并居中；将表格的标题字体设置为华文行楷，字号为 18 磅；将表格的表头行字体设置为楷体_GB2312，倾斜，加粗，字号为 14 磅。
- 按【样文 4-15A】在 Sheet1 工作表表格中将数据区域全部设置为水平居中格式；为表格添加细实线边框。

3．数据的管理与分析：按【样文 4-15B】使用 Sheet2 工作表表格中的数据，以“月薪”为主要关键字，以“补助”为次要关键字，以“奖金”为第三关键字进行降序排序。

4．图表的运用：按【样文 4-15C】利用 Sheet3 工作表中相应的数据，在 Sheet3 工作表中创建一个“三维饼图”图表，显示百分比。

5．数据、文档的修订与保护：保护 Sheet3 工作表的对象，设置密码为“gjks4-15”。

【样文 4-15A】

林安公司职员基本情况一览表						
姓名	性别	年龄	部门	职务	月薪	政治面貌
宋朋	男	22	开发部	经理	900	中共党员
刘云	女	18	开发部	业务员	700	共青团员
王飞	男	25	服务部	业务员	1000	中共党员
张红	女	23	服务部	经理	1200	中共党员
刘刚	男	32	销售部	经理	1000	中共党员
张涛	男	21	销售部	业务员	1000	中共党员
李光	男	45	市场部	经理	1200	中共党员
宋美美	女	28	市场部	经理	1500	中共党员

【样文 4-15B】

姓名	部门	性别	月薪	补助	奖金
宋美美	市场部	女	1500	100	235
张红	服务部	女	1200	300	200
李光	市场部	男	1200	100	230
张涛	销售部	男	1000	250	220
刘刚	销售部	男	1000	250	200
王飞	服务部	男	1000	200	220
宋朋	开发部	男	900	500	210
刘云	开发部	女	700	500	210

【样文 4-15C】

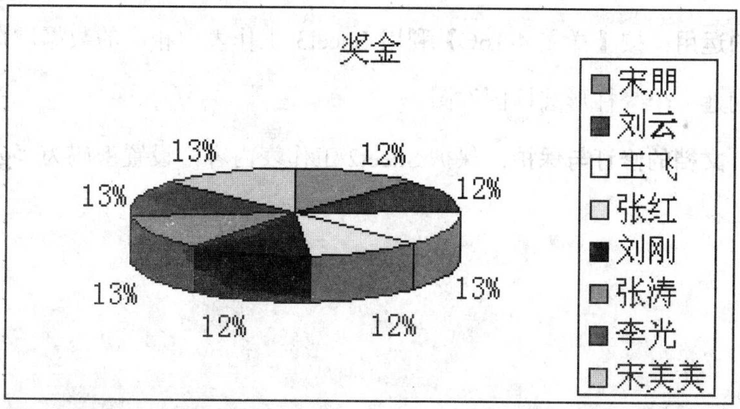

4.16 第 16 题

【操作要求】

在 Excel 中打开文档 A4.XLS 进行如下操作。

1. **表格的环境设置与修改：**

- 按【样文 4-16A】在 Sheet1 工作表的表格上面插入一行，并在 A1 单元格中键入标题“科研经费来源及分配方案”；在 Sheet1 工作表表格的左侧插入一列。
- 将 Sheet1 工作表重新命名为“分配方案”。

2. **表格格式的编排与修改：**

- 按【样文 4-16A】将表格中标题区域 B1:G1 合并居中；将表格的标题字体设置为华文新魏，字号为 22 磅。将表格的表头行字体设置为黑体，加粗，字号为 14 磅。
- 按【样文 4-16A】在 Sheet1 工作表表格中将数字区域设置为水平居中格式。
- 按【样文 4-16A】为 Sheet1 工作表表格添加边框。

3. **数据的管理与分析：**按【样文 4-16B】使用 Sheet2 工作表表格中的数据，以“级别”为页字段，以“单位”为列字段，以“实验室名称”为行字段，以“学校拨款”、“国家拨款”和“自筹资金”为求和项，在 Sheet2 工作表的 B12 单元格处建立数据透视表。

4. **图表的运用：**按【样文 4-16C】利用 Sheet3 工作表中相应的数据，在 Sheet3 工作表中创建一个“柱形圆柱图”图表。

5. **数据、文档的修订与保护：**保护 Sheet2 工作表内容，设置密码为“gjks4-16”。

【样文 4-16A】

科研经费来源及分配方案					
实验室名称	**级别**	**单位**	**学校拨款**	**国家拨款**	**自筹资金**
内燃机实验室	国家重点	机电学院	400000	2500000	400000
新材料中心	国家重点	材料学院	260000	1400000	240000
生物实验室	北京市重点	生物系	300000	1200000	450000
焊接技术实验室	北京市重点	机电学院	150000	800000	200000
光学实验室	国家重点	数理学院	120000	650000	600000
计算机软件中心	国家重点	计算机系	100000	600000	560000

【样文 4-16B】

级别	北京市重点			
		单位		
实验室名称	数据	机电学院	生物系	总计
焊接技术实验室	求和项:学校拨款	150000		150000
	求和项:国家拨款	800000		800000
	求和项:自筹资金	200000		200000
生物实验室	求和项:学校拨款		300000	300000
	求和项:国家拨款		1200000	1200000
	求和项:自筹资金		450000	450000
求和项:学校拨款 的求和		150000	300000	450000
求和项:国家拨款 的求和		800000	1200000	2000000
求和项:自筹资金 的求和		200000	450000	650000

【样文 4-16C】

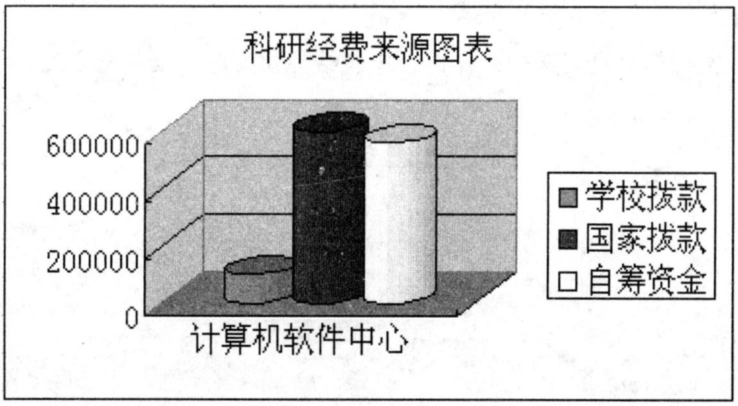

4.17 第 17 题

【操作要求】

在 Excel 中打开文档 A4.XLS 进行如下操作。

1. **表格的环境设置与修改：**
   - 按【样文 4-17A】在 Sheet1 工作表的表格上面和左侧分别插入一行、一列。
   - 将 Sheet1 工作表表格的标题单元格命名为“农民收入”。
2. **表格格式的编排与修改：**
   - 按【样文 4-17A】将表格中标题区域 B2:H2 合并居中；将表格的标题字体设置为华文行楷，字号为 18 磅。将表格的表头行字体设置为华文细黑，加粗，字号为 12 磅。
   - 按【样文 4-17A】在 Sheet1 工作表表格中将数字区域设置为保留两位小数。
   - 按【样文 4-17A】为标题单元格添加黄色底纹；为“地区”一列添加绿色底纹；将表头行“1985 年”～“1999 年”设置为红色字体。
   - 按【样文 4-17A】在 Sheet1 工作表表格中将表格的外边框设置为双实线，将表格的内边框设置为虚线。
3. **数据的管理与分析：**按【样文 4-17B】使用条件格式为 Sheet2 工作表表格中大于 1000 的数据添加粉红色底纹，为小于 500 的数据添加浅蓝色底纹。
4. **图表的运用：**按【样文 4-17C】利用 Sheet3 工作表中的相应数据，在 Sheet3 工作表中创建一个“数据点折线图”图表。
5. **数据、文档的修订与保护：**保护工作薄结构和窗口，设置密码为“gjks4-17”。

【样文 4-17A】

农村居民家庭平均每人纯收入（单位：元）						
地区	1985年	1990年	1995年	1997年	1998年	1999年
陕　西	295.26	530.80	804.84	962.89	1405.59	1455.86
甘　肃	255.22	430.98	723.73	880.34	1393.05	1357.28
青　海	342.95	559.78	869.34	1029.77	1424.79	1466.67
宁　夏	321.17	578.13	866.97	998.75	1721.17	1754.15
新　疆	394.30	683.47	946.82	1136.45	1600.14	1473.17

【样文 4-17B】

农村居民家庭平均每人纯收入（单位：元）						
地区	1985年	1990年	1995年	1997年	1998年	1999年
新　疆	394.3	683.47	946.82	1136.45	1600.14	1473.171
陕　西	295.26	530.8	804.84	962.89	1405.59	1455.859
青　海	342.95	559.78	869.34	1029.77	1424.79	1466.668
宁　夏	321.17	578.13	866.97	998.75	1721.17	1754.153
甘　肃	255.22	430.98	723.73	880.34	1393.05	1357.282

【样文 4-17C】

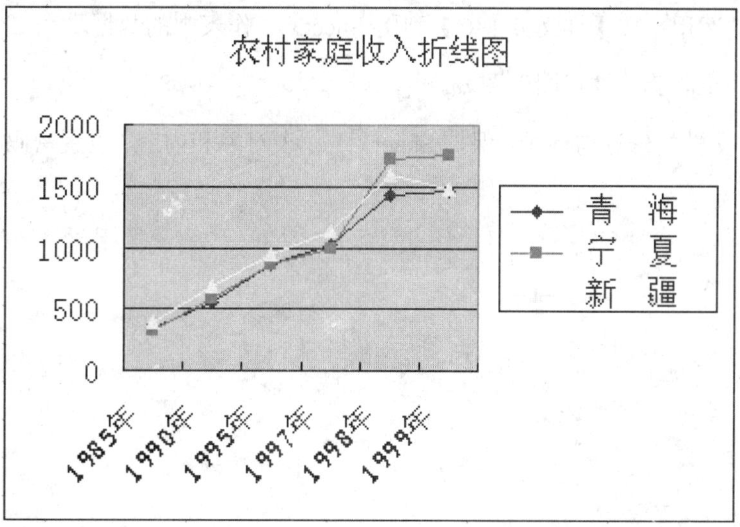

4.18 第 18 题

【操作要求】

在 Excel 中打开文档 A4.XLS 进行如下操作。

1．**表格的环境设置与修改：**

- 按【样文 4-18A】在 Sheet1 工作表的表格标题下面插入一行。
- 按【样文 4-18A】将 Sheet1 工作表表格自动套用格式“彩色型 1”。

2．**表格格式的编排与修改：**

- 设置标题字体为华文行楷，字号为 20 磅，新插入行的行高为 6。
- 按【样文 4-18A】在 Sheet1 工作表表格中将数字区域设置为水平居中格式。
- 按【样文 4-18A】在 Sheet1 工作表表格中将“性别”一列设置为水平居中格式。

3．**数据的管理与分析：**按【样文 4-18B】使用 Sheet2 工作表中的内容，以“班级”为分类字段，以“古代汉语”、“高等数学”、“专业英语”为汇总项，进行求平均值的分类汇总。

4．**图表的运用：**按【样文 4-18C】利用 Sheet3 工作表中的数据，在 Sheet3 工作表中创建一个“簇状柱形图”图表。

5．**数据、文档的修订与保护：**保护 Sheet3 工作表对象和内容，设置密码为“gjks4-18”。

【样文 4-18A】

抽考科目考试成绩表						
考号	姓名	班级	性别	古代汉语	高等数学	专业英语
J-980105	李文亮	计算机1班	女	89	88	80
J-980214	张辉	计算机1班	男	88	87	87
J-980107	吴伟军	计算机1班	男	82	84	81
J-980110	何梅	计算机2班	女	90	76	79
J-980211	何小梨	计算机2班	女	85	68	66
J-980212	刘强	计算机2班	男	65	75	60
J-980313	陈志朋	计算机3班	男	78	89	85

【样文 4-18B】

抽考科目考试成绩表						
考号	姓名	班级	性别	古代汉语	高等数学	专业英语
		计算机1班	**平均值**	86.33333	86.33333	82.66667
		计算机2班	**平均值**	80	73	68.33333
		计算机3班	**平均值**	78	89	85
		总计平均值		82.42857	81	76.85714

【样文 4-18C】

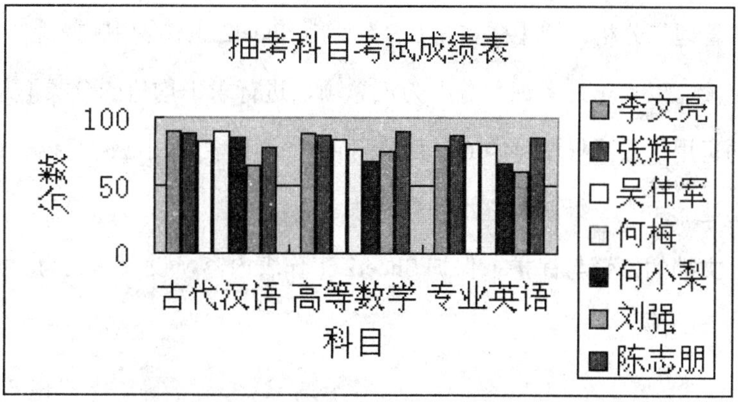

4.19 第 19 题

【操作要求】

在 Excel 中打开文档 A4.XLS 进行如下操作。

1．表格的环境设置与修改：

- 按【样文 4-19A】在 Sheet1 工作表的表格标题下面插入一行；将标题行行高设置为 25，新插入的行高为 6。
- 按【样文 4-19A】将 Sheet1 工作表重命名为“花名册”。

2．表格格式的编排与修改：

- 按【样文 4-19A】在 Sheet1 工作表表格中将标题区域 A1:H1 合并居中，将标题字体设置为华文新魏，字号为 20 磅，并添加绿色底纹，将表头行字体设置为方正姚体，字号 14 磅，并添加金色底纹。
- 按【样文 4-19A】在 Sheet1 工作表表格中为表头“姓名”一列的数据添加粉红色底纹，将其余单元格添加浅青绿色底纹。
- 按【样文 4-19A】将“性别”、“年龄”、“年终考评总分”三列数据设置为水平居中格式；将“姓名”一列数据设置为居左格式；将“家庭住址”一列数据设置为居右格式。

3．数据的管理与分析：按【样文 4-19B】使用 Sheet2 工作表中的内容，以“职称”为分类字段，以“年终考评总分”为汇总项，进行求平均值的分类汇总。

4．图表的运用：按【样文 4-19C】利用 Sheet3 工作表中相应的数据，在 Sheet3 工作表中创建一个“三维簇状柱形图”图表。

5．数据、文档的修订与保护：保护 Sheet2 工作表内容，设置密码为“gjks4-19”。

【样文 4-19A】

育才中学教师花名册							
姓名	性别	年龄	职称	参加工作时间	年终考评总分	备注	家庭住址
李中宝	男	35	助教	1989年9月1日	88	专业带头人	河南郑州
张梦	女	36	助教	1987年9月1日	86	专业带头人	河南郑州
王美美	女	35	助教	1989年9月1日	79	专业带头人	河南郑州
赵洋洋	女	40	教授	1985年9月1日	84	专业带头人	河南郑州
冯栋化	男	32	高工	1990年9月1日	76	专业带头人	河南郑州
毛眠眠	女	33	高工	1990年9月1日	69	专业带头人	河南郑州
宋江	男	30	高工	1991年9月1日	91	专业带头人	河南郑州

【样文 4-19B】

育才中学教师花名册			
年龄	职称	参加工作时间	年终考评总分
	助教 平均值		84
	教授 平均值		84
	高工 平均值		79
	总计平均值		82

【样文 4-19C】

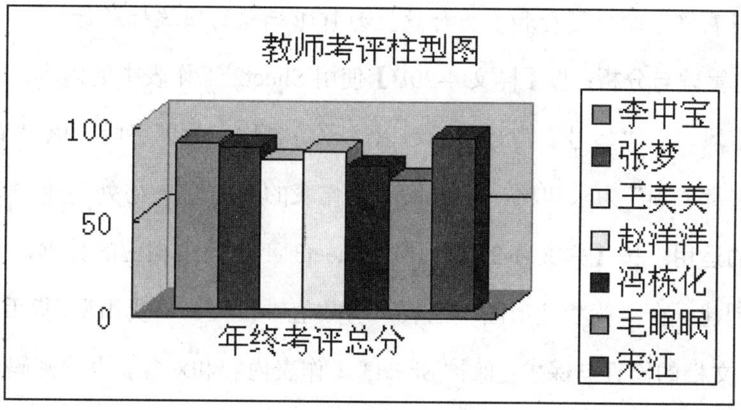

4.20 第 20 题

【操作要求】

在 Excel 中打开文档 A4.XLS 进行如下操作。

1．**表格的环境设置与修改：**

- 按【样文 4-20A】在 Sheet1 工作表的表格标题下面插入一行，行高设置为 6。
- 按【样文 4-20A】在 Sheet1 工作表表格的上面和左侧分别插入一行、一列。

2．**表格格式的编排与修改：**

- 按【样文 4-20A】在 Sheet1 工作表表格中将标题区域 B2:G2 合并居中，将标题字体设置为华文行楷，字号为 20 磅，并添加黄色底纹；将表头行字体设置为华文细黑，加粗，字号为 14 磅，居中，并添加浅青绿色底纹。
- 按【样文 4-20A】为“设备名称”一列数据添加金色底纹，将其余单元格添加青绿色底纹。
- 按【样文 4-20A】将“单价”和“进货总额”两列数据设置为“货币”（货币符号为￥）；将“型号”和“数量”两列数据设置为水平居中格式。
- 将表格中的标题行和表头行设置为打印标题的顶端标题行。

3．**数据的管理与分析：**按【样文 4-20B】使用 Sheet2 工作表中的内容，以“进货日期”为页字段，以“型号”为行字段，以“设备名称”为列字段，以“单价”、“数量”和“进货总额”为求和项，在 Sheet2 工作表的 B18 单元格处创建一个数据透视表。

4．**图表的运用：**按【样文 4-20C】利用 Sheet3 工作表中相应的数据，在 Sheet3 工作表中创建一个“簇状柱形图”图表，将数值轴设置为“货币”（货币符号为￥）。

5．**数据、文档的修订与保护：**保护 Sheet3 工作表内容和对象，设置密码为“gjks4-20”。

【样文 4-20A】

引进设备一览表					
设备名称	型号	进货日期	单价	数量	进货总额
车床B	B	1999-5-12	￥6,500.00	5	￥32,500.00
车床A	C	1999-5-12	￥6,000.00	6	￥36,000.00
车床A	A	1999-5-12	￥8,800.00	4	￥35,200.00
加工中心B	B	1999-5-12	￥9,850.00	6	￥59,100.00
加工中心A	A	1999-5-17	￥8,700.00	5	￥43,500.00
加工中心C	C	1999-5-17	￥9,875.00	5	￥49,375.00
铣床B	B	1999-5-17	￥7,890.00	4	￥31,560.00

【样文 4-20B】

进货日期	1999-5-12				
		设备名称			
型号	数据	车床A	车床B	加工中心B	总计
A	求和项:单价	8800			8800
	求和项:数量	4			4
	求和项:进货总额	35200			35200
B	求和项:单价		6500	9850	16350
	求和项:数量		5	6	11
	求和项:进货总额		32500	59100	91600
C	求和项:单价	6000			6000
	求和项:数量	6			6
	求和项:进货总额	36000			36000
求和项:单价 的求和		14800	6500	9850	31150
求和项:数量 的求和		10	5	6	21
求和项:进货总额 的求和		71200	32500	59100	162800

【样文 4-20C】

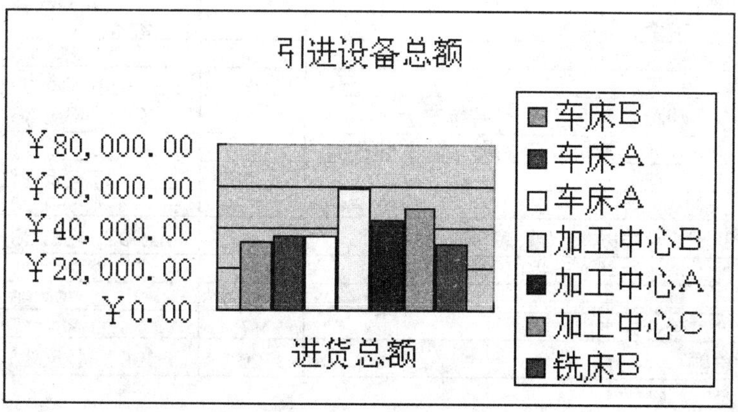

第五单元　数据表处理的综合操作

5.1　第 1 题

【操作要求】

在 Excel 中，打开文档 A5.XLS，调用模板管理专业数据，操作完成后保存文档。

1．**模板调用**：调用现有模板“运输企业财务报表.XLT”，将该工作簿中的“资产负债表”复制到 A5.XLS，撤销工作表保护。

2．**公式的嵌入**：按【样文 5-1A】将模板“运输企业财务报表.XLT”中“损益表”相应单元格的公式格式复制到 A5.XLS 的“损益表”中，使其自动完成计算功能。

3．**工作簿间数据的复制**：按照【样文 5-1B】将 C:\Win2004GJW\KSML3\KS5-1A.XLS 工作簿中的数据复制到 A5.XLS 的“资产负债表”的相应单元格。

4．**工作簿的共享**：将 A5.XLS 工作簿设置为允许多用户编辑共享。

【样文 5-1A】

损　　益　　表

会航02表

编制单位：　　　　单位：元

项　　　目	行次	本月数	本年累计数
一、主营业务收入	1	3,066,368.85	18,996,023.65
减：主营业务成本	2	2,065,186.53	13,498,675.25
销售费用	3	1,236.00	6,573.00
销售税金及附加	4	88,456.96	123,567.87
二、主营业务利润（亏损以“-”号表示）	7	911,489.36	5,367,207.53
加：其他业务利润（亏损以“-”号表示）	9	8,756.12	236,023.00
减：管理费用	10	13,256.78	451,236.54
财务费用	11	4,500.32	326,541.84
三、营业利润（亏损以“-”号表示）	14	902,488.38	4,825,452.15
加：投资收益（亏损以“-”号表示）	15	2,362.24	10,236.00
营业外收入	16	1,564.96	12,567.00
减：营业外支出	17	3,987.45	36,987.00
四、利润总额	20	902,428.13	4,811,268.15

【样文 5-1B】

资　产　负　债　表

编制单位：　　　　　　　　　　　　　　年　月　日　　　　　　　　　　　　　　单位：万元

资　　产	行次	年初数	期末数	负债及所有者权益	行次	年初数	期末数
流动资产				流动负债			
货币资金	1	364,452.78	2,763,123.95	短期借款	46	825,650.00	1,025,650.00
短期投资	2	98,000.00	89,456.23	应付票据	47	7,680.00	20,680.00
应收票据	3	42,300.00	45,623.00	应付帐款	48	567,860.85	558,670.85
应收帐款	4	786,512.12	1,238,792.56	国内票证结算	49	38,736.55	38,736.55
减：坏帐准备	5			国际票证结算	50		
应收帐款净额	6	786,512.12	1,238,792.56	其他应付款	52	48,650.00	63,039.73
预付帐款	7	13,685.00	25,468.00	应付工资	53		
其他应收款	8	98,413.00	125,689.00	应付福利款	54	96,878.88	112,608.84
存货	9	1,267,985.00	24,569,875.00	未交税金	55	78,650.35	429,951.73
待摊费用	10	260,000.00	2,600,000.00	未付利润	56		15,000.00
待处理流动资产净损失	11			未交民航基础设施建设基金	57		
一年内到期的长期债券	12			其他未交款	58	48,760.58	191,418.09
其他流动资产	13			其中：未交旅游发展基金	59		
				未交机场管理建	60		
流动资产合计	20	2,931,347.90	31,458,027.74	预提费用	61	106,678.22	168,790.22
				一年内到期的长期负债	62	194,340.25	194,340.25
长期投资：				其他流动负债	63		
长期投资	21	186,786.80	204,286.80				
固定投资：				流动负债合计	65	2,013,885.68	2,818,886.26
固定资产原价	23	16,328,650.48	17,260,530.57				
其中：融资租入固定	24			长期负债：			
减：累计折旧	25	2,456,750.27	2,354,789.80	长期借款	66	919,800.00	919,800.00
固定资产净值	26	13,871,900.21	14,905,740.77	应付债券	67	200,000.00	640,000.00
固定资产清理	27	84,868.78	235,334.74	长期应付款	68	305,855.99	555,855.99
在建工程	28	736,677.56	358,017.56	其他长期负债	75		
待处理固定资产净损失	29	3,685.65	3,685.65				
				长期负债合计	76	1,425,655.99	2,115,655.99
固定资产合计	35	14,883,919.00	15,707,065.52				
				所有者权益：			
无形及递延资产：				实收资本	78	15,000,000.00	15,250,000.00
无形资产	36	1,000,000.00	1,000,000.00	资本公积	79	65,650.00	66,150.00
递延资产	37	60,050.00	66,808.00	盈余公积	80	3,000.00	95,431.49
				未分配利润	81	36,550.00	440,126.82
无形及递延资产合计	40	1,060,050.00	1,066,808.00				
其他资产：				所有者权益合计	85	15,105,200.00	15,851,708.31
其他长期资产	41						
资产总计	45	19,062,103.70	48,436,188.06	负债及所有者权益总计	90	18,544,741.67	20,786,250.56

5.2 第 2 题

【操作要求】

在 Excel 中，打开文档 A5.XLS，调用模板管理专业数据，操作完成后保存文档。

1．**模板调用**：调用现有模板“经济社会发展计划.XLT”，将该工作簿中的“调控计划表一”复制到 A5.XLS 中，重命名为“调控计划表”，撤消工作表保护。

2．**工作簿间数据的复制**：按【样文 5-2】将 C:\Win2004GJW\KSML3\KS5-2A.XLS 工作簿中的数据复制到“调控计划表”工作表中对应的位置。

3．**格式设置**：

- 设置调控计划表中 B2 单元格的字体大小为 24，B3 单元格的字体大小为 16，单元格区域 B4:J20 的字体大小为 12。
- 设置调控计划表中的单元格区域 F7:F20、H7:H20 和 J7:J20 的数字格式为数值，保留两位小数，不使用千位分隔符，负数以带括号的红色显示。

4．**工作簿的共享**：将 A5.XLS 工作簿设置为允许多用户编辑共享。

【样文 5-2】

国民经济和社会发展主要计划

(调控计划一)

指标名称	单位	上年	当年		下年			
		实际	实际	比上年增长%	保证	比上年增长%	争取	比上年增长%
1、综合指标		20236.3	24378.9	20.47	30015.1	23.12	31342.4	28.56
地区国内生产总值		20188.3	24362.9	20.68	28537.65	(74.09)	29410.6	20.72
其中：第一产业增加值		5288.6	5800	9.67	6311.4	8.82	6860.25	18.28
第二产业增加值		9012.2	11699.5	29.82	14386.89	22.97	15288.2	30.67
第三产业增加值		5797.5	6864.3	18.40	7931.56	732599281.80	8237.56	20.01
人均国内生产总值		1758	2093	19.06	2368	13.14	2669	27.52
2、全社会固定资产投资		4449.29	7854.98	76.54	11256.68	43.31	13250	68.68
其中：第一产业		2918.64	5273.64	80.69	7829.34	48.46	9528.85	80.69
第二产业		1029.26	1754.91	70.50	2568.45	46.36	2993.16	70.56
第三产业		829.48	1359.35	63.88	1887.32	38.84	2237.45	64.60
其中：区属部分		263.38	364.49	38.39	569.32	56.20	689.12	89.06
乡镇及以下部分		566.1	994.86	75.74	1356.56	36.36	1631.42	63.98
3、出口商品交货值		620.9	849.4	36.80	989.12	16.45	985.78	16.06
4、地方财政收入		2503.9	2503.9	0.00	3187.46	27.30	3391.5	35.45

注：各年度数为九零年不变价

5.3　第 3 题

【操作要求】

在 Excel 中，打开文档 A5.XLS，重命名 Sheet1 工作表为“贷款试算表”，并按下列要求进行操作，操作完成后保存文档。

1. **格式设置**：按照【样文 5-3A】设置“月偿还额”一列单元格的数字格式为货币（货币符号为￥），保留两位小数。
2. **单变量分析**：按照【样文 5-3A】利用模拟运算表来进行单变量问题分析，运用 PMT 函数，实现通过“年利率”的变化计算“月偿还额”的功能。
3. **创建、编辑、总结方案**：
   - 按照【样文 5-3B】在方案管理器中添加一个方案，命名为 KS5-3。
   - 设置“年利率”为可变单元格，输入一组可变单元格的值为 6%、7%、8%、9%和 10%。
   - 设置“月偿还额”为结果单元格，报告类型为“方案摘要”。

【样文 5-3A】

偿还贷款试算表		年利率变化	月偿还额
			￥-1,589.71
贷款额	300000	3%	￥-1,663.79
年利率	2.50%	3.50%	￥-1,739.88
贷款期限（月）	240	4%	￥-1,817.94
		4.50%	￥-1,897.95
		5%	￥-1,979.87

【样文 5-3B】

方案摘要		当前值:	KS5-3
可变单元格:			
	D4	3%	6%
	D5	3.50%	7.00%
	D6	4%	8%
	D7	4.50%	9.00%
	D8	5%	10%
结果单元格:			
	E4	￥-1,663.79	￥-2,149.29
	E5	￥-1,739.88	￥-2,325.90
	E6	￥-1,817.94	￥-2,509.32
	E7	￥-1,897.95	￥-2,699.18
	E8	￥-1,979.87	￥-2,895.06

注释：“当前值”这一列表示的是在
建立方案汇总时，可变单元格的值。
每组方案的可变单元格均以灰色底纹突出显示。

5.4　第4题

【操作要求】

在Excel中，打开文档A5.XLS，重命名Sheet1工作表为“存款试算表”，并按下列要求进行操作，操作完成后保存文档。

1. **格式设置**：按照【样文 5-4A】设置“最终存款额”一列单元格的数字格式为货币（货币符号为￥），保留两位小数。
2. **单变量分析**：按照【样文 5-4A】利用模拟运算表来进行单变量问题分析，运用FV函数，实现通过“每月存款额”的变化计算“最终存款额”的功能。
3. **创建、编辑、总结方案**：
   - 按照【样文 5-4B】在方案管理器中添加一个方案，命名为KS5-4。
   - 设置“每月存款额”为可变单元格，输入一组可变单元格的值为-3500、-4000、-4500和-5000。
   - 设置“最终存款额”为结果单元格，报告类型为“方案摘要”。

【样文 5-4A】

最终存款额试算表		每月存款额变化	最终存款额
			￥124,887.29
每月存款额	-1000	-1500	￥187,330.93
年利率	0.80%	-2000	￥249,774.58
存款期限（月）	120	-2500	￥312,218.22
		-3000	￥374,661.87

【样文 5-4B】

方案摘要		
	当前值:	KS5-4
可变单元格:		
D4	-1500	-3500
D5	-2000	-4000
D6	-2500	-4500
D7	-3000	-5000
结果单元格:		
E4	￥187,330.93	￥437,105.51
E5	￥249,774.58	￥499,549.16
E6	￥312,218.22	￥561,992.80
E7	￥374,661.87	￥624,436.45

注释：“当前值”这一列表示的是在
建立方案汇总时，可变单元格的值。
每组方案的可变单元格均以灰色底纹突出显示。

5.5　第5题

【操作要求】

在Excel中，打开文档A5.XLS，重命名Sheet1工作表为“贷款试算表”，并按下列要求进行操作，操作完成后保存文档。

1．**格式设置**：按照【样文5-5A】设置“月偿还额”一列单元格的数字格式为货币（货币符号为￥），保留两位小数。

2．**单变量分析**：按照【样文5-5A】利用模拟运算表来进行单变量问题分析，运用PMT函数，实现通过“年利率”的变化计算“月偿还额”的功能。

3．**创建、编辑、总结方案**：

- 按照【样文5-5B】在方案管理器中添加一个方案，命名为KS5-5。
- 设置“年利率”为可变单元格，输入一组可变单元格的值为9%、10%、11%、12%和13%。
- 设置“月偿还额”为结果单元格，报告类型为“方案摘要”。

【样文 5-5A】

偿还贷款试算表		年利率变化	月偿还额
			￥-4,127.32
贷款额	600000	6%	￥-4,298.59
年利率	5.50%	6.50%	￥-4,473.44
贷款期限（月）	240	7%	￥-4,651.79
		7.50%	￥-4,833.56
		8%	￥-5,018.64

【样文 5-5B】

方案摘要		
	当前值:	KS5-5
可变单元格:		
D4	6%	9%
D5	6.50%	10.00%
D6	7%	11%
D7	7.50%	12.00%
D8	8%	13%
结果单元格:		
E4	￥-4,298.59	￥-5,398.36
E5	￥-4,473.44	￥-5,790.13
E6	￥-4,651.79	￥-6,193.13
E7	￥-4,833.56	￥-6,606.52
E8	￥-5,018.64	￥-7,029.45

注释：“当前值”这一列表示的是在
建立方案汇总时，可变单元格的值。
每组方案的可变单元格均以灰色底纹突出显示。

5.6　第 6 题

【操作要求】

在 Excel 中，打开文档 A5.XLS，重命名 Sheet1 工作表为“存款试算表”，并按下列要求进行操作，操作完成后保存文档。

1. **格式设置**：按照【样文 5-6A】设置“最终存款额”一列单元格的数字格式为货币（货币符号为￥），保留两位小数。
2. **单变量分析**：按照【样文 5-6A】利用模拟运算表来进行单变量问题分析，运用 FV 函数，实现通过“每月存款额”的变化计算“最终存款额”的功能。
3. **创建、编辑、总结方案**：
   - 按照【样文 5-6B】在方案管理器中添加一个方案，命名为 KS5-6。
   - 设置“每月存款额”为可变单元格，输入一组可变单元格的值为-8500、-9000、-9500、-10000 和-10500。
   - 设置“最终存款额”为结果单元格，报告类型为“方案摘要”。

【样文 5-6A】

最终存款额试算表		每月存款额变化	最终存款额
			￥245,727.46
每月存款额	-5000	-5500	￥270,300.21
年利率	1.20%	-6000	￥294,872.95
存款期限（月）	48	-6500	￥319,445.70
		-7000	￥344,018.45
		-7500	￥368,591.19
		-8000	￥393,163.94

【样文 5-6B】

方案摘要	当前值:	KS5-6
可变单元格:		
D4	-5500	-8500
D5	-6000	-9000
D6	-6500	-9500
D7	-7000	-10000
D8	-7500	-10500
D9	-8000	
结果单元格:		
E4	￥270,300.21	￥417,736.68
E5	￥294,872.95	￥442,309.43
E6	￥319,445.70	￥466,882.18
E7	￥344,018.45	￥491,454.92
E8	￥368,591.19	￥516,027.67
E9	￥393,163.94	

注释：“当前值”这一列表示的是在
建立方案汇总时，可变单元格的值。
每组方案的可变单元格均以灰色底纹突出显示。

5.7 第7题

【操作要求】

在 Excel 中，打开文档 A5.XLS，按下列要求进行操作，操作完成后保存文档。

1．**定义单元格名称：**

- 打开 C:\Win2004GJW\KSML3\KS5-7A.XLS 工作簿，在“2001 年上半年部分城市消费水平调查”工作表中，定义单元格区域 B5:F10 的名称为“上半年”，将工作簿另存到考生文件夹中，命名为 A5a.XLS。
- 打开 C:\Win2004GJW\KSML3\KS5-7B.XLS 工作簿，在“2001 年上半年部分城市消费水平调查”工作表中，定义单元格区域 B5:F10 的名称为“下半年”，将工作簿另存到考生文件夹中，命名为 A5b.XLS。

2．**工作簿链接：**按照【样文 5-7A】将 A5a.XLS 和 A5b.XLS 工作簿中已定义的单元格区域“上半年”和“下半年”中的数据进行平均值合并计算，结果链接到 A5.XLS 工作簿 Sheet1 工作表的相应位置。

3．**创建图表：**按照【样文 5-7B】使用 Sheet1 工作表中的数据创建一个“簇状柱形图”图表，图表标题为“2001 年部分城市消费水平调查”。

4．**添加趋势线：**按【样文 5-7B】在“2001 年部分城市消费水平调查”图表中添加相应的粉红色对数趋势线。

【样文 5-7A】

2001部分城市平均消费水平（最高为100）				
城市	副食	日常生活用品	服装	耐用消费品
哈尔滨	76	88.915	90.7	92.78
郑州	89.05	84.75	91.7	98.95
西安	89.58	84.32	87	89.26
南京	84.13	95.18	93	89.205
兰州	83.925	86.76	92.06	87.73
合肥	84.53	81.18	84.69	92.65

【样文 5-7B】

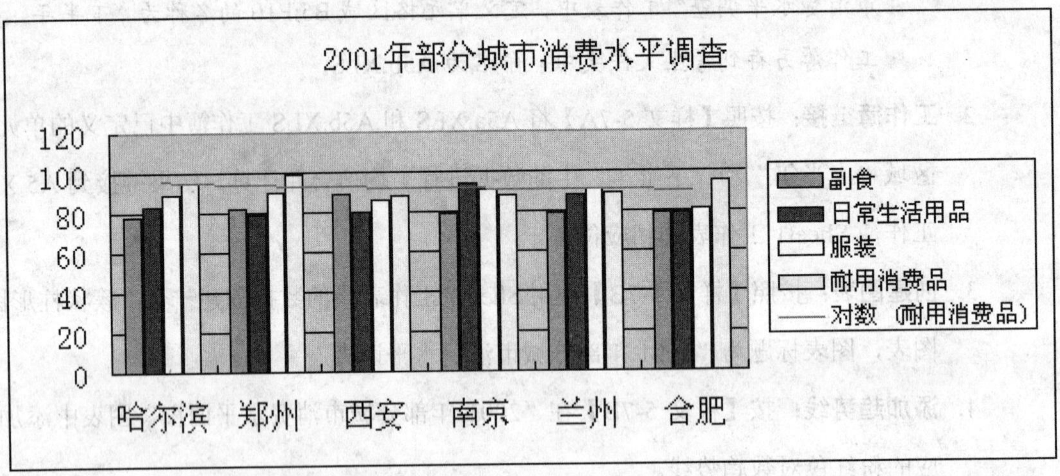

5.8 第8题

【操作要求】

在 Excel 中，打开文档 A5.XLS，按下列要求进行操作，操作完成后保存文档。

1．**定义单元格名称**：

- 打开 C:\Win2004GJW\KSML3\KS5-8A.XLS 工作簿，在“宏生电器公司各分公司 2004 第一季度销售情况统计表”工作表中，定义单元格区域 B4:E10 的名称为“第一季度”，将工作簿另存到考生文件夹中，命名为 A5a.XLS。
- 打开 C:\Win2004GJW\KSML3\KS5-8B.XLS 工作簿，在“宏生电器公司各分公司 2004 第二季度销售情况统计表”工作表中，定义单元格区域 B4:E10 的名称为“第二季度”，将工作簿另存到考生文件夹中，命名为 A5b.XLS。

2．**工作簿链接**：按照【样文 5-8A】将 A5a.XLS 和 A5b.XLS 工作簿中已定义的单元格区域“第一季度”和“第二季度”中的数据进行求和合并计算，结果链接到 A5.XLS 工作簿 Sheet1 工作表的相应位置。

3．**创建图表**：按照【样文 5-8B】使用 Sheet1 工作表中的数据创建一个“簇状条形图”图表，图表标题为“宏生公司上半年销售统计”。

4．**添加趋势线**：按照【样文 5-8B】在“宏生公司上半年销售统计”图表中添加相应的线性趋势线。

【样文 5-8A】

宏生电器公司各分公司2004上半年销售情况统计表（台）			
电器名称	第一分公司	第二分公司	第三分公司
新飞冰箱	640	400	660
海尔空调	560	340	600
TCL电视	440	720	560
柏帝洗衣机	360	440	460
小天鹅洗衣机	740	840	520
创维电视	536	580	600
奥克斯空调	100	360	480

【样文 5-8B】

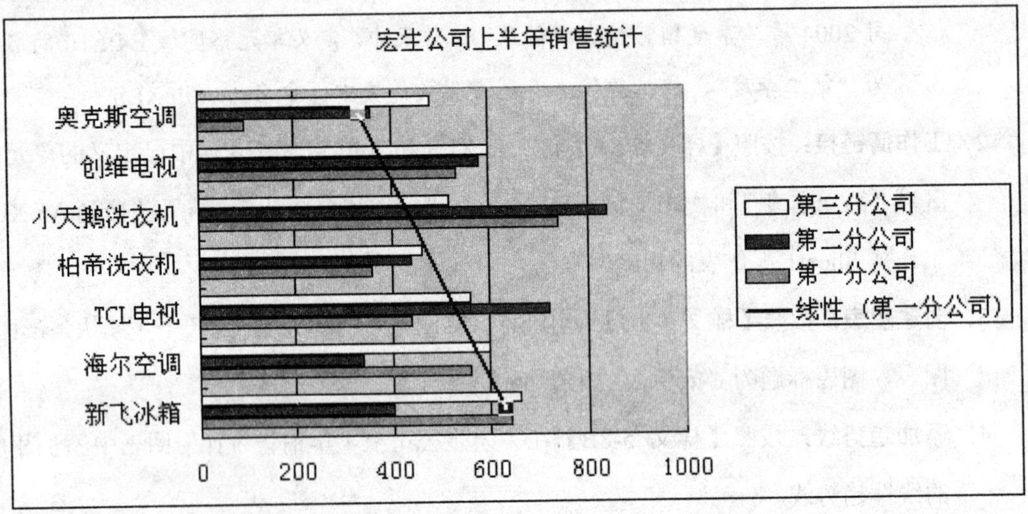

5.9　第9题

【操作要求】

在 Excel 中，打开文档 A5.XLS，按下列要求进行操作，操作完成后保存文档。

1．**定义单元格名称**：

- 打开 C:\Win2004GJW\KSML3\KS5-9A.XLS 工作簿，在“宏图公司 2003 上半年图书销售情况统计表”工作表中，定义单元格区域 B4:F9 的名称为“上半年”，将工作簿另存到考生文件夹中，命名为 A5a.XLS。
- 打开 C:\Win2004GJW\KSML3\KS5-9B.XLS 工作簿，在“宏图公司 2003 下半年图书销售情况统计表”工作表中，定义单元格区域 B4:F9 的名称为“下半年”，将工作簿另存到考生文件夹中，命名为 A5b.XLS。

2．**工作簿链接**：按照【样文 5-9A】将 A5a.XLS 和 A5b.XLS 工作簿中已定义的单元格区域“上半年”和“下半年”中的数据进行求和合并计算，结果链接到 A5.XLS 工作簿 Sheet1 工作表的相应位置。

3．**创建图表**：按照【样文 5-9B】使用 Sheet1 工作表中的数据创建“折线图”图表，图表标题为“宏图公司 2003 年图书销售统计”。

4．**添加趋势线**：按【样文 5-9B】在“宏图公司 2003 年图书销售统计”图表中添加相应的深蓝色对数趋势线。

【样文 5-9A】

宏图公司2003年图书销售情况统计表

书店名称	教育类（本）	小说类（本）	法律类（本）	电子类（本）
大石桥书店	700	1900	2900	3400
金水区书苑	600	1500	2800	2300
陇海路书社	1100	1500	2850	3200
伏牛路书城	1400	1200	2600	3700
大前门书店	1200	700	1700	3600
避沙港书社	1200	820	2100	3200

【样文 5-9B】

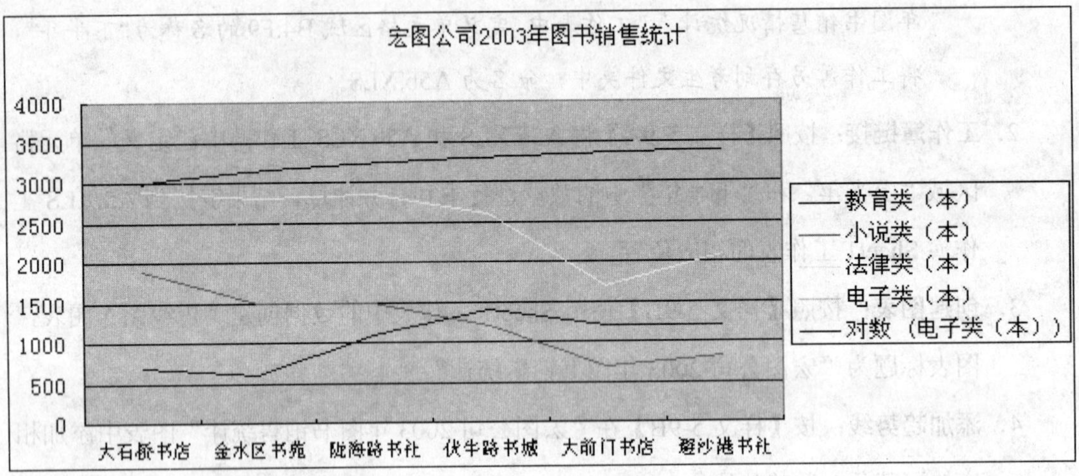

5.10　第 10 题

【操作要求】

在 Excel 中，打开文档 A5.XLS，按下列要求进行操作，操作完成后保存文档。

1．**定义单元格名称**：

- 打开 C:\Win2004GJW\KSML3\KS5-10A.XLS 工作簿，在“长奉公司 2004 年 6 月份员工出勤天数统计”工作表中，定义单元格区域 B4:E11 的名称为“六月份考勤”，将工作簿另存到考生文件夹中，命名为 A5a.XLS。
- 打开 C:\Win2004GJW\KSML3\KS5-10B.XLS 工作簿，在“长奉公司 2004 年 7 月份员工出勤天数统计”工作表中，定义单元格区域 B4:E11 的名称为“七月份考勤”，将工作簿另存到考生文件夹中，命名为 A5b.XLS。

2．**工作簿链接**：按照【样文 5-10A】将 A5a.XLS 和 A5b.XLS 工作簿中已定义的单元格区域“六月份考勤”和“七月份考勤”中的数据进行求和合并计算，结果链接到 A5.XLS 工作簿 Sheet1 工作表的相应位置。

3．**创建图表**：按照【样文 5-10B】使用 Sheet1 工作表中的数据创建一个“簇状柱形图”图表，图表标题为“长奉公司员工出勤天数统计”。

4．**添加趋势线**：按【样文 5-10B】在“长奉公司员工出勤天数统计”图表中添加相应的线性趋势线。

【样文 5-10A】

长奉公司2004年6月和7月员工出勤天数统计

姓名	出勤天数	加班天数	请假天数
王浩	42	8	6
王海扬	48	14	12
陈洪法	42	14	16
方小平	40	9	7
刘美	52	6	7
尚上	50	4	6
江丽	51	15	5
董磊	52	10	4

【样文 5-10B】

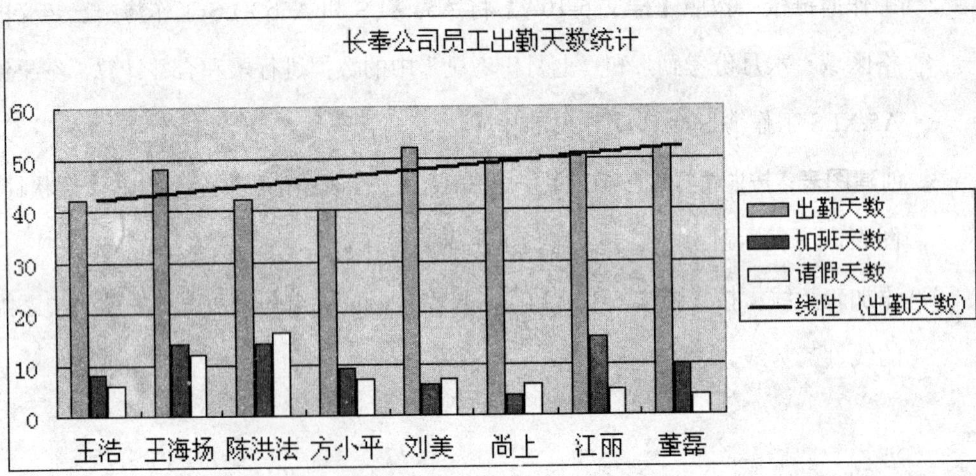

5.11　第 11 题

【操作要求】

在 Excel 中，打开文档 A5.XLS，调用模板管理专业数据，操作完成后保存文档。

1. **模板调用**：调用现有模板“工业企业财务报表.XLT”，将该工作簿中的“利润分配表”复制到 A5.XLS 中，重命名为“利润分配情况表”，撤消工作表保护。
2. **工作簿间数据的复制**：按【样文 5-11】将 C:\Win2004GJW\KSML3\KS5-11A.XLS 工作簿中的数据复制到“利润分配情况表”工作表中对应的位置。
3. **格式设置**：
    - 设置“利润分配情况表”中 B3 单元格字体大小为 24，单元格区域 B4:E18 的字体大小为 16。
    - 设置“利润分配情况表”单元格区域 D7:E18 的数字格式为货币（货币符号为￥），保留两位小数。适当调整各列列宽，使数据全部显示。
4. **工作簿的共享**：将 A5.XLS 工作簿设置为允许多用户编辑共享。

【样文 5-11】

利　润　分　配　表

会工02表附表1

编制单位:　　　　　　——年度　　　　　　单位：元

项　　目	行次	本年实际	上年实际
一、利润总额	1	￥198,675.32	￥187,654.23
减：应交所得税	2	￥5,876.56	￥4,687.52
二、税后利润	3	￥192,798.76	￥182,966.71
减：应交特种基金	4	￥15,236.00	￥13,458.00
加：年初未分配利润	5	￥1,232.00	￥2,587.00
上年利润调整	6	￥897.00	￥1,879.00
减：上年所得税调整	7	￥4,587.00	￥2,015.00
三、可供分配的利润	8	￥175,104.76	￥171,959.71
加：年初未分配利润	9	￥58,769.00	￥69,874.00
减：提取盈余公积	10	￥2,587.00	￥4,897.00
应付利润	11	￥3,865.00	￥4,876.56
四、未分配利润	12	￥227,421.76	￥232,060.15

5.12 第 12 题

【操作要求】

在 Excel 中打开文档 A5.XLS，按样文进行下列操作，操作完成后保存文档。

1. **公式的运用**：按照【样文 5-12A】利用函数 PMT 计算出“还款计算表 1”中的“每月应付款”。
2. **双变量分析**：按照【样文 5-12B】运用模拟运算表，分析并计算出 Sheet2 中“还款计算表 2”为 240 个月时，“每月应付款”随“贷款额”和“年利率”的变化而相应变化的结果。
3. **格式设置**：设置 Sheet2 工作表“还款计算表 2”中计算结果单元格的数字格式为货币（货币符号为￥），负数为红色，保留两位小数。

【样文 5-12A】

还款计算表1	
贷款额（元）	￥250,000.00
年利率	20%
贷款期限（月）	120
每月应付款（元）	￥-4,831.39

【样文 5-12B】

还款计算表2				
根据贷款期限（240个月）以及贷款额、贷款年利率计算每月付款额				
￥0.00	2.50%	3.00%	3.50%	4.00%
￥200,000.00	￥-1,059.81	￥-1,109.20	￥-1,159.92	￥-1,211.96
￥190,000.00	￥-1,006.82	￥-1,053.74	￥-1,101.92	￥-1,151.36
￥180,000.00	￥-953.83	￥-998.28	￥-1,043.93	￥-1,090.76
￥170,000.00	￥-900.83	￥-942.82	￥-985.93	￥-1,030.17
￥160,000.00	￥-847.84	￥-887.36	￥-927.94	￥-969.57
￥140,000.00	￥-741.86	￥-776.44	￥-811.94	￥-848.37
￥130,000.00	￥-688.87	￥-720.98	￥-753.95	￥-787.77

5.13　第 13 题

【操作要求】

在 Excel 中打开文档 A5.XLS，按样文进行下列操作，操作完成后保存文档。

1. **公式的运用**：按照【样文 5-13A】利用函数 FV 计算出“存款计算表 1”中的“最终存款额”。
2. **双变量分析**：按照【样文 5-13B】运用模拟运算表，分析并计算出 Sheet2 中“存款计算表 2”为 60 个月时，“最终存款额”随“每月存款额”和“年利率”的变化而相应变化的结果。
3. **格式设置**：设置 Sheet2 工作表“存款计算表 2”中计算结果单元格的数字格式为货币（货币符号为￥），保留两位小数。

【样文 5-13A】

存款计算表1	
每月存款额	-3000
年利率	2.50%
存款期限（月）	240
最终存款额	￥932,924.12

【样文 5-13B】

存款计算表2				
根据存款期限（60个月）以及每月存款额、存款年利率计算最终存款额				
￥0.00	-3500	-4000	-4500	-5000
3.00%	￥226,263.49	￥258,586.85	￥290,910.21	￥323,233.56
3.50%	￥229,131.39	￥261,864.45	￥294,597.51	￥327,330.56
4.00%	￥232,046.42	￥265,195.91	￥298,345.40	￥331,494.89
4.50%	￥235,009.43	￥268,582.21	￥302,154.98	￥335,727.76
5.00%	￥238,021.29	￥272,024.33	￥306,027.37	￥340,030.41
5.50%	￥241,082.88	￥275,523.29	￥309,963.70	￥344,404.12

5.14 第 14 题

【操作要求】

在 Excel 中打开文档 A5.XLS，按样文进行下列操作，操作完成后保存文档。

1. **公式的运用**：按照【样文 5-14A】利用函数 PMT 计算出“还款计算表 1”中的“每月应付款”。
2. **双变量分析**：按照【样文 5-14B】运用模拟运算表，分析并计算出 Sheet2 中“还款计算表 2”为 60 个月时，“每月应付款”随“贷款额”和“年利率”的变化而相应变化的结果。
3. **格式设置**：设置 Sheet2 工作表“还款计算表 2”中计算结果单元格的数字格式为货币（货币符号为￥），负数为红色，保留两位小数。

【样文 5-14A】

还款计算表1	
贷款额（元）	￥100,000.00
年利率	8%
贷款期限（月）	120
每月应付款（元）	￥-1,213.28

【样文 5-14B】

还款计算表2				
根据贷款期限（60个月）以即贷款额、贷款年利率计算每月付款额				
￥0.00	7.50%	7.00%	6.50%	6.00%
￥90,000.00	￥-1,803.42	￥-1,782.11	￥-1,760.95	￥-1,739.95
￥80,000.00	￥-1,603.04	￥-1,584.10	￥-1,565.29	￥-1,546.62
￥70,000.00	￥-1,402.66	￥-1,386.08	￥-1,369.63	￥-1,353.30
￥60,000.00	￥-1,202.28	￥-1,188.07	￥-1,173.97	￥-1,159.97
￥50,000.00	￥-1,001.90	￥-990.06	￥-978.31	￥-966.64
￥40,000.00	￥-801.52	￥-792.05	￥-782.65	￥-773.31

5.15　第 15 题

【操作要求】

在 Excel 中，打开文档 A5.XLS，按下列要求进行操作，操作完成后保存文档。

1. **创建图表**：按照【样文 5-15】选取 Sheet1 中适当的数据，在 Sheet1 中创建一个“堆积柱形图”图表。
2. **设定图表的格式**：按照【样文 5-15】将图表标题的字体设置为华文行楷，字号为 12 号，颜色为深蓝色，将图例中的字号设置为 9 号，将分类轴和数值轴的文字颜色设置为红色，字号为 9 号。
3. **修改图表中的数据**：按照【样文 5-15】将第一季度的“别克”销售量的数据标志改为 2800，并以常规、黄色、12 号的字体在图中相应位置显示出来，从而改变工作表中的数据。
4. **为图表添加外部数据**：将 Sheet2 中的“索塔纳”和“夏利”2003 年的销售量数据添加到 Sheet1 中的相应位置，并调整图表源数据，操作结果如【样文 5-15】所示。

【样文 5-15】

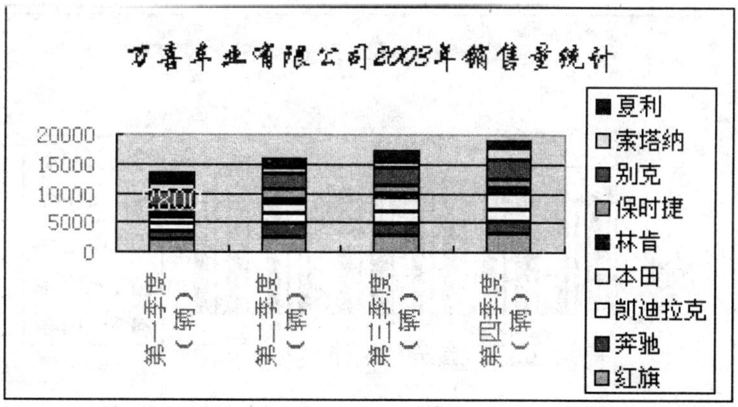

5.16 第 16 题

【操作要求】

在 Excel 中，打开文档 A5.XLS，按下列要求进行操作，操作完成后保存文档。

1. **创建图表**：按照【样文 5-16】选取 Sheet1 中适当的数据，在 Sheet1 中创建一个“簇状柱形图”图表。
2. **设定图表的格式**：按照【样文 5-16】将图表的标题的格式设置为楷体_GB2312，加粗，12 号，红色，将图例中的文字设置为隶书，12 号，梅红色，将绘图区的格式设置为“白色大理石”的填充效果，图表区的格式设置为黄色和浅绿色渐变填充的效果。
3. **修改图表中的数据**：按照【样文 5-16】将 2001 年南京降水量的数据标志改为 790，在图中相应位置显示出来，从而改变工作表中的数据。
4. **为图表添加外部数据**：将 Sheet2 中的 1998 年和 1999 年的降水量值添加到 Sheet1 中的相应位置，并调整图表源数据，操作结果如【样文 5-16】所示。

【样文 5-16】

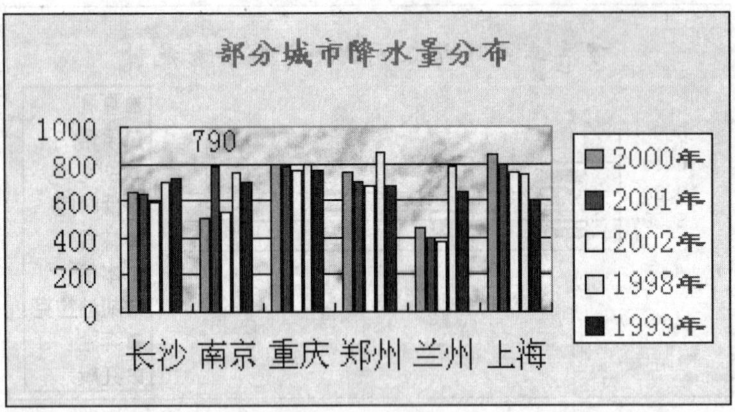

5.17　第 17 题

【操作要求】

在 Excel 中，打开文档 A5.XLS，按下列要求进行操作，操作完成后保存文档。

1. **创建图表**：按照【样文 5-17】选取 Sheet1 中适当的数据，在 Sheet1 中创建一个“簇状柱形图”图表。
2. **设定图表的格式**：按照【样文 5-17】将图表的标题格式设置为华文彩云，常规，16 号，天蓝色，将图例中的文字设置为隶书，9 号，深蓝色。
3. **修改图表中的数据**：按照【样文 5-17】将测绘局水费数据标志改为 3950，字体颜色为浅绿色，在图中相应位置显示出来，从而改变工作表中的数据。
4. **为图表添加外部数据**：将 Sheet2 中的“市教育局”的各项费用添加到 Sheet1 中的相应位置，并调整图表源数据，操作结果如【样文 5-17】所示。

【样文 5-17】

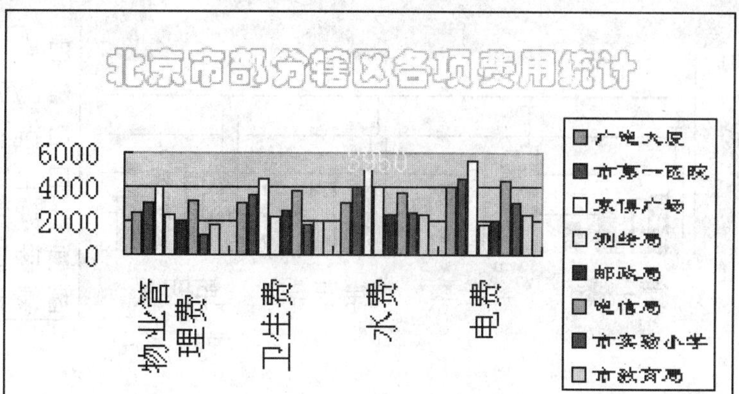

5.18　第 18 题

【操作要求】

在 Excel 中，打开文档 A5.XLS，按下列要求进行操作，操作完成后保存文档。

1．**创建图表**：按照【样文 5-18】选取 Sheet1 中的数据创建一个“簇状柱形图”图表。
2. **图表格式修订**：按照【样文 5-18】将图表的标题的格式设置为华文细黑，加粗，18 号，蓝色，将图表区格式设置为“银波荡漾”的过渡填充效果，将坐标轴格式设置为蓝色的细实线，将背景墙设置为“白色大理石”的纹理填充效果。
3．**添加误差线**：按照【样文 5-18】选定图表中“电视机”系列，为图表添加一条误差线，误差线以“正偏差”的方式显示，“定值”为 200。

【样文 5-18】

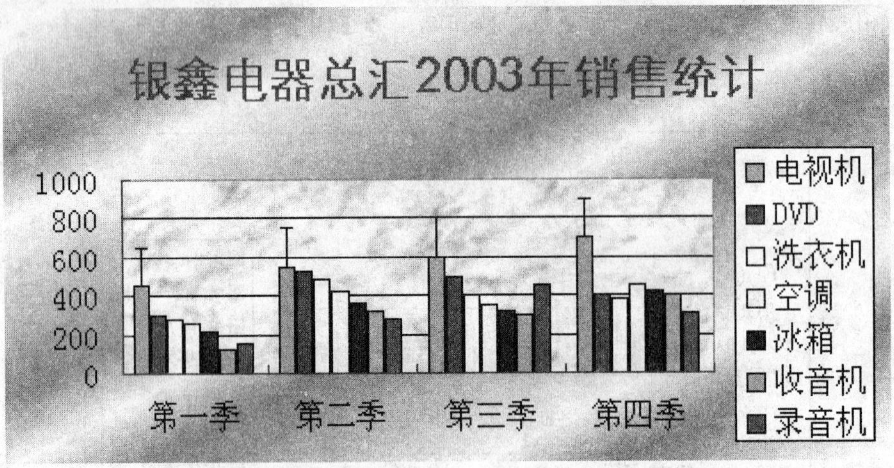

5.19　第 19 题

【操作要求】

在 Excel 中，打开文档 A5.XLS，按下列要求进行操作，操作完成后保存文档。

1. **创建图表**：按照【样文 5-19】选取 Sheet1 中的数据创建一个“簇状条形图”图表。
2. **图表格式修订**：按照【样文 5-19】将图表标题的格式的背景设置为“花束”纹理填充效果，将坐标轴的字体格式设置为黑体，10 号，红色，将图例的字体格式设置为楷体_GB2312，常规，10 号，褐色。
3. **添加误差线**：按照【样文 5-19】选定图表中“海尔空调”系列，为图表添加一条黄色的正负偏差“误差线”，“定值”为 100。

【样文 5-19】

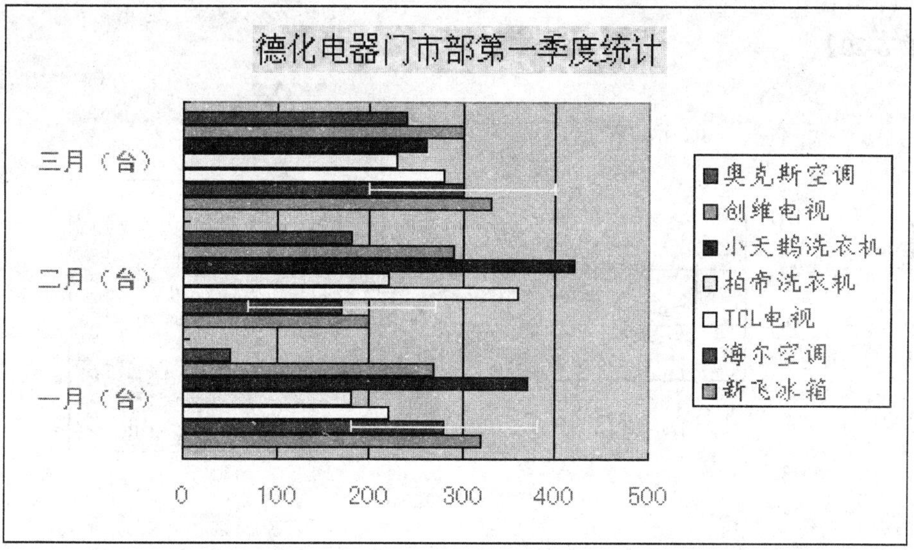

5.20 第 20 题

【操作要求】

在 Excel 中，打开文档 A5.XLS，按下列要求进行操作，操作完成后保存文档。

1. **创建图表**：按照【样文 5-20】选取 Sheet1 中的数据创建一个“折线图”图表。
2. **图表格式的修订**：按照【样文 5-20】将图表的标题格式设置为隶书，14 号，梅红色，将图表区的背景设置为“羊皮纸”纹理的填充效果，将图例的字号大小设置为 8 号，背景设置为“粉色砂纸”的纹理填充效果，将绘图区的背景设置为“再生纸”纹理的填充效果。
3. **添加误差线**：按照【样文 5-20】选定图表中“重工业”系列，为图表添加一条误差线，以“负偏差”的形式显示，“定值”为 20。

【样文 5-20】

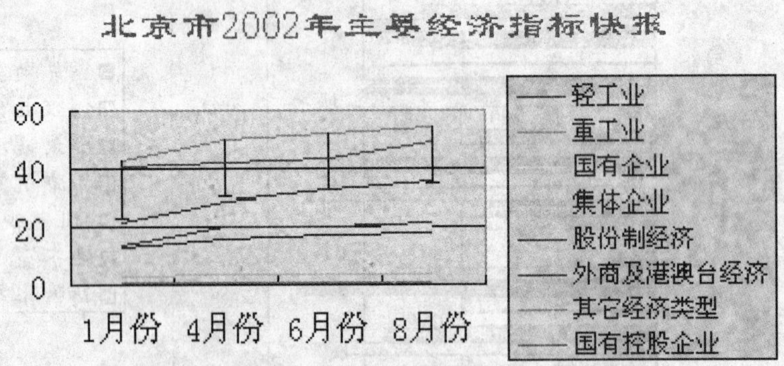

第六单元　演示文稿的制作

6.1　第1题

【操作要求】

在 PowerPoint 中打开 A6.PPT，按如下要求进行操作，操作完成后保存文档。

1．**设置页面格式：**

- 按【样文 6-1A】将第一张幻灯片中标题字体设置为华文行楷，加粗，红色，阴影。
- 按【样文 6-1B】，在第二张幻灯片中插入图片 C:\Win2004GJW\KSML3\KSWJ6-1A.JPG，按【样文 6-1C】在第三张幻灯片中插入图片 C:\Win2004GJW\KSML3\KSWJ6-1B.JPG。

2．**演示文稿插入设置：**在第一张幻灯片中插入声音文件 C:\Win2004GJW\KSML3\KSWJ6-1C.MID，循环播放。

3．**设置幻灯片放映：**

- 设置第一张幻灯片的切换效果为“从全黑淡出”，速度为“慢速”，换页方式为单击鼠标换页。
- 设置第二张幻灯片的切换效果为“溶解”，速度为“中速”，换页方式为单击鼠标换页。
- 设置第三张幻灯片的切换效果为“向左擦除”，速度为“中速”，换页方式为单击鼠标换页，声音为“疾驰”。
- 设置第二张和第三张幻灯片中图片的动画效果为水平百叶窗，声音为“风铃”，单击鼠标启动动画。

【样文 6-1A】

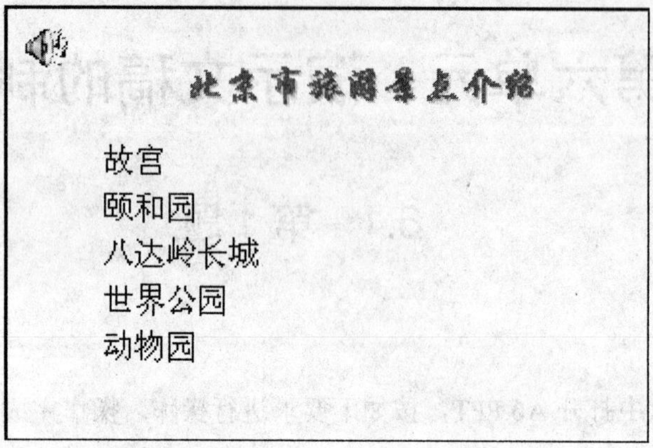

【样文 6-1B】

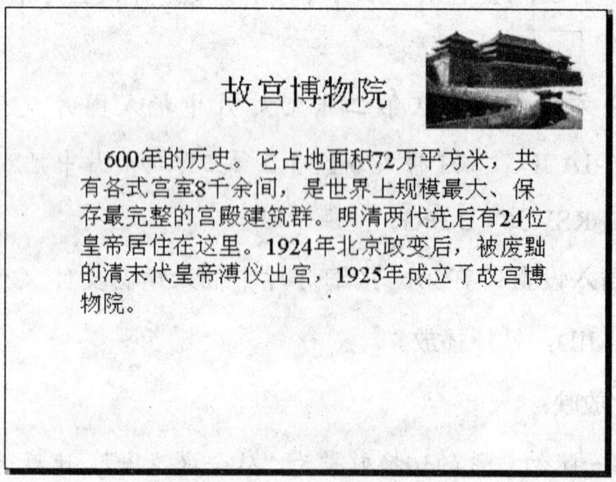

【样文 6-1C】

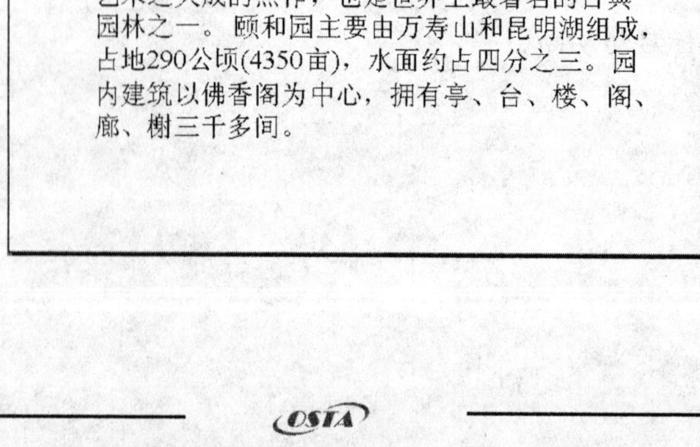

6.2　第2题

【操作要求】

在 PowerPoint 中打开 A6.PPT，按如下要求进行操作，操作完成后保存文档。

1．**设置页面格式：**

- 按【样文 6-2A】将第一张幻灯片中将标题文本“礼仪培训”设置为华文中宋，60，深蓝色。
- 按【样文 6-2B】在第二张幻灯片中插入动作按钮，“第一张”动作按钮连接到第一张幻灯片，“前进或下一项”动作按钮连接到下一张幻灯片。
- 按【样文 6-2C】在第四张幻灯片中插入图片 C:\Win2004GJW\KSML3\KSWJ6-2A.JPG。
- 按【样文 6-2D】，在第五张幻灯片中插入图片 C:\Win2004GJW\KSML3\KSWJ6-2B.JPG。

2．**演示文稿插入设置：**在第一张幻灯片中插入声音文件 C:\Win2004GJW\KSML3\KSWJ6-2C.MID，循环播放。

3．**设置幻灯片放映：**

- 设置全部幻灯片切换效果为“盒状展开”、速度为“慢速”，换页方式为单击鼠标换页。
- 设置第四张和第五张幻灯片中图片的动画效果为向下棋盘式，声音为“风铃”，单击鼠标启动动画效果。

【样文 6-2A】

【样文 6-2B】

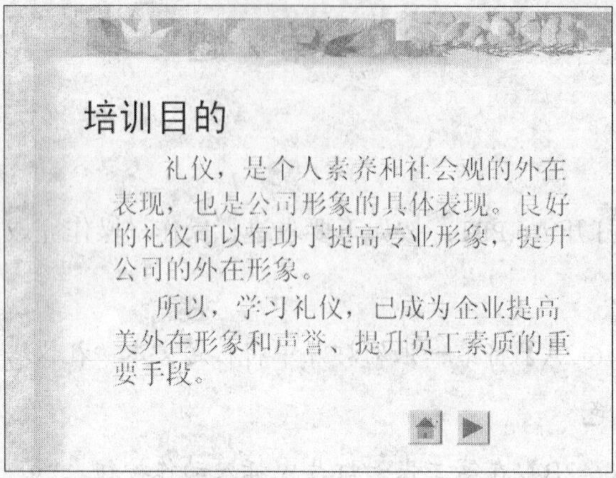

【样文 6-2C】

【样文 6-2D】

6.3　第3题

【操作要求】

在 PowerPoint 中打开 A6.PPT，按如下要求进行操作，操作完成后保存文档。

1. **设置文档编排格式**：按【样文 6-3A】在第一张幻灯片的标题下面添加文本“总经理：天南”，并设置字体为隶书，字号为 48。

2. **设置演示文稿页面格式**:
   - 将幻灯片背景全部用图片 C:\Win2004GJW\KSML3\KSWJ6-3A.JPG 填充。
   - 按【样文 6-3B】在第二张幻灯片中插入相应的动作按钮，分别链接到上一张和下一张幻灯片。

3. **演示文稿插入设置**：在第一张幻灯片中插入声音文件 C:\Win2004GJW\KSML3\KSWJ6-3B.MID，循环播放。

4. **设置幻灯片放映**:
   - 设置第一张幻灯片的切换效果为“阶梯状向左下展开”，速度为“慢速”，换页方式为单击鼠标换页，声音为“鼓掌”。
   - 设置第二张和第三张幻灯片的切换效果为“阶梯状向右上展开”，速度为“慢速”，换页方式为单击鼠标换页。
   - 设置第一张幻灯片中标题文本的动画效果为自底部缓慢进入，声音为“打字机”，单击鼠标启动动画。
   - 设置第二张和第三张幻灯片标题占位符中的文本为自左侧飞入的效果，声音为“打字机”，单击鼠标启动动画。

【样文 6-3A】

红日名人学生用品公司
总经理：天南
公司简介
RISE
主营业务

【样文 6-3B】

公司简介
• 红日名人学生用品公司专门生产各种学生用品。产品远销日本、欧洲、美国等国家和地区。我们厂拥有先进的设备、标准的生产车间、大量的技术人才，使用流水线生产、严格的管理、完善的质量检测，赢得客户的一致好评。采用三个第一的商业目的：质量第一、客户第一、声誉第一，欢迎海内外客户厂参观，洽谈业务！

6.4　第 4 题

【操作要求】

在 PowerPoint 中打开 A6.PPT，按如下要求进行操作，操作完成后保存文档。

1．设置演示文稿页面格式：

- 按【样文 6-4A】将第一张幻灯片的标题字体设置为华文行楷，60 磅，红色。
- 在第一张幻灯片中添加艺术字副标题，设置艺术字的字体为楷体_GB2312，字号为 40，形状为“波形 1”，填充颜色为深蓝色，线条颜色为红色。
- 将所有幻灯片的页脚设置为“汪洋工作室”。

2. 演示文稿的插入设置：

- 按【样文 6-4B】在第四张幻灯片中插入组织结构图，并输入相应数据。
- 按【样文 6-4C】在第二张幻灯片中插入链接第一张和下一张幻灯片的动作按钮。

3．设置幻灯片放映：

- 设置全部幻灯片切换效果为“盒状展开”，速度为“慢速”，声音为“鼓声”，换页方式为单击鼠标换页。
- 设置第一张幻灯片中标题文本的动画效果为“回旋”，按字母发送，声音为“打字机”，单击鼠标启动动画效果。
- 设置第二张幻灯片中标题和正文文本的动画效果为自左侧飞入，按字发送，声音为“打字机”，在前一事件后 1 秒启动动画效果。

【样文 6-4A】

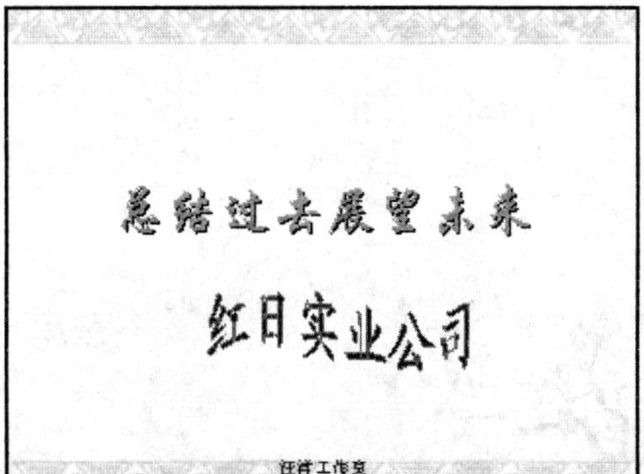

【样文 6-4B】

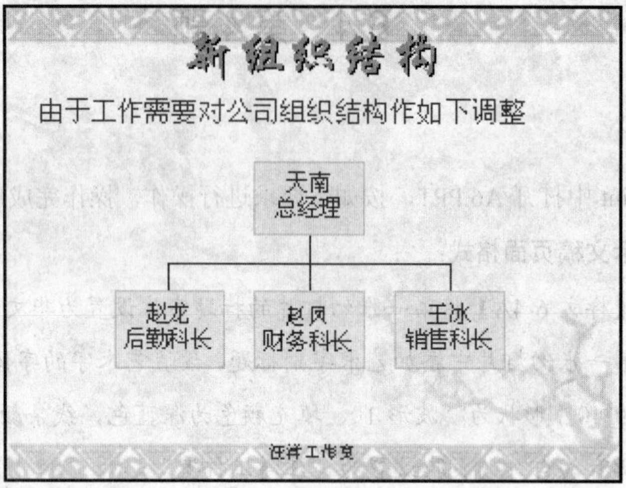
新组织结构
由于工作需要对公司组织结构作如下调整
天南
总经理
赵龙
后勤科长
赵凤
财务科长
王冰
销售科长
汪洋工作室

【样文 6-4C】

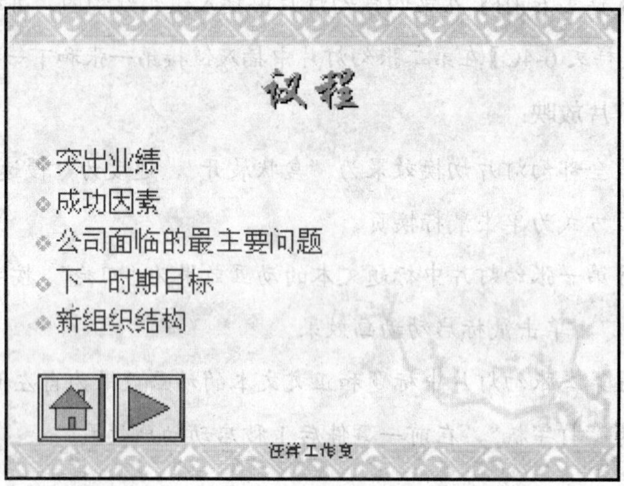
议程
突出业绩
成功因素
公司面临的最主要问题
下一时期目标
新组织结构
汪洋工作室

6.5　第5题

【操作要求】

在 PowerPoint 中打开 A6.PPT，按如下要求进行操作，操作完成后保存文档。

1．**设置演示文稿的编排格式**：将所有幻灯片的背景填充为图片 C:\Win2004GJW\KSML3\KSWJ6-5.JPG。

2. **演示文稿的插入设置**：

- 按【样文 6-5A】在第一张幻灯片的下方插入一张摘要幻灯片。
- 将第二张幻灯片中的内容与下面的幻灯片建立超链接。

3．**设置演示文稿的页面格式**：

- 按【样文 6-5B】将第一张幻灯片的标题字体设置为华文彩云，60，加粗，红色。
- 将第一张幻灯片中的副标题字体设置为华文行楷，36，红色。
- 按【样文 6-5C】将第二、第三、第四张幻灯片中的字体颜色均设置为深蓝色（RGB：0，0，128）（第二张幻灯片中两行链接文字除外）。

【样文 6-5A】

【样文 6-5B】

家居装修常识
让你的家庭更温馨

【样文 6-5C】

家居装修的文化
居室装饰，既要美观大方，又要合
身适宜。在家居装饰中，四墙的文化装饰
尤为重要，所挂字画、壁艺品要力求档次
高些，宁缺勿滥。墙上的文化艺术品还可
代潮流。

6.6　第6题

【操作要求】

在 PowerPoint 中打开 A6.PPT，按如下要求进行操作，操作完成后保存文档。

1．**设置演示文稿的编排格式**：将所有幻灯片的背景填充为图片 C:\Win2004GJW\KSML3\KSWJ6-6.JPG。

2．**演示文稿的插入设置**：

- 按【样文 6-6A】在第二张幻灯片中插入链接第一张和下一张幻灯片的动作按钮。
- 按【样文 6-6B】在第三张幻灯片中插入链接上一张和下一张幻灯片的动作按钮。

3．**设置演示文稿的页面格式**：

- 按【样文 6-6C】将第一张幻灯片的标题字体设置为隶书，48，加粗，深紫色（RGB：153，0，153）。
- 将第一张幻灯片中的副标题字体设置为宋体，32，深紫色（RGB：153，0，153）。

4．**设置幻灯片放映**：

- 设置全部幻灯片切换效果为“随机”，速度为“慢速”，声音为“鼓掌”，换页方式为单击鼠标换页。
- 将第二张幻灯片标题设置为自底部飞入的动画效果，声音为“打字机”，在前一事件后 1 秒启动动画。
- 将第三张幻灯片标题设置为十字形扩展的动画效果，声音为“风铃”，在前一事件后 1 秒启动动画。
- 将第四张幻灯片标题和正文设置为螺旋飞入的动画效果，声音为“鼓声”，在前一事件后 1 秒启动动画。

【样文 6-6A】

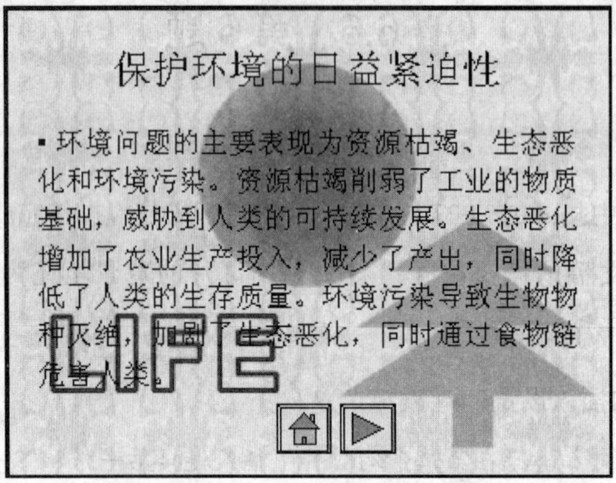

【样文 6-6B】

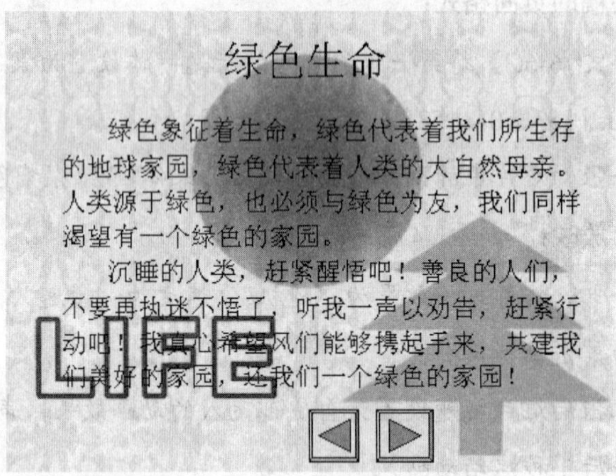

【样文 6-6C】

6.7　第 7 题

【操作要求】

在 PowerPoint 中打开 A6.PPT，按如下要求进行操作，操作完成后保存文档。

1．**设置演示文稿的页面格式**：将第一张幻灯片标题的字体设置为华文行楷，字号为 72，字体颜色为蓝色。

2．**设置文档编排格式**：

- 按【样文 6-7A】设置第二张幻灯片文本对象中段落的项目符号。
- 在第二张幻灯片中插入图片 C:\Win2004GJW\KSML3\KSWJ6-7A.JPG。
- 将第二张幻灯片文本占位符中的文本与相应的幻灯片建立超链接。

3．**演示文稿的插入设置**：

- 按【样文 6-7B】在第一张幻灯片中插入声音文件 C:\Win2004GJW\KSML3\KSWJ6-7B.MID，循环播放。
- 按【样文 6-7C】在第四张幻灯片中插入表格并填入相应内容。

4．**设置幻灯片放映**：

- 设置全部幻灯片切换效果为“向左擦除”，速度为“慢速”，声音为“鼓掌”，换页方式为单击鼠标换页。
- 将第一张幻灯片的标题动画效果设置为自右侧飞入，声音为“打字机”，按字母发送，单击鼠标启动动画。
- 设置第二张幻灯片中图片的动画效果为从左侧缓慢进入，声音为“风铃”，单击鼠标启动动画。

【样文 6-7A】

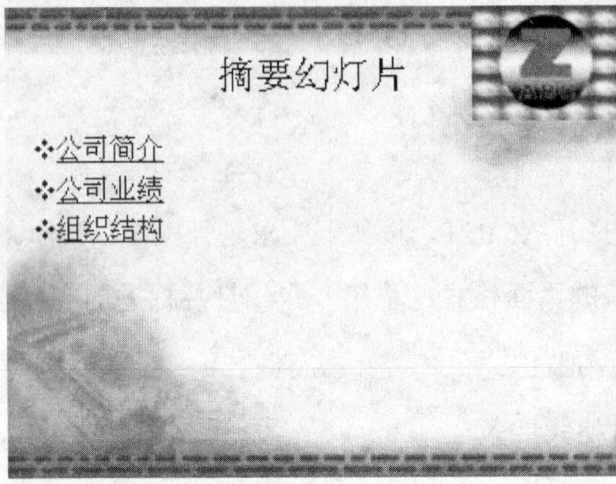

【样文 6-7B】

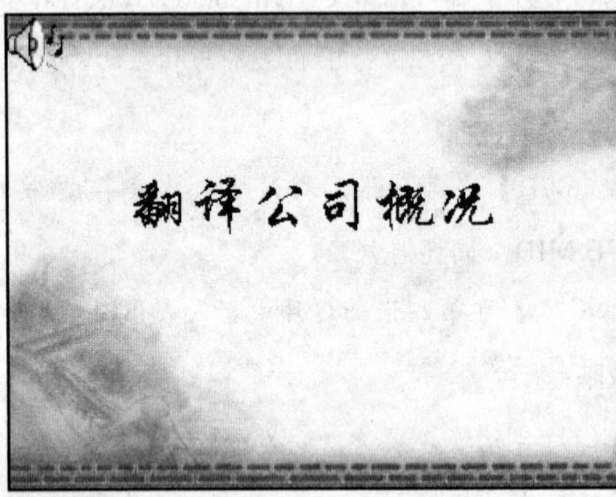

【样文 6-7C】

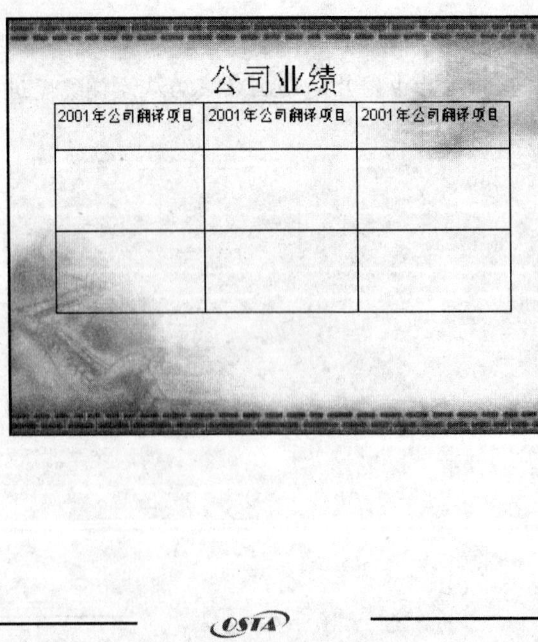

6.8　第8题

【操作要求】

在 PowerPoint 中打开 A6.PPT，按如下要求进行操作，操作完成后保存文档。

1．设置文档编排格式：

- 按【样文 6-8A】将第一张幻灯片标题的字体设置为隶书，字号为 80，字体颜色为红色。
- 按【样文 6-8A】将第一张幻灯片中副标题的字体颜色设置为黄色。

2．设置演示文稿的页面格式：

- 按【样文 6-8B】在第五张幻灯片中插入图片 C:\Win2004GJW\KSML3\KSWJ6-8A.JPG。
- 按【样文 6-8C】设置第三张幻灯片对象占位符中段落的项目符号。

3．演示文稿的插入设置：

- 按【样文 6-8A】在第一张幻灯片中插入声音文件 C:\Win2004GJW\KSML3\KSWJ6-8B.MID，循环播放。
- 按【样文 6-8C】在第三张幻灯片中插入链接上一张幻灯片和下一张幻灯片的动作按钮。

4．设置幻灯片放映：

- 设置所有幻灯片的切换效果为“左右向中部收缩”，速度为“慢速”，声音为“鼓掌”，循环播放到下一声音开始时，单击鼠标换页。
- 将第一张幻灯片的标题动画效果设置为“闪烁”，速度为“慢速”，声音为“鼓掌”，按字母发送，单击鼠标启动动画效果。
- 将第三、第四和第五张幻灯片文本占位符中的文本的动画效果设置为“溶解”，声音为“打字机”，单击鼠标启动动画效果。

【样文 6-8A】

【样文 6-8B】

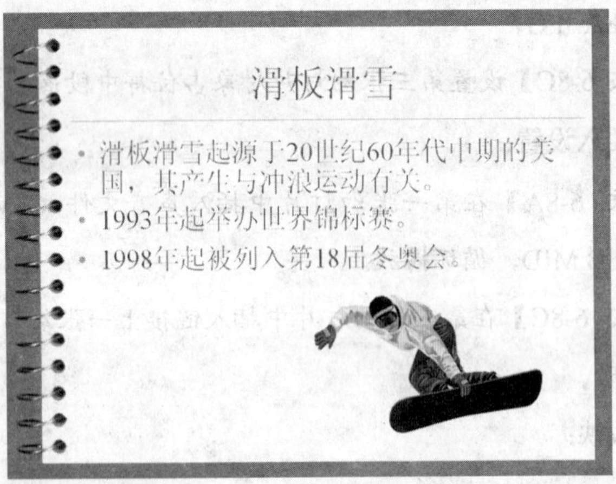

【样文 6-8C】

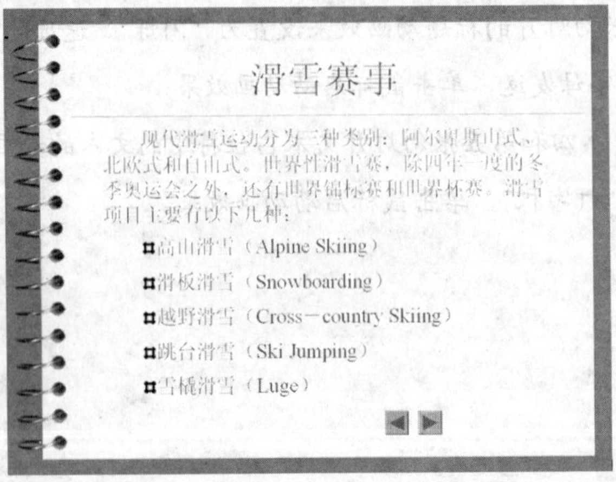

6.9　第 9 题

【操作要求】

在 PowerPoint 中打开 A6.PPT，按如下要求进行操作，操作完成后保存文档。

1. 设置演示文稿页面格式：

- 按【样文 6-9A】将第一张幻灯片中的标题字体设置为华文行楷，字号为 60，字体颜色为天蓝色。
- 将副标题的字体颜色设置为天蓝色。

2. 设置文档的编排格式：

- 按【样文 6-9B】将第二张幻灯片文本占位符中的前四项内容与相应的幻灯片建立超链接。
- 按【样文 6-9C】设置第五张幻灯片对象占位符中段落的项目符号。

3. 设置幻灯片放映：

- 设置所有幻灯片的切换效果为“随机水平线条”，速度为“慢速”，声音为“爆炸”，单击鼠标换页。
- 将第一张幻灯片的标题文本的动画效果设置为自左侧飞入，声音为“打字机”，按字母发送，单击鼠标启动动画效果。
- 将第二、第三、第四、第五和第六张幻灯片的标题文本的动画效果设置为“出现”，声音为“风铃”，按字母发送，单击鼠标启动动画效果。

【样文 6-9A】

【样文 6-9B】

【样文 6-9C】

6.10　第 10 题

【操作要求】

在 PowerPoint 中打开 A6.PPT，按如下要求进行操作，操作完成后保存文档。

1. **设置文档的编排格式：**

- 设置第二张幻灯片中文本占位符中的项目符号➢大小为文本的 140%。
- 将第二张幻灯片的标题字体设置为华文行楷，字号为 54，居中对齐格式。

2. **设置演示文稿页面格式：**

- 按【样文 6-10A】将第一张幻灯片标题修改成艺术字的效果，字体为华文行楷，字号为 48，形状为“右牛角形”，填充“彩虹出岫”的过渡效果，线条颜色为黄色。
- 将第一张幻灯片中副标题的字体设置为华文行楷，字号为 40，字形加粗、倾斜，字体颜色为淡紫色。

3. **演示文稿的插入设置：**

- 按【样文 6-10B】将第二张幻灯片中的文本与相应的幻灯片建立超链接。
- 在第一张幻灯片中插入声音文件 C:\Win2004GJW\KSML3\KSWJ6-10.MID，循环播放。

4. **设置对象格式：**按【样文 6-10C】将第五张幻灯片中的坐标轴设置为黄色的 3 磅粗实线。

【样文 6-10A】

【样文 6-10B】

【样文 6-10C】

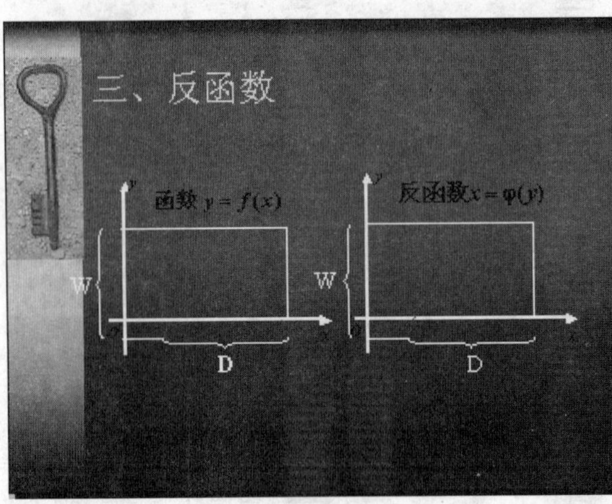

6.11 第11题

【操作要求】

在 PowerPoint 中打开 A6.PPT，按如下要求进行操作，操作完成后保存文档。

1. **设置文档的编排格式：**

- 按【样文 6-11A】在标题母版中添加页脚“KSWJ6-11”。
- 将标题的字体设置为华文行楷，字号为 72，字体颜色为浅绿色。

2. **设置演示文稿页面格式：**

- 按【样文 6-11B】设置第二张幻灯片中文本占位符中段落的项目符号❖的大小为文本的 115%。
- 在第二张幻灯片中插入链接到第一张幻灯片和下一张幻灯片的动作按钮。
- 将剩余幻灯片中带有项目符号的项均设置为与第二张幻灯片的项目符号样式相同。
- 在第三、第四、第五和第六张幻灯片中插入链接到上一张幻灯片和下一张幻灯片的动作按钮。

3. **演示文稿的插入设置：**按【样文 6-11C】在第三张幻灯片中插入声音文件 C:\Win2004GJW\KSML3\KSWJ6-11.MID，循环播放。

【样文 6-11A】

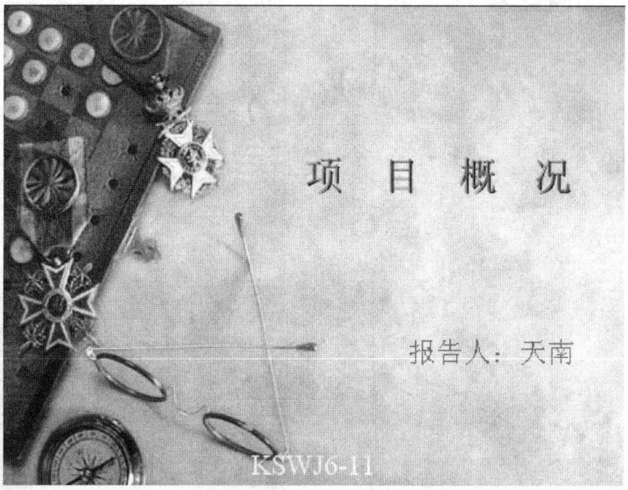

【样文 6-11B】

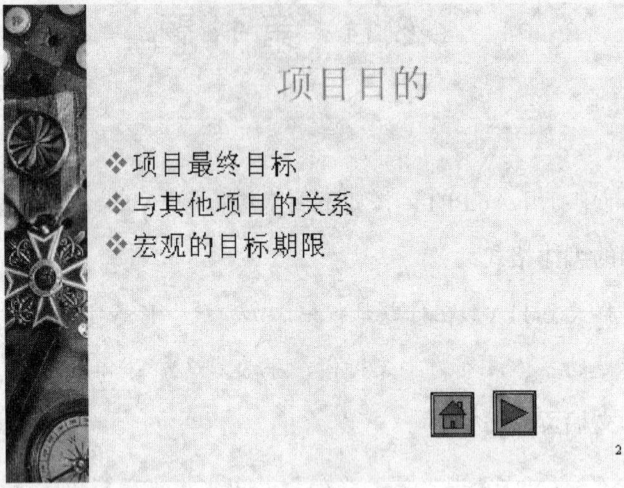

【样文 6-11C】

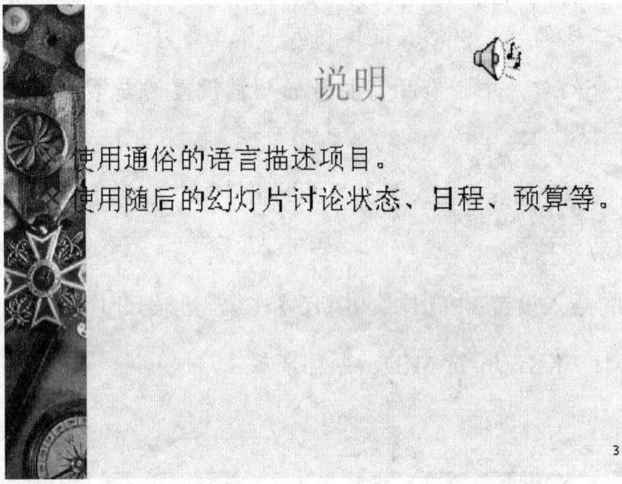

6.12　第 12 题

【操作要求】

在 PowerPoint 中打开 A6.PPT，按如下要求进行操作，操作完成后保存文档。

1. 设置演示文稿页面格式：

- 按【样文 6-12A】将第一张幻灯片的背景填充为图片 C:\Win2004GJW\KSML3\KSWJ6-12A.GIF。
- 将第一张幻灯片中的标题字体设置为 Monotype Corsiva，字号为 72。
- 为所有幻灯片添加页脚“天南工作室”，字体为华文行楷，字号为 24，字体颜色为海绿色。

2. 演示文稿的插入设置：

- 在第一张幻灯片中插入声音文件 C:\Win2004GJW\KSML3\KSWJ6-12B.MID，循环播放。
- 按【样文 6-12B】，在第二张幻灯片中插入图片 C:\Win2004GJW\KSML3\KSWJ6-12C.GIF。
- 按【样文 6-12C】，在第三张幻灯片中插入图片 C:\Win2004GJW\KSML3\KSWJ6-12D.GIF，并将图片置于最底层。

3. 设置幻灯片放映：

- 设置所有幻灯片的切换效果为“水平百叶窗”，速度为“慢速”，声音为“风铃”，单击鼠标换页。
- 将第一张幻灯片的标题文本的动画效果设置为自顶部飞入，声音为“打字机”，按字母发送，单击鼠标启动动画。
- 将第二张和第三张幻灯片中插入的图片的动画效果设置为自左侧缓慢进入，声音为“风铃”，单击鼠标启动动画。
- 将所有幻灯片文本占位符中的文本的动画效果设置为“闪烁”，速度为“慢速”，声音为“打字机”，整批发送，单击鼠标启动动画。

【样文 6-12A】

【样文 6-12B】

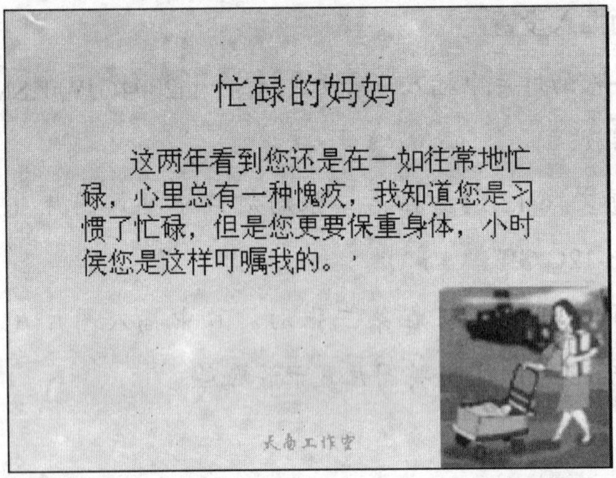

【样文 6-12C】

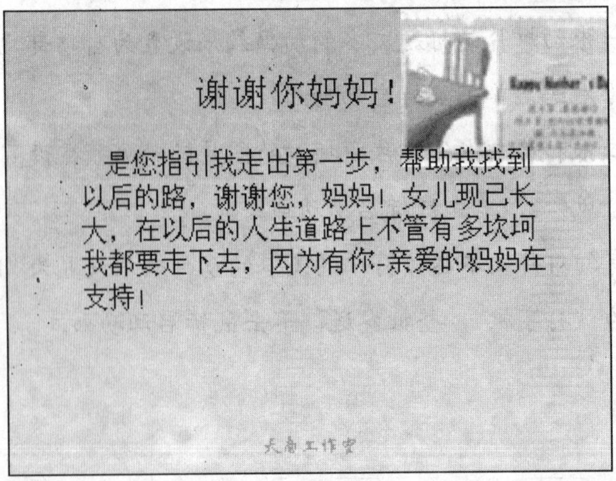

6.13　第 13 题

【操作要求】

在 PowerPoint 中打开 A6.PPT，按如下要求进行操作，操作完成后保存文档。

1．**设置文档的编排格式**：按【样文 6-13A】设置第一张幻灯片文本占位符中内容的项目符号❑，大小为文本的 130%，颜色为桔黄色。

2．**设置对象格式**：

- 按【样文 6-13B】设置第三张幻灯片表格的外边框线为 3 磅的梅红色实线，内边框线为 3 磅的深蓝色虚线。
- 按【样文 6-13C】将第四张幻灯片图表边框线设置为 5.13 磅的红色。

3．**设置幻灯片放映**：

- 设置所有幻灯片的切换效果为“随机水平线条”，速度为“慢速”，声音为“爆炸”，单击鼠标换页。
- 将所有幻灯片标题的动画效果设置为自左侧飞入，按字母发送，声音为“打字机”，单击鼠标启动动画。
- 将第五张幻灯片中的组织结构图的动画效果设置为自右下部飞入，声音为“鼓掌”，单击鼠标启动动画。

【样文 6-13A】

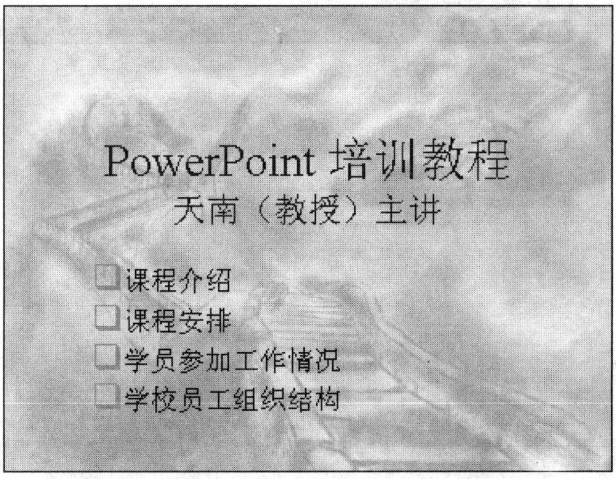

【样文 6-13B】

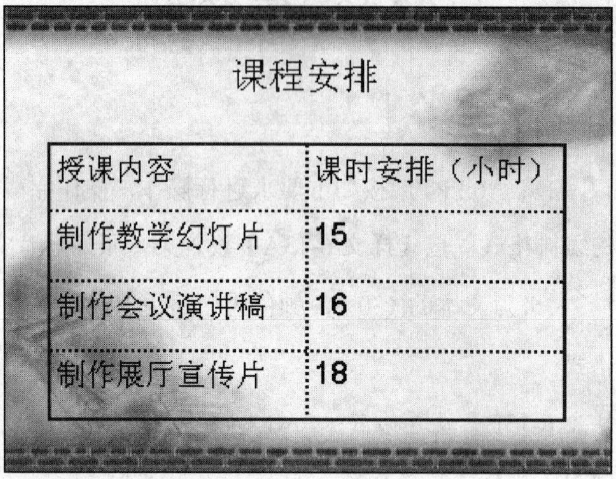

【样文 6-13C】

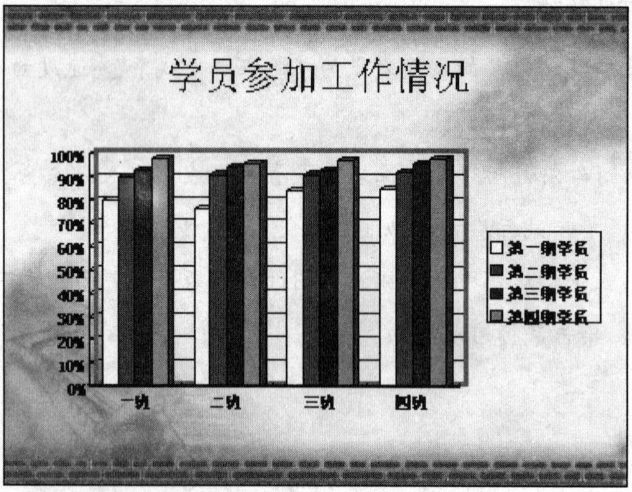

6.14　第 14 题

【操作要求】

在 PowerPoint 中打开 A6.PPT，按如下要求进行操作，操作完成后保存文档。

1. 设置演示文稿页面格式：

- 按【样文 6-14A】设置标题母版中“自动版式的标题区”的样式为华文行楷，60 号，红色，阴影。
- 在幻灯片母版中使用“配色方案”，将整个演示文稿的“标题文本”颜色设置为深蓝色（RGB：0，0，128）。

2. 演示文稿的插入设置：

- 将所有幻灯片的背景填充为图片 C:\Win2004GJW\KSML3\KSWJ6-14A.JPG。
- 按【样文 6-14B】在第二张幻灯片中插入声音文件 C:\Win2004GJW\KSML3\KSWJ6-14B.MID，循环播放。
- 按【样文 6-14C】在第三张幻灯片中插入链接上一张和下一张的动作按钮。

3. 设置幻灯片放映：

- 设置第一张幻灯片切换效果为“盒状展开”，速度为“慢速”，声音为“鼓掌”，换页方式为单击鼠标换页。
- 设置第二、第三和第四张幻灯片切换效果为“横向棋盘式”，速度为“慢速”，声音为“风铃”，换页方式为单击鼠标换页。
- 设置第一张幻灯片中标题文本的动画效果为“闪烁”，速度为“慢速”，按字发送，声音为“风铃”，单击鼠标启动动画效果。

【样文 6-14A】

【样文 6-14B】

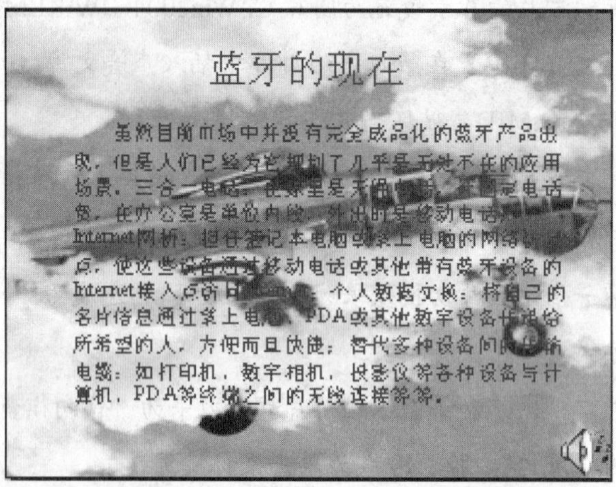

【样文 6-14C】

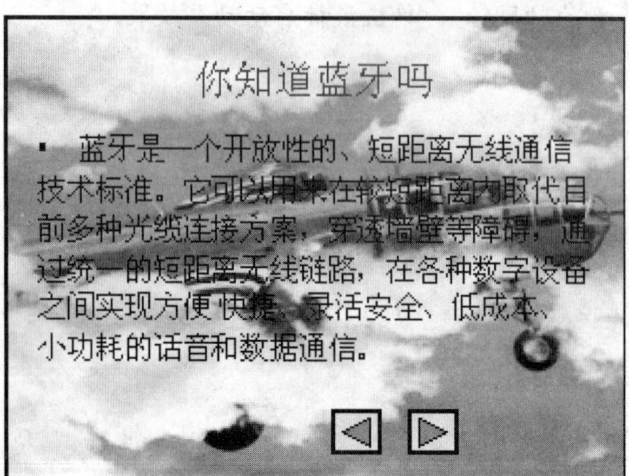

6.15　第 15 题

【操作要求】

在 PowerPoint 中打开 A6.PPT，按如下要求进行操作，操作完成后保存文档。

1．**设置文档的编排格式：**

- 按【样文 6-15A】设置第一张幻灯片的标题字体为华文新魏，字号为 60，深蓝色（RGB：0，0，128），带阴影效果。
- 在幻灯片母版中使用“配色方案”，将整个演示文稿的“标题文本”的样式设置为华文行楷，红色。
- 按【样文 6-15B】设置第五张幻灯片文本占位符中段落的编号。

2．**演示文稿的插入设置：**按【样文 6-15C】在第四张幻灯片中插入声音文件 C:\Win2004GJW\KSML3\KSWJ6-15.MID，循环播放。

3．**设置幻灯片放映：**

- 设置全部幻灯片的切换效果为“随机”，速度为“慢速”，声音为“疾驰”，换页方式为单击鼠标换页。
- 将全部幻灯片的标题文本设置为自左侧飞入的动画效果，声音为“打字机”，单击鼠标启动动画效果。
- 将第二、第三、第四和第六张幻灯片文本占位符中的文本设置为“溶解”的动画效果，声音为“风铃”，单击鼠标启动动画效果。

【样文 6-15A】

【样文 6-15B】

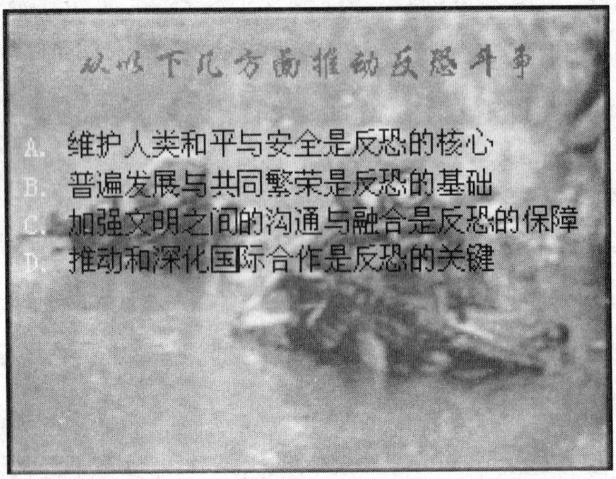

【样文 6-15C】

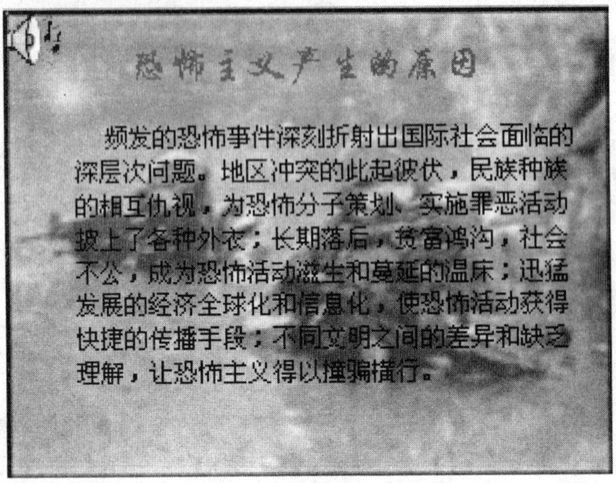

6.16　第 16 题

【操作要求】

在 PowerPoint 中打开 A6.PPT，按如下要求进行操作，操作完成后保存文档。

1. 设置演示文稿页面格式：

- 按【样文 6-16A】，在第一张幻灯片中插入图片 C:\Win2004GJW\KSML3\KSWJ6-16.WMF。
- 将幻灯片中除标题外的文本分别与对应的幻灯片建立超链接。

2. 设置演示文稿对象格式：

- 按【样文 6-16B】设置第五张幻灯片图表标题为华文行楷，加粗，48，红色。
- 按【样文 6-16C】设置第六张幻灯片的项目符号和编号。

3. 设置幻灯片放映：

- 设置所有幻灯片的切换效果为“水平百叶窗”，速度为“慢速”，声音为“风铃”，单击鼠标换页。
- 将第一张幻灯片的标题文本的动画效果设置为自顶部飞入，声音为“打字机”，整批发送，单击鼠标启动动画效果。
- 将第一张幻灯片中插入的图片的动画效果设置为自左侧缓慢进入，声音为“风铃”，单击鼠标启动动画效果。

【样文 6-16A】

【样文 6-16B】

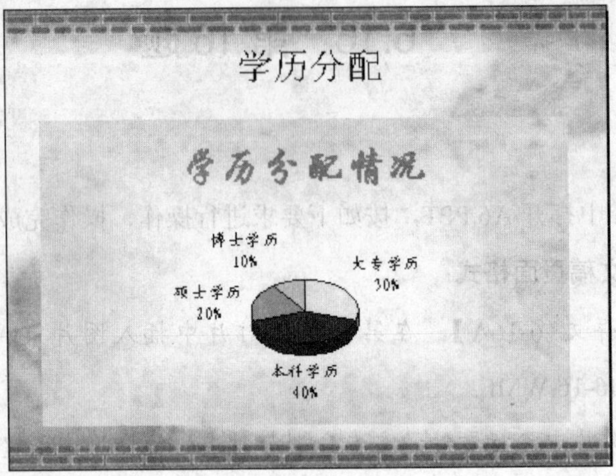

【样文 6-16C】

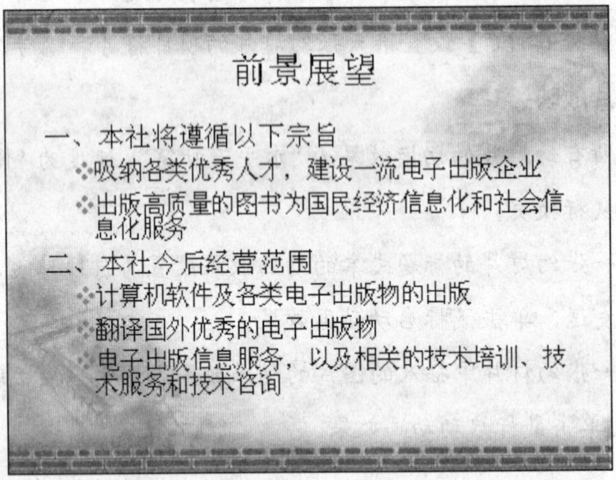

6.17　第17题

【操作要求】

在 PowerPoint 中打开 A6.PPT，按如下要求进行操作，操作完成后保存文档。

1. 设置演示文稿页面格式：

- 按【样文 6-17A】将第一张幻灯片中的标题样式设置为黑体，加粗，字号为 72，草绿色。
- 按【样文 6-17B】在幻灯片母版中使用“配色方案”，将整个演示文稿的标题文本样式设置为华文行楷，字号为 44，玫瑰红色。

2. 演示文稿的插入设置：

- 在第一张幻灯片中插入声音文件 C:\Win2004GJW\KSML3\KSWJ6-17.MID，循环播放。
- 按【样文 6-17C】在第四张幻灯片后插入一张内容为“谢谢观看”的新幻灯片。

3. 设置幻灯片放映：

- 设置所有幻灯片的切换效果为“垂直百叶窗”，速度为“慢速”，声音为“照像机”，单击鼠标换页。
- 设置第一张幻灯片标题的动画效果为“出现”，按字母发送，单击鼠标启动动画效果。
- 设置“黄山四绝”和“黄山四季”标题的动画效果为自右侧飞入，整批发送，单击鼠标启动动画效果。
- 分别设置“黄山四绝”幻灯片和“黄山四季”幻灯片中四张图片的动画效果为螺旋，单击鼠标启动动画效果。

【样文 6-17A】

【样文 6-17B】

【样文 6-17C】

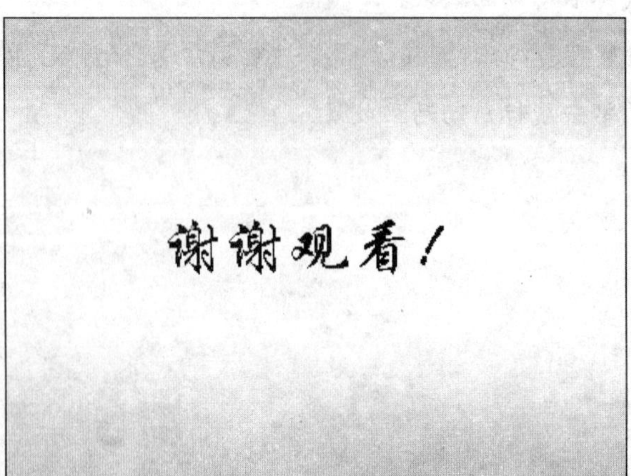

6.18　第 18 题

【操作要求】

在 PowerPoint 中打开 A6.PPT，按如下要求进行操作，操作完成后保存文档。

1. **设置演示文稿页面格式：**
   - 将第一张幻灯片中的标题字体设置为黑体，字号为 48，黄色。
   - 按【样文 6-18A】在第一张幻灯片中插入批注“制作人: 天南 2004 年 9 月 18 日”。
2. **设置文档的编排格式：**在幻灯片母版中使用配色方案将整个演示文稿的标题样式设置为华文行楷，字号为 44，桔黄色。
3. **演示文稿的插入设置：**
   - 按【样文 6-18B】在第二张幻灯片中插入声音文件 C:\Win2004GJW\KSML3\KSWJ6-18.MID，循环播放。
   - 按【样文 6-18C】在第三张幻灯片中插入链接到上一张和下一张的动作按钮。
4. **设置幻灯片放映：**
   - 设置所有幻灯片的切换效果为“随机”，速度为“慢速”，声音为“风铃”，单击鼠标换页。
   - 设置所有幻灯片的标题动画效果为自左侧飞入，整批发送，声音为“疾驰”，单击鼠标启动动画效果。

【样文 6-18A】

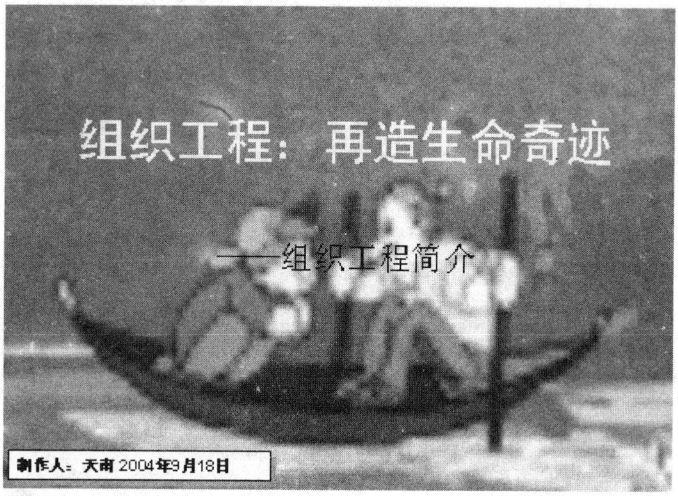

【样文 6-18B】

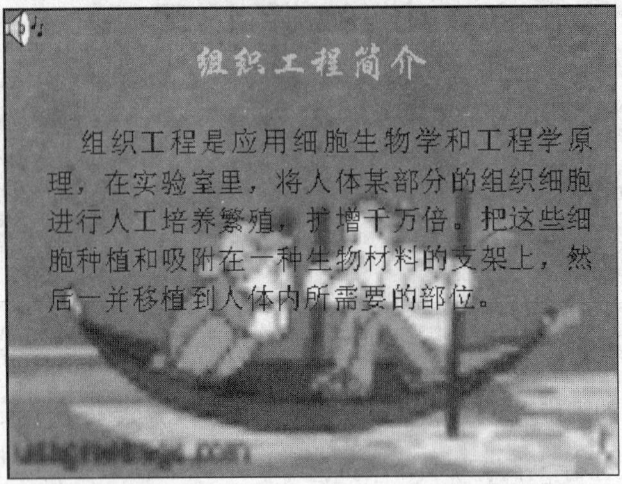

【样文 6-18C】

6.19　第 19 题

【操作要求】

在 PowerPoint 中打开 A6.PPT，按如下要求进行操作，操作完成后保存文档。

1．**设置演示文稿页面格式：**

- 将所有幻灯片应用设计模板 C:\Win2004GJW\KSML3\Profile.Pot。
- 在幻灯片母版中修改整个演示文稿中的文本和线条颜色为红色。

2．**设置文档的编排格式：**

- 按【样文 6-19A】设置第二张幻灯片文本占位符中段落的项目符号为  。
- 将第二张幻灯片文本占位符中的文本与相应的幻灯片建立超链接。
- 按【样文 6-19B】在标题幻灯片中设置页脚，选择日期和时间自动更新，页脚文字为“211 工程 6-19”。

3．**演示文稿的插入设置：**按【样文 6-19C】在第六张幻灯片中插入图片 C:\Win2004GJW\KSML3\KSWJ6-19.JPG，置于文字底层。

4．**设置幻灯片放映：**

- 设置所有幻灯片的切换效果为“溶解”，速度为“慢速”，声音为“风铃”，单击鼠标换页。
- 将第一张幻灯片的标题的动画效果设置为自右侧飞入，声音为“打字机”，按字母发送，单击鼠标启动动画效果。
- 设置第六张幻灯片中图片的动画效果为自左侧缓慢进入，声音为“风铃”。

【样文 6-19A】

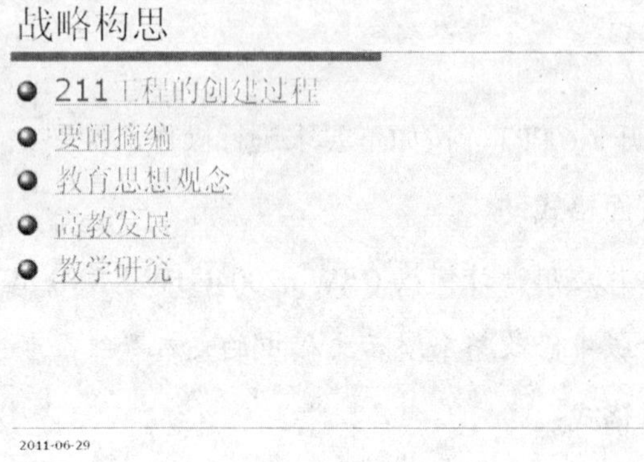

【样文 6-19B】

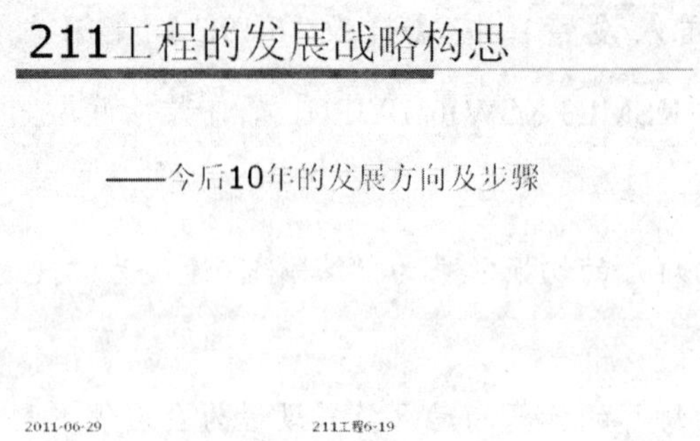

【样文 6-19C】

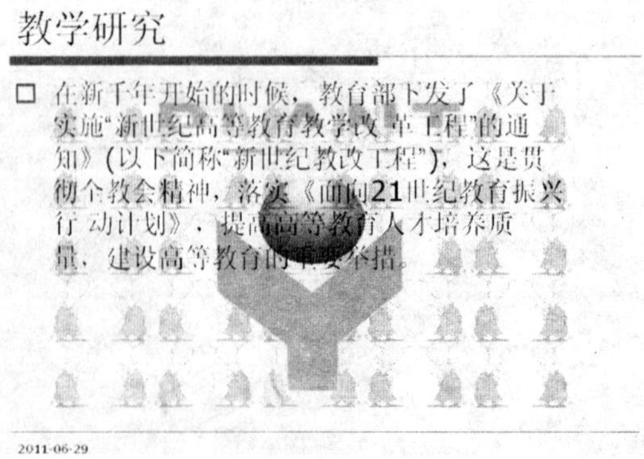

6.20　第 20 题

【操作要求】

在 PowerPoint 中打开 A6.PPT，按如下要求进行操作，操作完成后保存文档。

1. **设置演示文稿页面格式：**
   - 在幻灯片母版中使用配色方案，将整个演示文稿的标题文本的颜色设置为深蓝色（RGB：0，0，128）。
   - 按【样文 6-20A】将第二张幻灯片中文本占位符中的文本设置为华文行楷，字号为 40，红色。
2. **设置文档的编排格式：**按【样文 6-20B】在第三张幻灯片中插入图片 C:\Win2004GJW\KSML3\KSWJ6-20A.JPG。
3. **演示文稿的插入设置：**按【样文 6-20C】在第一张幻灯片中插入声音文件 C:\Win2004GJW\KSML3\KSWJ6-20B.MID，循环播放。
4. **设置幻灯片放映：**
   - 设置所有幻灯片的切换效果为“随机水平线条”，速度为“慢速”，声音为“爆炸”，单击鼠标换页。
   - 将第一张幻灯片的标题文本的动画效果设置为自右下部飞入，声音为“激光”，按字母发送，单击鼠标启动动画效果。
   - 将第三张幻灯片中插入的图片的动画效果设置为自左侧缓慢进入，声音为“风铃”，单击鼠标启动动画效果。

【样文 6-20A】

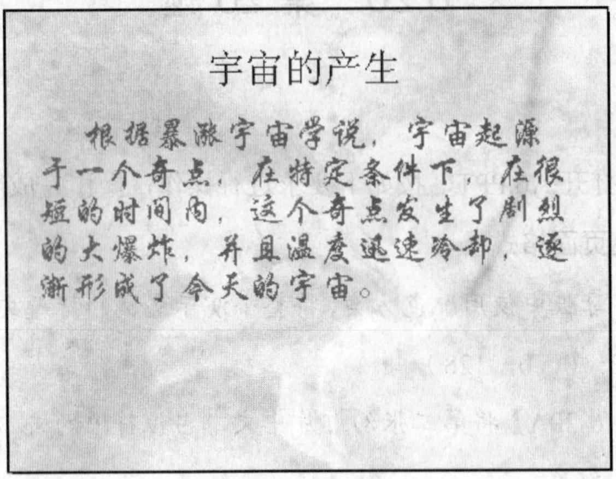

【样文 6-20B】

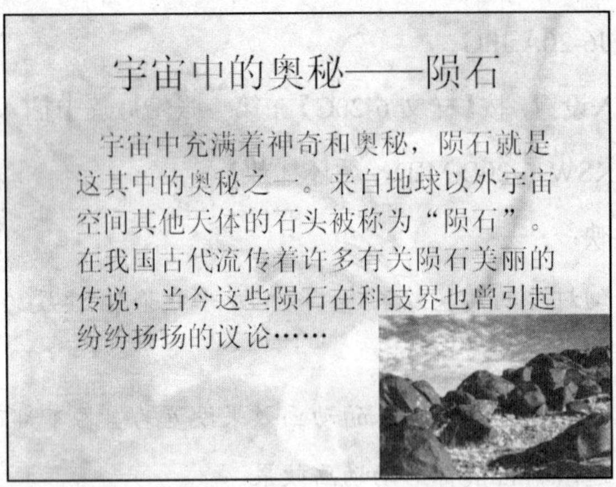

【样文 6-20C】

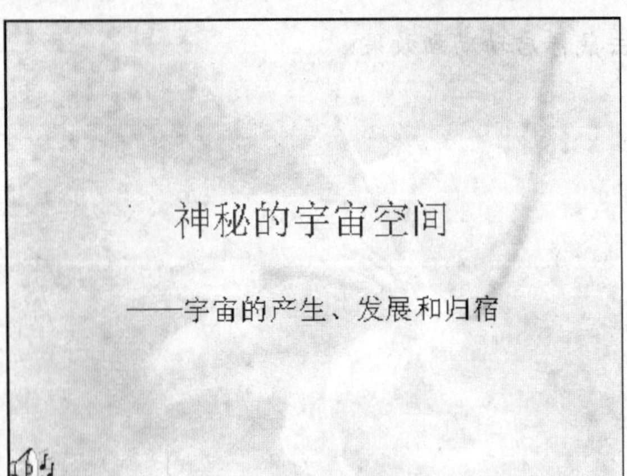

第七单元　办公软件的联合应用

7.1　第 1 题

【操作要求】

打开文档 A7.DOC，按如下要求进行操作。

1. **文档中插入声音文件:**

- 按【样文 7-1A】在文件的末尾插入声音文件 C:\Win2004GJW\KSML3\KSWAV7-1.mid，替换图标为 C:\Win2004GJW\KSML3\KSICO7-1.ICO，更改题注为“KSWAV7-1.mid”，设置对象格式为高 2.22 厘米，宽 3.55 厘米，浮于文字上方。
- 激活插入到文档中的声音对象。

2. **文档中插入水印:** 按【样文 7-1A】在当前文档中创建“信息科学”文字水印，并设置水印格式为华文行楷，小型（注：在 Word 2002 中设置尺寸为 90），红色（半透明），水平。

3. **使用外部数据:**

- 在当前文档下方插入 C:\Win2004GJW\KSML1\KSSJB7-1.XLS，按照【样文 7-1B】将“豫水利水电 98 届毕业答辩”工作表中的数据生成“三维簇状柱形图”图表工作表，再以 Excel 对象的形式粘贴至当前文档的第二页。
- 按照【样文 7-1C】将第二页对象中的图表类型更改为“簇状柱形图”，并为其添加图表标题和分类（X）轴。

4. **在各种办公软件间转换文件格式:** 保存当前文档，并重新以 Web 文件类型另存文档，页面标题为“信息科学与技术”。

【样文 7-1A】

信息科学与技术

信息科学是信息时代的必然产物。信息科学的研究内容包括：阐明信息的概念和本质（哲学信息论）；探讨信息的度量和变换（基本信息论）；研究信息的提取方法（识别信息论）；澄清信息的传递规律（通信理论）；探明信息的处理机制（智能理论）；探究信息的再生理论（决策理论）；阐明信息的调节原则（控制理论）；完善信息的组织理论（系统理论）。扩展人类的信息器官功能，提高人类对信息的接收和处理的能力，实质上就是扩展和增强人们认识世界和改造世界的能力。这既是信息科学的出发点，也是它的最终归宿。

信息技术包括通信技术、计算机技术、多媒体技术、自动控制技术、视频技术、遥感技术等。通信技术是现代信息技术的一个重要组成部分。通信技术的数字化、宽带化、高速化和智能化是现代通信技术的发展趋势。计算机技术是信息技术的另一个重要组成部分。计算机从其诞生起就不停地为人们处理着大量的信息，而且随着计算机技术的不断发展，它处理信息的能力也在不断地加强。现在计算机已经渗入到人们的社会生活的每一个方面。计算机将朝着并行处理的方向发展。

现代信息技术一刻也离不开计算机技术。多媒体技术是 80 年代才兴起的一门技术，它把文字、数据、图形、语音等信息通过计算机综合处理，使人们得到更完善、更直观的综合信息。在未来多媒体技术中扮演非常重要的角色。信息技术处理的很大一部分是图像和文字，因而视频技术也是信息技术的一个研究热点。信息科学与技术的发展不仅促进信息产业的发展，而且大大地提高了生产效率。事实已经证明信息科学与技术的广泛应用已经是经济发展的巨大动力，因此，各国的信息技术的竞争也非常激烈，都在争取信息技术的制高点。

KSWAV7-1.mid

【样文 7-1B】

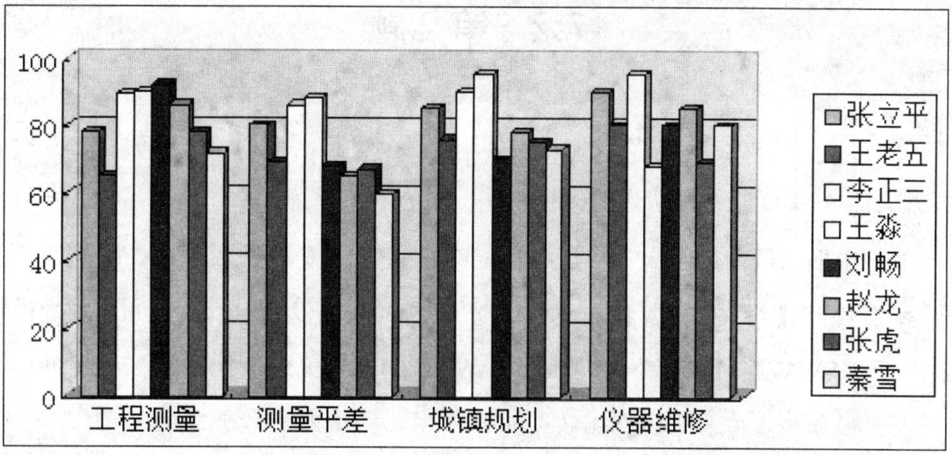
100
80
60
40
20
0
工程测量
测量平差
城镇规划
仪器维修
张立平
王老五
李正三
王淼
刘畅
赵龙
张虎
秦雪

【样文 7-1C】

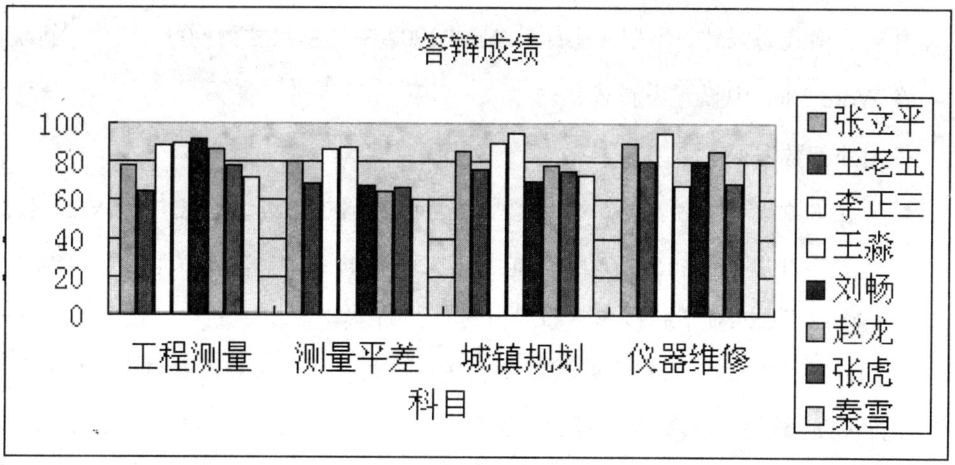
答辩成绩
100
80
60
40
20
0
工程测量
测量平差
城镇规划
仪器维修
科目
张立平
王老五
李正三
王淼
刘畅
赵龙
张虎
秦雪

7.2 第2题

【操作要求】

打开文档 A7.DOC，按如下要求进行操作。

1．**文档中插入声音文件：**

- 按照【样文 7-2A】在文件的末尾插入声音文件 C:\Win2004GJW\KSML3\KSWAV7-2.mid，替换图标为 C:\Win2004GJW\KSML3\KSICO7-2.ICO，设置对象的格式为高 2.54 厘米，宽 4.05 厘米，浮于文字上方。
- 激活插入到文档中的声音对象。

2．**文档中插入水印：**按照【样文 7-2A】在当前文档中创建“南极冰雪”文字水印，并设置格式为宋体，小型（注：在 Word 2002 中设置尺寸为 90），红色，斜线（注：在 Word 2002 中设置为斜式）。

3．**使用外部数据：**

- 在当前文档下方插入工作簿 C:\Win2004GJW\KSML1\KSSJB7-2.XLS，按照【样文 7-2B】将“销售情况表”工作表中的数据生成“簇状柱形图”图表工作表，再以 Excel 对象的形式粘贴至当前文档的第二页。
- 按照【样文 7-2C】将第二页对象中的图表类型更改为“数据点折线图”。

4．**在各种办公软件间转换文件格式：**保存当前文档，并重新以 RTF 文件类型另存文档。

【样文 7-2A】

神秘的南极冰雪

为什么南极会有如此多的冰雪呢？这主要与其纬度位置有关。同是位于地球的两极，纬度高低相同，太阳照射的时间长短和角度也一样，南极的冰却比北极的多。由于南极地势高，空气稀薄不保暖，虽有几个月全是白昼，但太阳只是在地平线上盘旋，太阳光斜射，巨大的冰原，像镜子一样，能反射几乎全部的阳光。

几乎全部的太阳光都被反射，因而，所获热量极少，气温进一步降低，造成终年酷寒。由于气候酷寒，南极的降水只能是以冰霰的形式降落下来，终年不化。这里年平均降水量不过 55 毫米，但由于气温低，蒸发弱，逐年积累，终于形成了巨大的冰原。

在整个地球上，被冰雪覆盖的面积总共有 1600 万平方千米，而南极就占了 4 / 5 以上。据估算，南极的淡水总量约相当于世界其他各洲淡水总量的 200 倍，这么巨大的淡水储量是人类的一项宝贵财富，科学家正在设想如何把这些冰块运进非洲和其他干旱地区，以解决那里的水源不足问题。不久的将来，这些沉睡千百万年的宝贵资源将被开发利用，为人类造福。

MIDI 序列

【样文 7-2B】

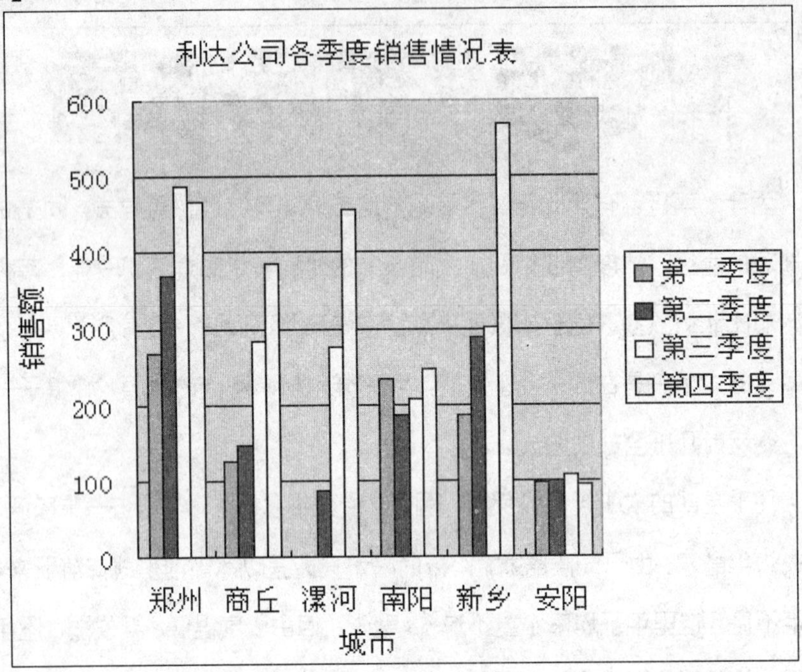
利达公司各季度销售情况表
600
500
400
300
200
100
0
销售额
第一季度
第二季度
第三季度
第四季度
郑州
商丘
漯河
南阳
新乡
安阳
城市

【样文 7-2C】

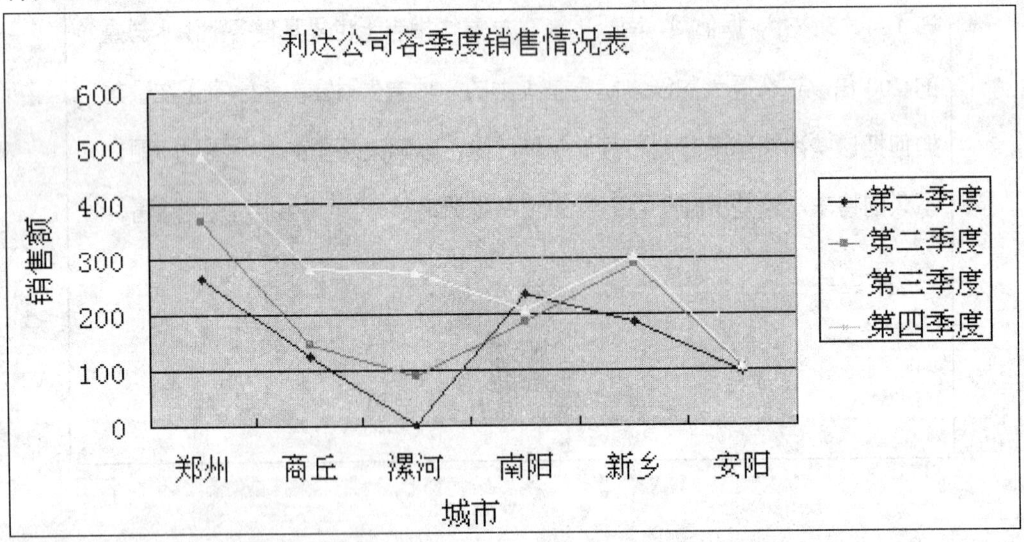
利达公司各季度销售情况表
600
500
400
300
200
100
0
销售额
第一季度
第二季度
第三季度
第四季度
郑州
商丘
漯河
南阳
新乡
安阳
城市

7.3　第3题

【操作要求】

打开文档 A7.DOC，按如下要求进行操作。

1. **文档中插入声音文件：**

- 按照【样文 7-3A】，在文件的末尾插入声音文件 C:\Win2004GJW\KSML3\KSWAV7-3.mid，替换图标为 C:\Win2004GJW\KSML3\KSICO7-3.ICO，更改题注为“KSWAV7-3.mid”，设置对象格式为宽 2.7 厘米，高 1.69 厘米，浮于文字上方。
- 激活插入到文档中的声音对象。

2. **文档中插入水印：**按照【样文 7-3A】在当前文档中创建“电脑网络与健康”文字水印，并设置水印格式为隶书，标准（注：在 Word 2002 中设置尺寸为 105），灰色（注：在 Word 2002 中设置灰色-25%），斜线（注：在 Word 2002 中设置为斜式）。

3. **使用外部数据：**

- 在当前文档段落下方插入工作簿 C:\Win2004GJW\KSML1\KSSJB7-3.XLS，按照【样文 7-3B】将“2004 年宏远预算表”工作表中的数据生成“三维簇状柱形图”图表工作表，再以 Excel 对象的形式粘贴至当前文档的第二页。
- 按照【样文 7-3C】为第二页对象中的图表背景墙设置填充效果，填充效果为预设颜色中的“银波荡漾”。

4. **在各种办公软件间转换文件格式：**保存当前文档，并重新以 Web 文件类型另存文档，页面标题为“电脑网络与健康”。

【样文 7-3A】

电脑网络与健康

在现代社会中，电脑已经成为人们生活和工作不可缺少的工具，它在给人们带来诸多方便的同时，也带来了一些烦恼和忧虑。长期接触电脑，必然会对人体产生不良影响，甚至危害健康。

一是对身体健康的直接影响。电脑显示器是利用电子枪发射电子束来产生图像的，伴有辐射与电磁波。长期使用对健康必然会产生不良影响，如伤害人们的眼睛，诱发一些眼病，如青光眼等。键盘上键位密集有一定的弹力和阻力，长期击键会对手指和上肢不利。操作电脑时，体形和全身难得有变化，操作向着高速、单一、重复的特点发展，容易导致肌肉骨骼系统的疾患。计算机操作时所累及的主要部位有腰、颈、肩、肘和腕部等。

二是电脑微波对身体的危害。电脑的低能量的 X 线和低频电磁辐射，容易引起人们中枢神经失调。英国一项电磁波研究证实，电脑屏幕发出的低频辐射与磁场，会导致 7 至 19 种病症，包括流鼻水、眼睛痒、颈背痛、短暂失忆、暴躁及抑郁等。对女性来讲更易发生生殖机能及胚胎发育异常。同时，也可能导致胎儿畸形。

三是增加精神和心理压力。操作电脑过程中注意力高度集中，眼、手指快速频繁运动，使生理、心理都不堪重负，从而产生睡眠多梦、神经衰弱、头部酸胀、机体免疫力下降，甚至会诱发一些精神方面的疾病。这种人易丧失自信，内心时常紧张、烦躁、焦虑不安，最终导致身心疲惫，出现各种生理、心理症状。

四是导致网络综合症。长时间无节制地花费大量时间和精力在互联网上持续聊天、浏览，容易造成各种行为异常、心理障碍、人格障碍、交感神经功能部分失调，严重者发展成为网络综合症。该病症的典型表现包括：情绪低落、无愉快感、兴趣丧失、睡眠障碍、生物钟紊乱、饮食减少、体重减轻、精力不足、精神运动性迟缓和激动、自我评价降低、思维迟缓。

五是电脑散发的气体危害呼吸系统。英国过敏症基金会的研究人员最近发表的一份研究报告指出，办公设备会释放有害人体健康的臭氧气体，而主要元凶是电脑、激光打印机等。这些臭氧气体不仅有毒，而且可能造成某些人呼吸困难。对于那些哮喘病和过敏症患者来说，情况就更为严重了。另外，较长时间待在臭氧气体浓度较高的地方，还会导致肺部发生病变。

KSWAV7-3.mid

【样文 7-3B】

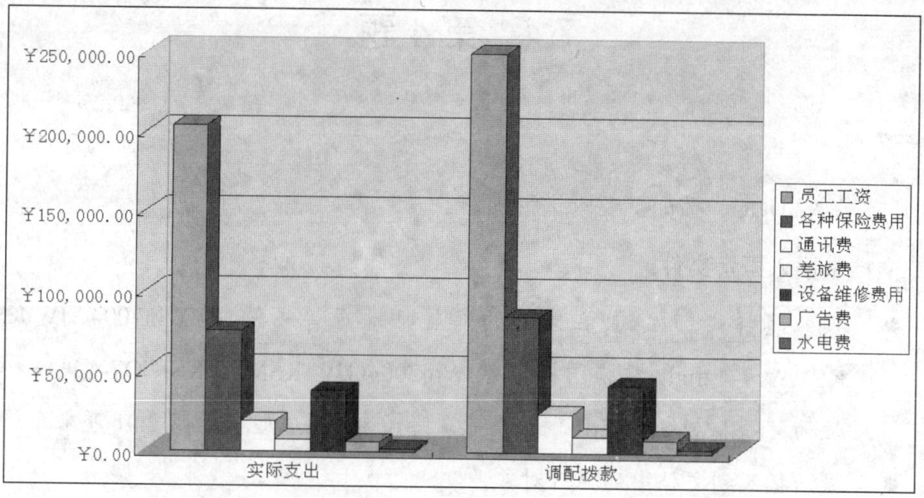
¥250,000.00
¥200,000.00
¥150,000.00
¥100,000.00
¥50,000.00
¥0.00
实际支出
调配拨款
员工工资
各种保险费用
通讯费
差旅费
设备维修费用
广告费
水电费

【样文 7-3A】

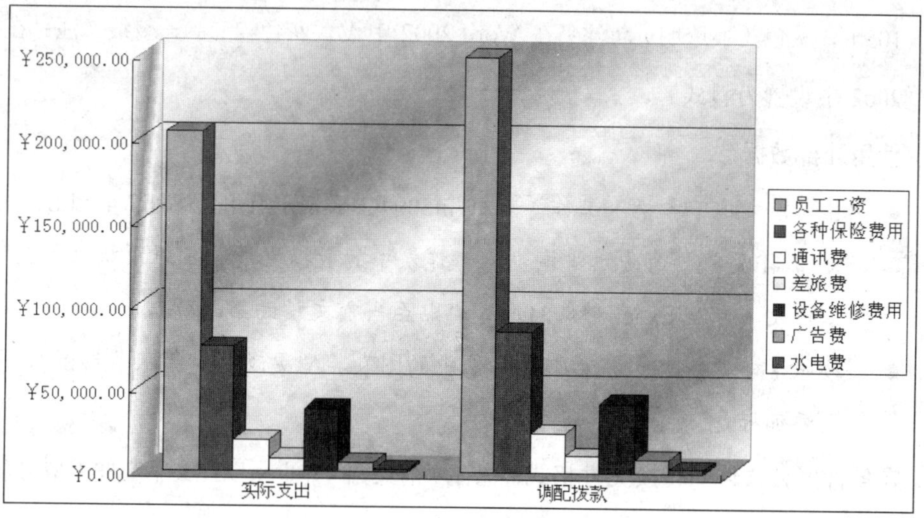
¥250,000.00
¥200,000.00
¥150,000.00
¥100,000.00
¥50,000.00
¥0.00
实际支出
调配拨款
员工工资
各种保险费用
通讯费
差旅费
设备维修费用
广告费
水电费

7.4 第4题

【操作要求】

打开文档 A7.DOC，按如下要求进行操作。

1. **文档中插入声音文件：**

- 按照【样文 7-4A】在文件的末尾插入声音文件 C:\Win2004GJW\KSML3\KSWAV7-4.mid，替换图标为 C:\Win2004GJW\KSML3\KSICO7-4.ICO，更改题注为“KSWAV7-4.mid”，设置对象格式为宽 3.2 厘米，高 2.01 厘米。
- 激活插入到文档中的声音对象。

2. **文档中插入水印：**按照【样文 7-4A】在当前文档中创建“地球的形成和演化”文字水印，并设置水印格式为楷体_GB2312，标准（注：在 Word 2002 中设置尺寸为 105），灰色（半透明）（注：在 Word 2002 中设置灰色-25%），斜线（注：在 Word 2002 中设置为斜式）。

3. **使用外部数据：**

- 在当前文档下方插入工作簿 C:\Win2004GJW\KSML1\KSSJB7-4.XLS，按照【样文 7-4B】将“消费水平调查”工作表中的数据生成“三维簇状柱形图”图表工作表，再以 Excel 对象的形式粘贴至当前文档的第二页。
- 按照【样文 7-4C】将第二页对象中的图表类型更改为“簇状条形图”，并为图表添加标题。

4. **在各种办公软件间转换文件格式：**保存当前文档，并重新以纯文本文件类型另存文档。

【样文 7-4A】

地球的形成和演化

地质科学家说地球至少有４６亿岁。人类有文字记载的历史只有几千年。那么，我们是怎样知道地球年龄的呢？

推算地球年龄，主要有岩层方法、化石方法和放射性元素的蜕变方法等。根据鉴定，地球上最古老的岩石，是在格陵兰岛西部戈特哈布地区发现的阿米佐克片麻岩，年龄约有３８亿岁。而太阳系的碎屑，年龄都在４５亿年－４７亿年之间。因此认为，包括地球在内的太阳系大都在同一时期形成。依照人类历史划分朝代的办法，地球自形成以来也可以划分为５个“代”，从古到今是：太古代、元古代、古生代、中生代和新生代，还进一步划分为若干“纪”，如古生代从远到近划分为寒武纪、奥陶纪、志留纪、泥盆纪、石炭纪和二叠纪；中生代划分为三叠纪、侏罗纪和白垩纪；新生代划分为第三纪和第四纪。这就是地球历史时期的最粗略的划分，我们称之为“地质年代”，不同的地质年代有不同的特征。

距今２４亿年以前的太古代，地球表面已经形成了原始的岩石圈、水圈和大气圈。但那时地壳很不稳定，火山活动频繁，岩浆四处横溢，海洋面积广大，陆地上尽是些秃山。这时是铁矿形成的重要时代，最低等的原始生命开始产生。

距今２４亿年－６亿年的元古代。这时地球上大部分仍然被海洋掩盖着。到了晚期，地球上出现了大片陆地。“元古代”的意思，就是原始生物的时代，这时出现了海生藻类和海洋无脊椎动物。

距今６亿年－２.５亿年是古生代。“古生代”意思是古老生命的时代。这时，海洋中出现了几千种动物，海洋无脊椎动物空前繁盛。以后出现了鱼形动物，鱼类大批繁殖起来。一种用鳍爬行的鱼出现了，并登上陆地，成为陆上脊椎动物的祖先。两栖类也出现了。北半球陆地上出现了蕨类植物，有的高达３０多米。这些高大茂密的森林，后来变成大片的煤田。

距今２.５亿年－０.７亿年的中生代，历时约１.８亿年。这是爬行动物的时代，恐龙曾经称霸一时，这时也出现了原始的哺乳动物和鸟类。蕨类植物日趋衰落，而被裸子植物所取代。中生代繁茂的植物和巨大的动物，后来就变成了许多巨大的煤田和油田。中生代还形成了许多金属矿藏。

新生代是地球历史上最新的一个阶段，时间最短，距今只有７０００万年左右。这时，地球的面貌已同今天的状况基本相似了。新生代被子植物大发展，各种食草、食肉的哺乳动物空前繁盛。自然界生物的大发展，最终导致人类的出现，古猿逐渐演化成现代人，一般认为，人类是第四纪出现的，距今约有２４０万年的历史。

人类居住的地球就是这样一步一步地一直演化到现在，逐渐形成了今天的面貌。

KSWAV7-4.mid

【样文 7-4B】

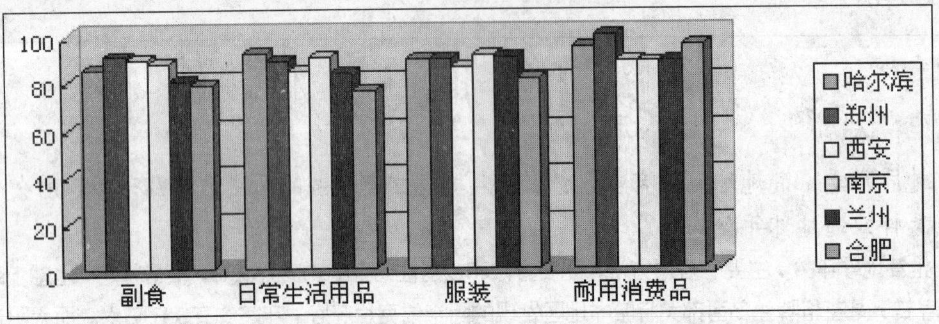
100
80
60
40
20
0
副食
日常生活用品
服装
耐用消费品
哈尔滨
郑州
西安
南京
兰州
合肥

【样文 7-4C】

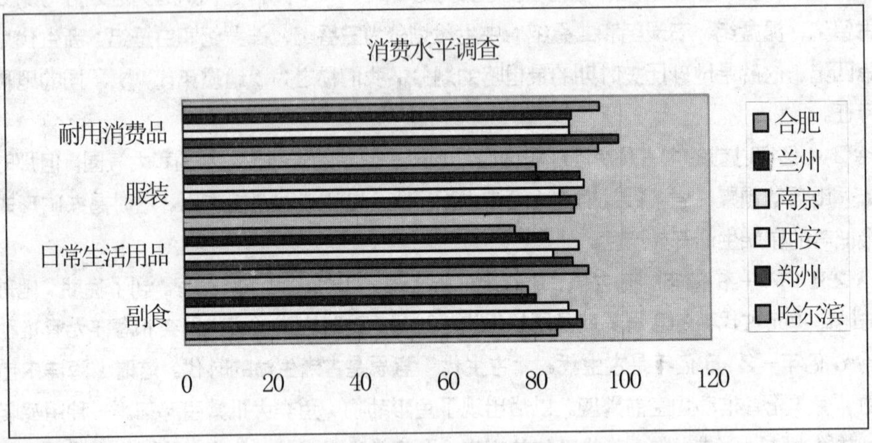
消费水平调查
耐用消费品
服装
日常生活用品
副食
0
20
40
60
80
100
120
合肥
兰州
南京
西安
郑州
哈尔滨

7.5　第5题

【操作要求】

打开文档 A7.DOC，按如下要求进行操作。

1. **文档中创建编辑宏**:

   - 按照【样文 7-5A】以 KSMACRO1 为宏名录制宏，将宏保存在当前文档中，要求设置字体格式为华文行楷，加粗，小四，褐色，行距为固定值 18 磅，并应用在第一段中。
   - 按照【样文 7-5A】将 C:\Win2004GJW\KSML1\KSDOT7.DOT 模板文件中的宏方案 New Macros 复制到当前文档中，并将宏 KSMACRO2 应用在第二段中。

2. **文档中插入声音和视频文件**：按照【样文 7-5A】在当前文档的末尾插入视频文件 C:\Win2004GJW\KSML3\KSWAV7-5.WMV，显示为图标，更改题注为“KSWAV7-5.WMV”，设置对象格式为宽 4.13 厘米，高 2.59 厘米，浮于文字上方。

3. **使用外部数据**:

   - 在当前文档下方插入 C:\Win2004GJW\KSML1\KSSJB7-5.XLS，按照【样文 7-5B】将“德化第一季度电器销售统计表”工作表中的数据生成“簇状柱形图”图表工作表，再以 Excel 对象的形式粘贴至当前文档的第二页。
   - 按照【样文 7-5C】将第二页对象中的图表类型更改为“数据点折线图”，并为其添加图表标题、分类（X）轴和数值（Y）轴。

4. **在各种办公软件间转换格式**: 保存当前文档，并重新以 Web 文件类型另存文档，页面标题为“温室效应与人类健康”。

【样文 7-5A】

温室效应和人类健康

据专家统计表明，近100年来，由于温室效应的影响，地球表面的大气温度平均升高了0.3～0.6℃。引起增温的原因，除了气候的自然变化外，主要还是人类活动的结果。假如人类不采取限制温室气体排放的措施，预计21世纪每隔10年，地球将升温0.3℃。

全球气候的变暖对人类健康有直接或间接的影响。对地球升温最为敏感的当属一些居住在中纬度地区的人们，暑热天数延长以及高温高湿天气直接威胁着他们的健康，1995 年的夏季热浪造成全世界许多大城市出现了死亡率特别高的现象；与此同时，气温增暖，“城市热岛”效应和空气污染更为显著，又给许多疾病的繁殖、传播提供了更为适宜的温床。

气候的变暖会改变气候带的界线，这就会给许多“喜热病菌”提供了更广阔的生存、活动空间。例如，由于气候变暖，无霜带的范围得到了扩大，所以，非洲中部的高原地带竟然流行起了疟疾；本来在有的国家已经消灭的疟蚊，又在一些地区出现。还有，随着地球升温，一些携带病菌的昆虫也会向越来越温暖的地区迁移，从而导致一些本已灭绝的传染疾病“卷土重来”。

温室气体的排放是地球升温的最主要的因素，而温室气体中以氟氯烃为主的气体对臭氧层有较大的破坏性，这样就导致阳光中的紫外线辐射的增加，有可能提高皮肤癌、白内障和雪盲的发病率。世界卫生组织曾在一份预测中指出：“非黑色素瘤皮肤癌的发生率在 2050 年后可增加 6%～35%；南半球的上升率要更高一些，因为那里总的臭氧消耗量更大。”

当然，气候变暖对人类健康也并非毫无益处。自 20 世纪 80 年代以来，世界各地“暖冬”的年份都普遍增多。冬季气候变暖，对气管炎、支气管炎、风湿和类风湿病以及心脑血管方面疾病的预防和治疗，无疑是益大于弊的。不过，也有专家指出，由于暖冬年份较多，人的抗寒能力普遍下降，暖冬里患感冒等病的人数反而增多。

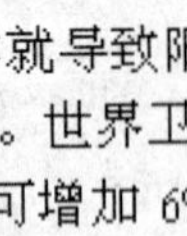

KSWAV7-5.WMV

【样文 7-5B】

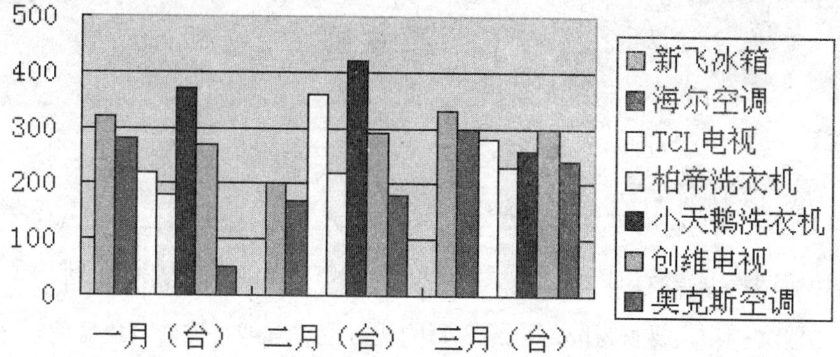
500
400
300
200
100
0
新飞冰箱
海尔空调
TCL电视
柏帝洗衣机
小天鹅洗衣机
创维电视
奥克斯空调
一月（台）
二月（台）
三月（台）

【样文 7-5C】

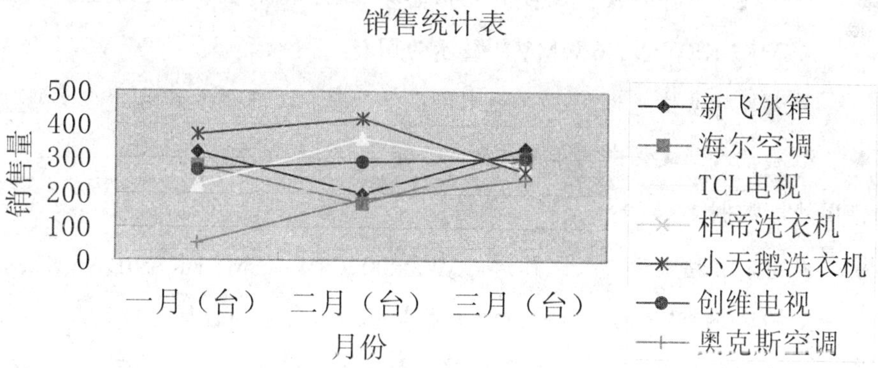
销售统计表
销售量
500
400
300
200
100
0
一月（台）
二月（台）
三月（台）
月份
新飞冰箱
海尔空调
TCL电视
柏帝洗衣机
小天鹅洗衣机
创维电视
奥克斯空调

7.6 第6题

【操作要求】

打开文档 A7.DOC，按如下要求进行操作。

1. **文档中创建编辑宏**：按照【样文 7-6A】以 KSMACRO3 为宏名录制宏，将宏保存在当前文档中，要求为段落设置 3 磅的浅蓝色边框线，浅桔黄色底纹，应用在第一段中。

2. **文档中插入声音和视频文件**：

- 按照【样文 7-6A】在当前文档的第三段中插入视频文件 C:\Win2004GJW\KSML3\KSWAV7-6.WMV，显示为图标，更改题注为“KSWAV7-6.WMV”，并设置对象格式为宽 3.68 厘米，高 2.3 厘米，环绕方式为“四周型”。
- 激活插入到文档中的视频文件。

3. **使用外部数据**：

- 在当前文档下方插入工作簿 C:\Win2004GJW\KSML1\KSSJB7-6.XLS，按照【样文 7-6B】将“恒大中学教师工资表”工作表中的数据生成“簇状柱形图”图表工作表，再以 Excel 对象的形式粘贴至当前文档的第二页。
- 按照【样文 7-6C】将第二页对象中的图表类型更改为“圆环图”，更改图表标题，并将标题字体设置为楷体_GB2312、蓝色，显示数值。

4. **在各种办公软件间转换格式**：保存当前文档，并重新以 Web 文件类型另存文档，页面标题为“飞向月球”。

【样文 7-6A】

飞向月球

"阿波罗-8"号载人宇宙飞船将三名宇航员——博尔曼、安德斯和洛弗尔送到了月球轨道上，对千百年来人们向往的月球进行考察。三名宇航员通过飞船的窗口，俯视着月球的景色。在离开地球 37 万多千米远的月球轨道上，首先映入宇航员们眼帘的是朗格奴斯大环形山。从拍摄到的月球照片上，可以清楚地看到月球表面有许多圆形的坑。这就是人们起名的环形山。它们有大有小，最大的直径超过 200 千米，一般的直径从几千米到几十千米，最小的直径只有几厘米。这时，宇航员洛弗尔打开无线电对讲机，第一个向地面指挥中心报告说："我们正飞过朗格奴斯环形山。这是一座非常大的环形山，是一个接近圆形的大坑。正前方是'丰富海'，海面变得越来越宽阔。他们发现朗格奴斯环形山直径有 136 千米，深 3 千米，四周都很陡峭，坑底平坦宽阔，中央还有高山耸立着。

月球上到处都有"海"，但是它们不像地球上的海那样，海水白茫茫的一片，水天相连，无边无际。月球上的"海"连一滴水也没有。即使在满月的时候，从地球上望去，它们也很灰暗，没有明亮的波光。

从前人们通过望远镜给月球上好多地方都起名叫"海"，例如："晴海"、"云海"、"雨海"、"风暴海"等等。"丰富海"也是其中之一，面积有 25 万平方千米。同月球上最大的"风暴海"相比，不过是一个很小的"海"。我看见了，在"丰富海"里，有一对小环形山，亲密地靠在一起。其中的一个环形山放射出一种奇异的光线，宇航员洛弗尔叫了起来。

KSWAV7-6.WMV

月球完全是一个灰色的世界，没有树，也没有草，连生物的影子也没有发现。太阳一动不动地悬挂在黑天鹅绒般的月球上空，照耀着无声无息、荒凉寂寞的月球。月面是一片不毛之地，遍地是尘土、岩石和坑穴。这里的白天和黑夜各长达两个星期，太阳在空中走得很慢，升起来以后很长时间才会落下去。"阿波罗-8"号飞船继续在月球轨道上运行着。不久，到达了"丰富海"右边一座高山的上空。从地球上看，月球上白色发光的地方就是高山。

飞船飞过"丰富海"，来到"静海"上空，这儿正适合宇宙飞船着陆。1967 年美国发射的"勘测者-5"号就是在这里软着陆的。这是一个无人探测器，用火箭发射到月球以后，成功地勘测了月球海的表面构成。探查结果表明：月球土壤含有 58% 的氧和 18% 的硅。

飞船继续飞行，"阿波罗-8"号飞船船长博尔曼十分激动地说："我们都是第一次看到月球上这种令人难以置信的情景。在我们的瞭望窗下，月球表面是那么广阔。一种奇异的光照耀着这些地区，充满了惊人的美，简直像来到了科学幻想小说中所描绘的世界。"

宇航员安德斯在看到月球背面的时候，很有感慨地说这里的情景好像战场一样，坑穴重叠，群山环抱。月球表面有一层松土浮尘，这是长时期被陨石撞击的结果。在我看来，月球表面就像被海水冲刷得乱七八糟的海岸。博尔曼、洛弗尔，没有对安德斯的说法表示赞同或者反对。

飞船继续飞行，宇航员们还从月球上看到了奇特的日出景象。只有在没有空气的月球世界上，才能看到这样的奇特景象。

【样文 7-6B】

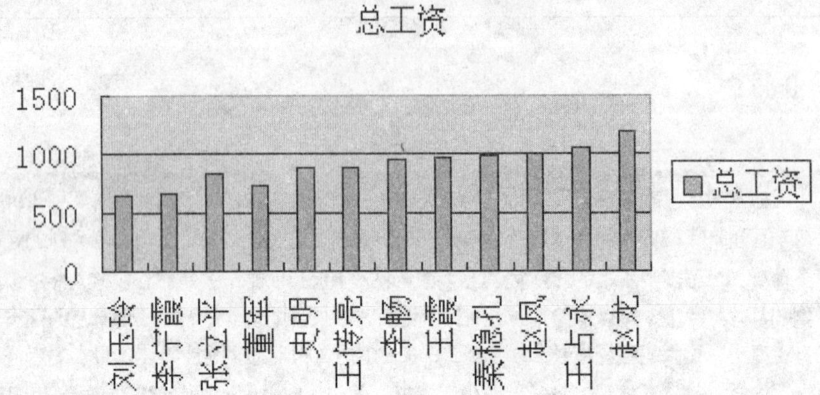
总工资
1500
1000
500
0
总工资
刘玉玲
李宁霞
张立平
董军
史明
王传亮
李畅
王霞
秦稳孔
赵凤
王占永
赵龙

【样文 7-6C】

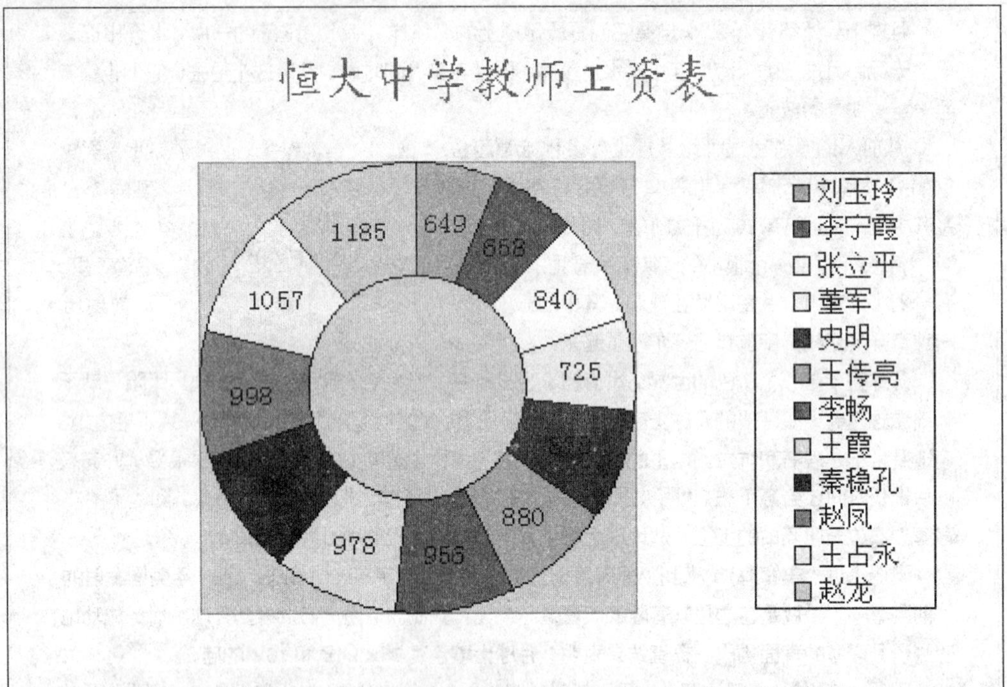
恒大中学教师工资表
649
658
840
725
880
956
978
998
1057
1185
刘玉玲
李宁霞
张立平
董军
史明
王传亮
李畅
王霞
秦稳孔
赵凤
王占永
赵龙

7.7　第 7 题

【操作要求】

打开文档 A7.DOC，按如下要求进行操作。

1．**文档中创建编辑宏：**

- 按照【样文 7-7A】以 KSMACRO4 为宏名录制宏，将宏保存在当前文档中，要求设置字体格式为隶书，小四，玫瑰红色，并应用在第一段中。
- 按照【样文 7-7A】将 C:\Win2004GJW\KSML1\KSDOT7.DOT 模板文件中的宏方案 New Macros 复制到当前文档中，并将宏 KSMACRO5 应用在第七段中。

2．**文档中插入声音和视频文件：**按照【样文 7-7A】在当前文档的末尾插入视频文件 C:\Win2004GJW\KSML3\KSWAV7-7.WMV，显示为图标，更改题注为"KSWAV7-7.WMV"，并设置对象格式为宽 3.76 厘米，高 2.35 厘米，浮于文字上方。

3．**使用外部数据：**

- 在当前文档下方插入工作簿 C:\Win2004GJW\KSML1\KSSJB7-7.XLS，按照【样文 7-7B】将"优选的监测交通干线实测数据表"工作表生成"簇状条形图"图表工作表，再以 Excel 对象的形式粘贴至当前文档的第二页。
- 按照【样文 7-7C】将第二页对象中的图表类型更改为"簇状柱形图"，并添加图表标题。

4．**在各种办公软件间转换格式：**保存当前文档，并重新以 RTF 文件类型另存文档。

【样文 7-7A】

浓墨重彩青海湖

美丽富饶的青海湖是我国面积最大的咸水湖。它又名库库诺尔，古称西海、鲜水和错温波等。库库诺尔蒙语意为青色的海。青海得名于北魏，因湖水清澈碧蓝，湖面广袤如海故名。青海湖位于青海省东部的青海湖盆地内，是我国第一大咸水湖。

青海湖地处青藏高原，这里地域辽阔，草原广袤，河流众多，水草丰美茂盛。湖的四周被四座高山所环绕：北面是崇高壮丽的大通山，东西是巍峨雄伟的日月山，南面是逶迤连绵的青海南山，西面是峥嵘嵯峨的橡皮山。举目四顾，四座高山犹如四幅天然屏障。从山下到湖畔则是苍茫无际的千里草原，碧波连天的青海湖像一个巨大的翡翠玉盘镶嵌在高山、草原之间，构成了浓墨重彩的西部风景画。

青海湖的形成和变迁，是大自然的杰作。

早在两亿三千万年以前，青藏高原是一片浩瀚无际的古海洋。

200 万年前，剧烈的造山运动使得这片古海洋逐渐隆起，一跃形成了世界屋脊。海水被逼走时，有的被四周的高山环绕起来，形成了大大小小的湖泊。青海湖就是被山脉堵塞而形成的一个巨大湖泊。当时，它是一个外泄湖，周围有 100 多条河流注入湖中，同时湖水又从东面注入黄河。

大约距今 100 万年前的第四纪，青海湖东面的日月山发生了强烈地隆起，拦截了青海湖的出口，原来从青海湖向东流出的河流，被迫向西流入青海湖，形成了我国罕见的自东向西流的倒淌河。青海湖也成为一个流水只入不出的闭塞湖。由于青海湖位于西北气候干燥地区，湖水蒸发量大于湖水注入量，因此湖水不断下降，湖面逐渐缩小。

最质朴的美才具有真正的震撼力。青海湖正是具有高原湖泊那种空阔、粗犷、质朴、沉静的特征。它没有西湖的妩媚，东湖的清丽，也没有玄武湖的桨声，昆明湖的灯影……，青海湖的美是原始的，不事雕琢的自然之美。

在不同的季节，青海湖的景色迥然不同。夏秋之际，湖畔山青草绿，水秀云高，景色十分绮丽。五彩缤纷的野花把芳草茵茵的草原点缀得如锦如缎，膘肥体壮的牛羊和骢马似珍珠洒满草原。水天一色的青海湖蔚蓝似海洋，它蓝的纯净、深湛，蓝的温柔、典雅。寒冷的冬季，牧草一片枯黄，青海湖开始结冰，浩渺的湖面冰封玉砌，一泓澄碧的琼浆凝固成一面巨大的宝镜，在阳光下熠熠闪光。

KSWAV7-7.WMV

【样文 7-7B】

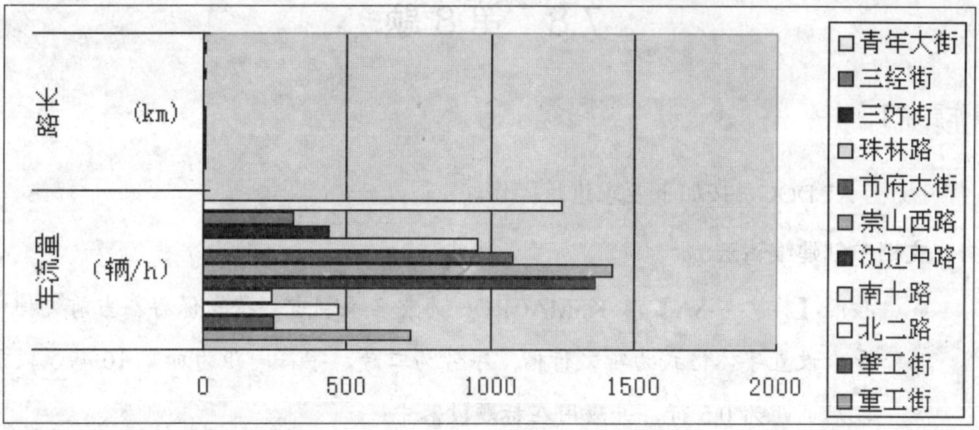
路长
(km)
车流量
(辆/h)
0
500
1000
1500
2000
青年大街
三经街
三好街
珠林路
市府大街
崇山西路
沈辽中路
南十路
北二路
肇工街
重工街

【样文 7-7C】

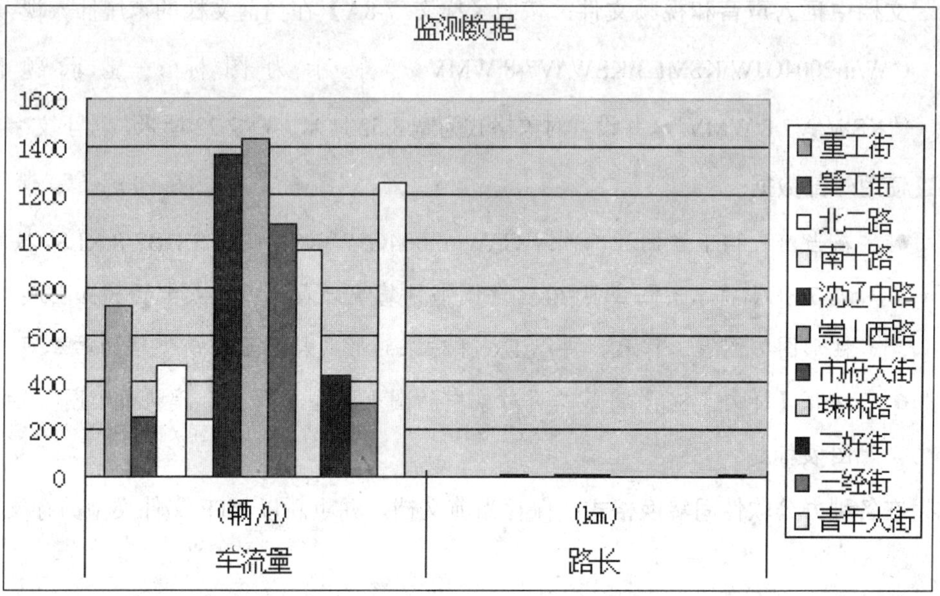
监测数据
1600
1400
1200
1000
800
600
400
200
0
(辆/h)
车流量
(km)
路长
重工街
肇工街
北二路
南十路
沈辽中路
崇山西路
市府大街
珠林路
三好街
三经街
青年大街

7.8 第 8 题

【操作要求】

打开文档 A7.DOC，按如下要求进行操作。

1. **文档中创建编辑宏**：

- 按照【样文 7-8A】以 KSMACRO6 为宏名录制宏，将宏保存在当前文档中，要求设置字体格式为华文行楷，字号为二号，字符间距为加宽 10 磅，段前、段后间距为 0.5 行，并应用在标题段落中。
- 按照【样文 7-8A】将 C:\Win2004GJW\KSML1\KSDOT7.DOT 模板文件中的宏方案 New Macros 复制到当前文档中，并将宏 KSMACRO7 应用在第一段中。

2. **文档中插入声音和视频文件**：按照【样文 7-8A】在当前文档的末尾插入视频文件 C:\Win2004GJW\KSML3\KSWAV7-8.WMV，显示为图标，显示题注为“KSWAV7-8.WMV”，并设置对象格式为宽 3.52 厘米、高 2.22 厘米，浮于文字上方。

3. **使用外部数据**：

- 在当前文档下方插入工作簿 C:\Win2004GJW\KSML1\KSSJB7-8.XLS，按照【样文 7-8B】将“宏图公司 2003 年图书销售统计表”工作表中的数据生成“簇状柱形图”图表工作表，再以 Excel 对象的形式粘贴至当前文档的第二页。
- 按照【样文 7-8C】将第二页对象中的图表类型更改为“簇状条形图”，并添加图表标题。

4. **在各种办公软件间转换格式**：保存当前文档，并重新以 RTF 文件类型另存文档。

【样文 7-8A】

真 情

有一个富翁，年轻时家里很穷，他的父母都是农民，他从小就生存在一种饥饿和窘迫之中。节日的花衣服，过年的压岁钱，喜庆的炮竹，父母的呵护。这些本该属于孩子的专利，都与他无缘。

最使他难忘并终生感恩的是小伙伴们对他无私、真诚地帮助和呵护。只要小伙伴手里有两块糖果，肯定就会有他的一块；伙伴手里有一个馍馍，那肯定有他的一半。在贫穷和饥饿之中，还会有什么比这更宝贵的东西呢？

一眨眼 30 年就过去了。在这一段时间里，世界上有许多事情变了模样。此时，富翁步入中年。外出闯荡的他今非昔比。30 年的奔波劳碌，摸爬滚打，算计别人，也被别人算计，富翁一路风尘地走过来了，成为一个稳健、精明、魅力非凡的企业家。有一天，少小离家的他动了思乡之念，于是在一个艳阳高照的日子，富翁回到了家乡。当日，他走遍全村，感谢叔伯大爷，兄弟姐妹这些年对父母的照顾，并每家送了一份礼物。夜里，富翁在自家的堂屋里摆桌请宴，赴宴者全是从小光着屁股一块长大的玩伴，他们自然也是四十几岁的中年人了。

按那里的风俗，赴宴者都要带点礼物表示谢意。大家来的时候，都带着礼物，有的还很丰厚。富翁令人一一收下，准备宴席之后，请大家带回。当然，还有自己馈赠的礼物。

正在大家热热闹闹布菜振酒的时候，门开了，一个儿时旧友走进来。他的手里提着一瓶酒，连声说：“对不起，我来晚了。”

大家都知道这个朋友日子过得很艰难，其情其景，一点儿也不亚于富翁儿时。富翁起身接过朋友提来的酒，并把他拉到自己身边的座位上坐下，朋友的眼里闪过几丝不易察觉的慌乱。

富翁亲自把盏，他举着手里的酒瓶，说，“今天，我们就先喝这一瓶，如何？”一边说，一边给大家一一倒满，然后，他们一饮而尽。

“味道咋样？”富翁问，所有赴宴者面面相觑，默不作声。旧友更是面红耳赤，低下了头。

富翁瞧了一眼全场，沉吟片刻，慢慢地说：“这些年我走了很多地方，喝过各种各样的酒，但是，没有一种酒比今天的酒更好喝，更有味道，更让我感动……”说着，站起来，拿起酒瓶，又一次一一给大家斟酒，“来，再干一杯。”

喝完之后，富翁的眼睛湿润了，朋友也情难自抑，流泪了。

他们喝的哪里是酒，分明是一瓶水啊！

世界上还有比这更感人的场面吗？还有比这更宝贵的东西吗？朋友不以贫穷自卑，提一瓶水也要去看儿时的朋友；发迹的富翁不忘旧情，不以为忤，反而大受感动，情不自禁，以至下泪，这瓶“水酒”真的是含着重如泰山，穿越世俗的真情啊！所以当我们身左身右的人，在人生路上遇到艰难陷入泥泞之时，朋友，请伸出你的手来，把你的温暖，关怀送给他们，他们将因此而充满笑迎风雪的勇气和力量。

真情是人间永远的太阳！

KSWAV7-8.WMV

【样文 7-8B】

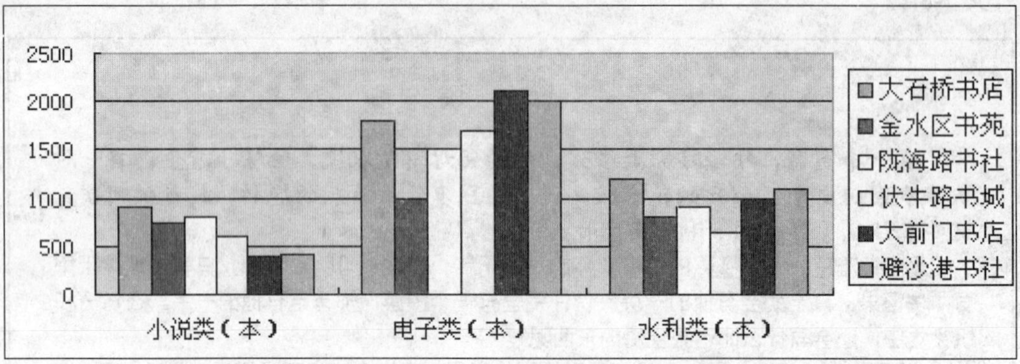
2500
2000
1500
1000
500
0
小说类（本）
电子类（本）
水利类（本）
大石桥书店
金水区书苑
陇海路书社
伏牛路书城
大前门书店
避沙港书社

【样文 7-8C】

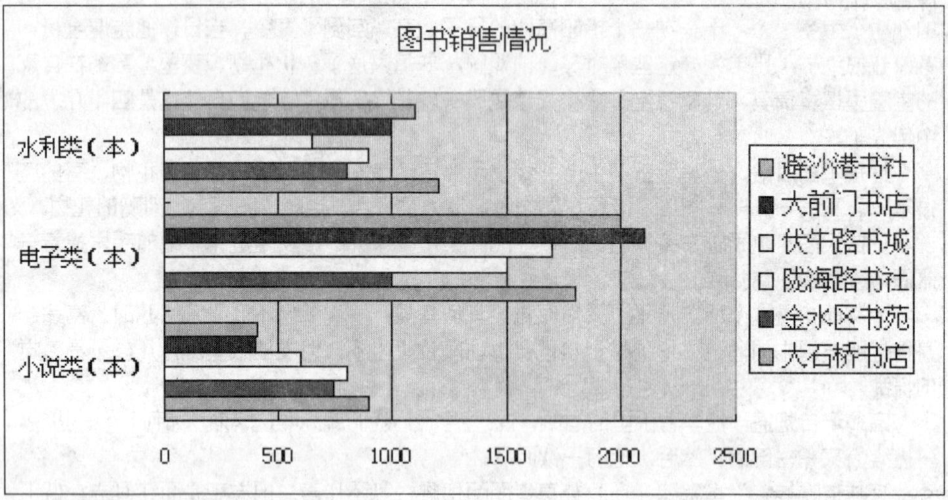
图书销售情况
水利类（本）
电子类（本）
小说类（本）
0
500
1000
1500
2000
2500
避沙港书社
大前门书店
伏牛路书城
陇海路书社
金水区书苑
大石桥书店

7.9 第9题

【操作要求】

打开文档 A7.DOC，按如下要求进行操作。

1. **利用文档大纲创建演示文稿：**
   - 按照【样文 7-9A】以当前文档大纲结构在 PowerPoint 中创建六张幻灯片，将演示文稿应用设计模板 Blends.pot。
   - 为所有幻灯片的标题和文本预设自顶部飞入的动画效果，并将演示文稿保存在考生文件夹中，命名为 A7.PPT。
2. **在演示文稿中插入声音文件：**按照【样文 7-9A】在第一张幻灯片中插入声音文件 C:\Win2004GJW\KSML3\KSWAV7-9.mid，替换图标 C:\Win2004GJW\KSML3\KSICO7-9A.ICO，设置对象格式为宽 6.56 厘米，高 4.92 厘米。
3. **在文档中插入另一文档：**按照【样文 7-9B】将演示文稿 C:\Win2004GJW\KSML1\KSPPT7-9.PPT 插入 A7.DOC 文档文本“课程介绍”后面，替换图标 C:\Win2004GJW\KSML3\KSICO7-9B.ICO，更改题注为“KSPPT7-9.PPT”，设置对象格式为宽 3.92 厘米，高 2.46 厘米，浮于文字上方。
4. **文档中插入水印：**按照【样文 7-9B】在 A7.DOC 文档中创建文字水印“Office PowerPoint 2003 培训介绍”，并设置水印格式为宋体，标准（注：在 Word 2002 中设置尺寸为 105），红色，斜线（注：在 Word 2002 中设置为斜式）。

【样文 7-9A】

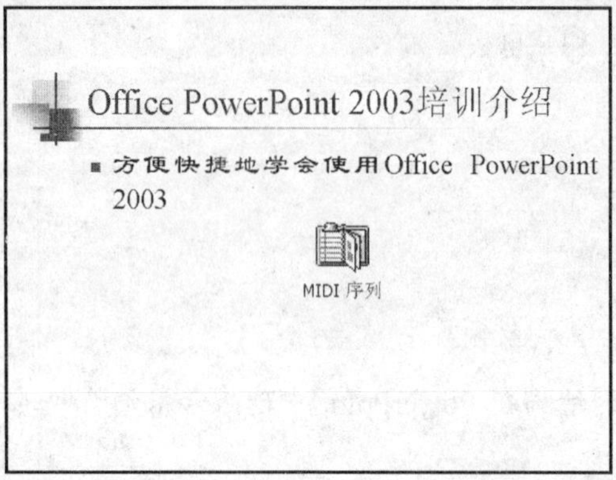

1

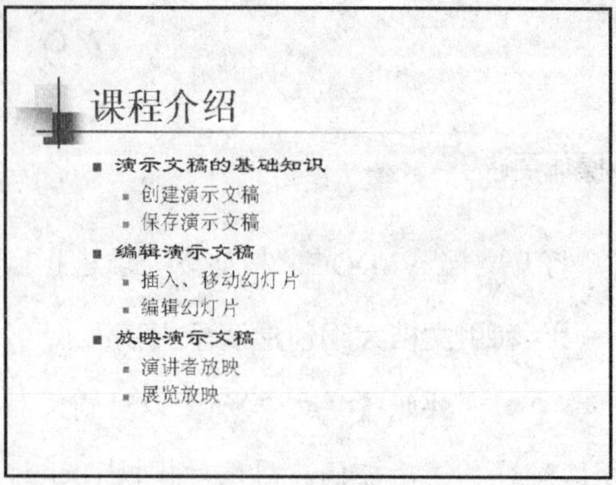

2

3

4

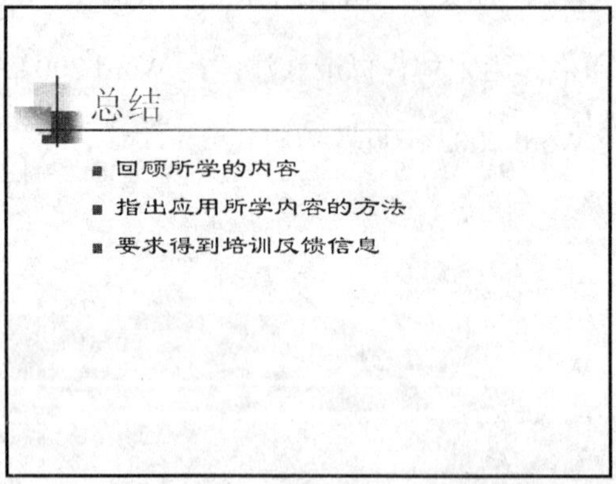

5

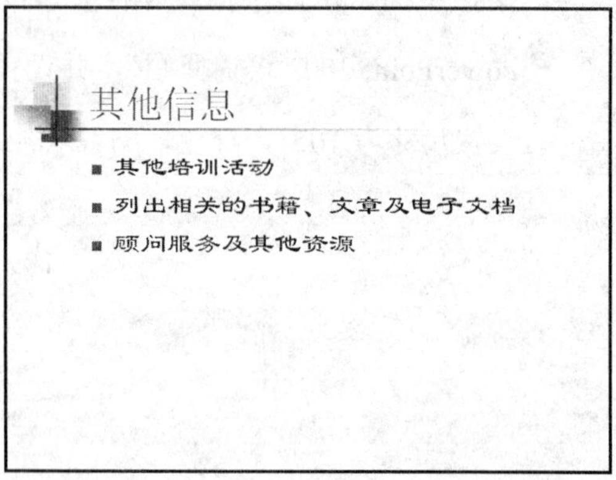

6

【样文 7-9B】

Office PowerPoint 2003培训介绍

方便快捷地学会使用Office PowerPoint 2003

课程介绍

KSPPT7-9.PPT

演示文稿的基础知识

　　创建演示文稿

　　保存演示文稿

编辑演示文稿

　　插入、移动幻灯片

　　编辑幻灯片

放映演示文稿

　　演讲者放映

　　展览放映

课程安排

学员参加工作情况

总结

回顾所学的内容

指出应用所学内容的方法

要求得到培训反馈信息

其他信息

其他培训活动

列出相关的书籍、文章及电子文档

顾问服务及其他资源

Office PowerPoint 2003培训介绍

7.10　第 10 题

【操作要求】

打开文档 A7.DOC，按如下要求进行操作。

1. **利用文档大纲创建演示文稿:**

- 按照【样文 7-10】以当前文档大纲结构在 PowerPoint 中创建六张幻灯片，将演示文稿应用设计模板 C:\Win2004GJW\KSML3\Blueprint.pot。
- 为所有幻灯片的标题和文本预设自顶部飞入的动画效果，并将演示文稿保存在考生文件夹中，命名为 A7.PPT。

2. **在演示文稿中插入声音文件**：按照【样文 7-10】在第二张幻灯片中插入声音文件 C:\Win2004GJW\KSML3\KSWAV7-10.mid，替换图标 C:\Win2004GJW\KSML3\KSICO7-10A.ICO，设置对象格式为宽 9.53 厘米，高 7.15 厘米。

3. **在演示文稿中插入工作表**：按照【样文 7-10】在第四张幻灯片中插入工作表 C:\Win2004GJW\KSML1\KSSJB7-10.XLS。

【样文 7-10】

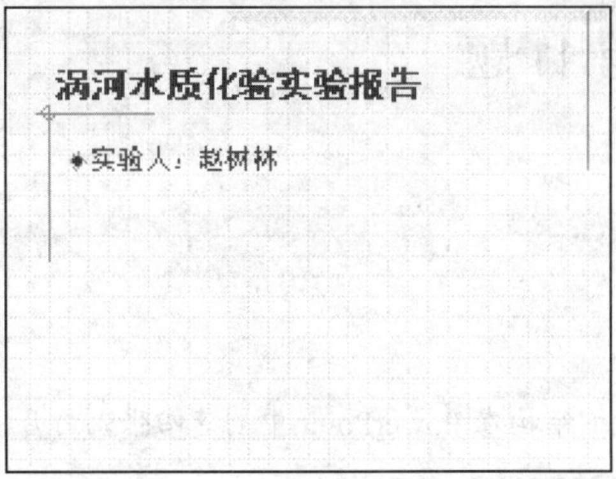

1

2

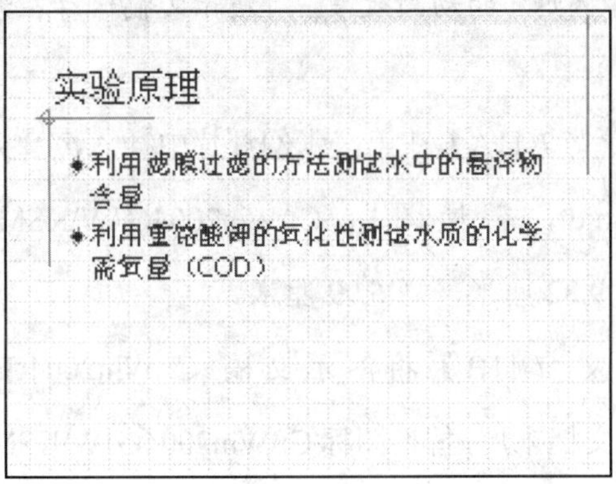

3

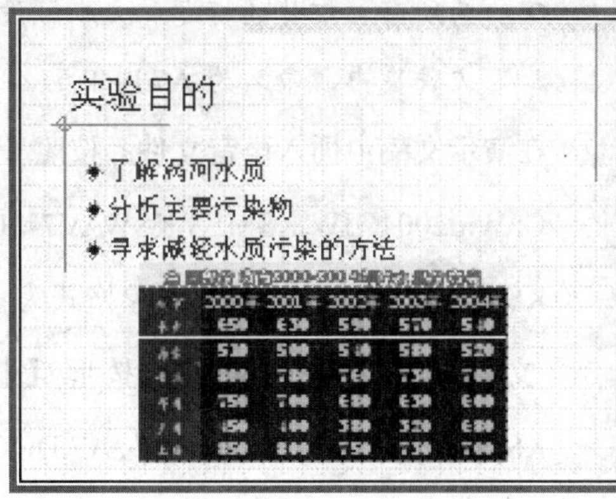

4

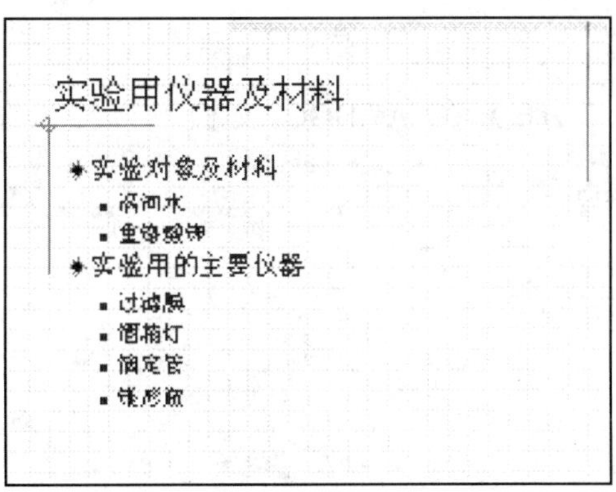

5

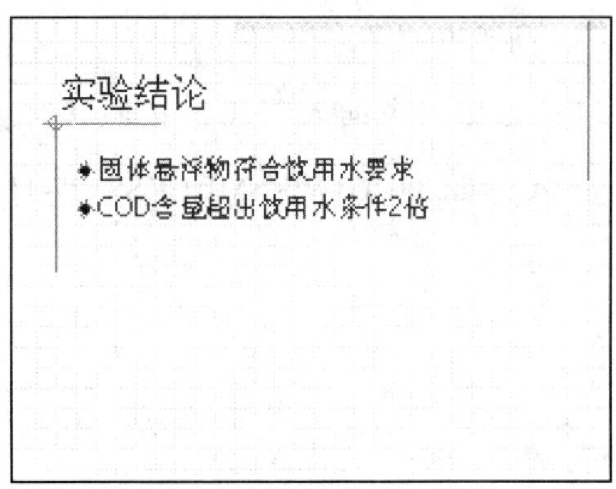

6

7.11 第 11 题

【操作要求】

打开文档 A7.DOC，按如下要求进行操作。

1. **利用文档大纲创建演示文稿**:
   - 按照【样文 7-11A】以当前文档大纲结构在 PowerPoint 中创建四张幻灯片，将演示文稿应用设计模板 C:\Win2004GJW\KSML3\Bold Stripes.pot。
   - 为所有幻灯片的标题和文本预设“闪烁”的动画效果，将演示文稿保存在考生文件夹中，命名为 A7.PPT。
2. **在演示文稿中插入声音文件**：按照【样文 7-11A】在第三张幻灯片中插入声音文件 C:\Win2004GJW\KSML3\KSWAV7-11.mid，替换图标 C:\Win2004GJW\KSML3\KSICO7-11A.ICO，设置对象格式为宽 9.32 厘米，高 6.99 厘米。
3. **文档中插入另一文档**：按照【样文 7-11B】将演示文稿 C:\Win2004GJW\KSML1\KSPPT7-11.PPT 插入 A7.DOC 文档末尾，替换图标 C:\Win2004GJW\KSML3\KSICO7-11B.ICO，更改题注为“KSPPT7-11.PPT”，设置对象格式为宽 4.13 厘米，高 2.59 厘米。
4. **在文档中插入图表**：按照【样文 7-11B】在 A7.DOC 文档下方插入图表 C:\Win2004GJW\KSML1\KSSJB7-11.XLS。

【样文 7-11A】

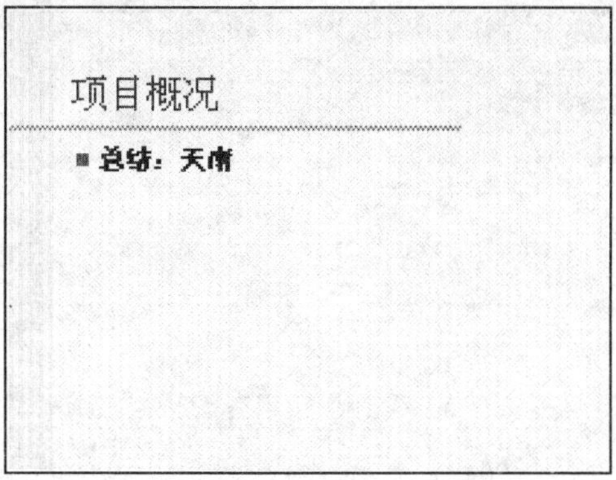
项目概况
总结：天南

1

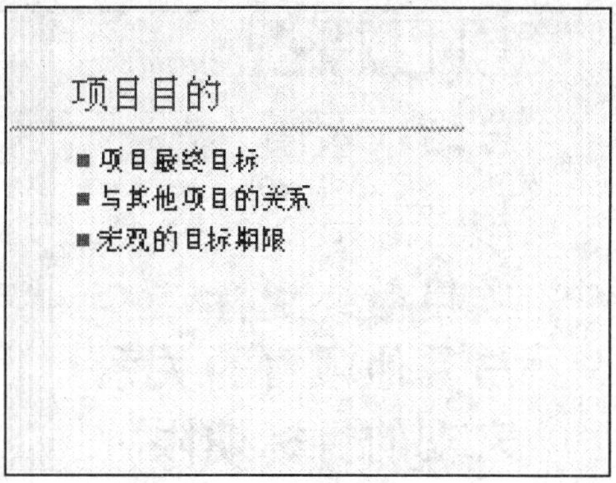
项目目的
项目最终目标
与其他项目的关系
宏观的目标期限

2

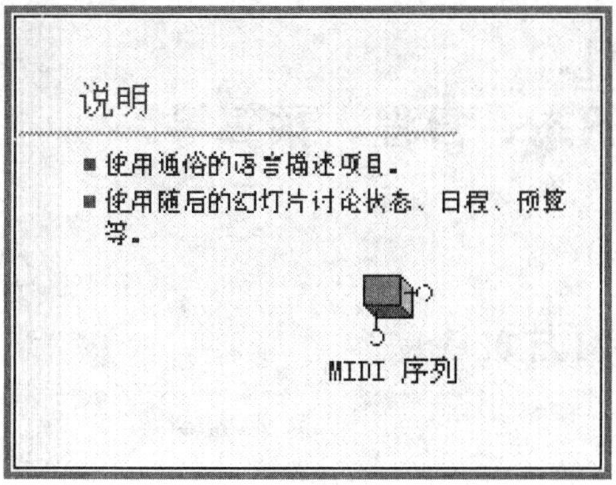
说明
使用通俗的语言描述项目。
使用随后的幻灯片讨论状态、日程、预算等。
MIDI 序列

3

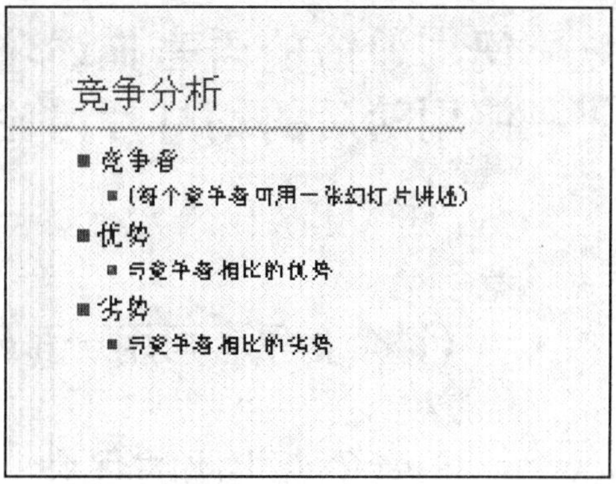
竞争分析
竞争者
(每个竞争者可用一张幻灯片讲述)
优势
与竞争者相比的优势
劣势
与竞争者相比的劣势

4

【样文 7-11B】

项目概况

总结：天南

项目目的

项目最终目标

与其他项目的关系

宏观的目标期限

说明

使用通俗的语言描述项目。

使用随后的幻灯片讨论状态、日程、预算等。

竞争分析

竞争者

　　(每个竞争者可用一张幻灯片讲述)

优势

　　与竞争者相比的优势

劣势

　　与竞争者相比的劣势

KSPPT7-11.PPT

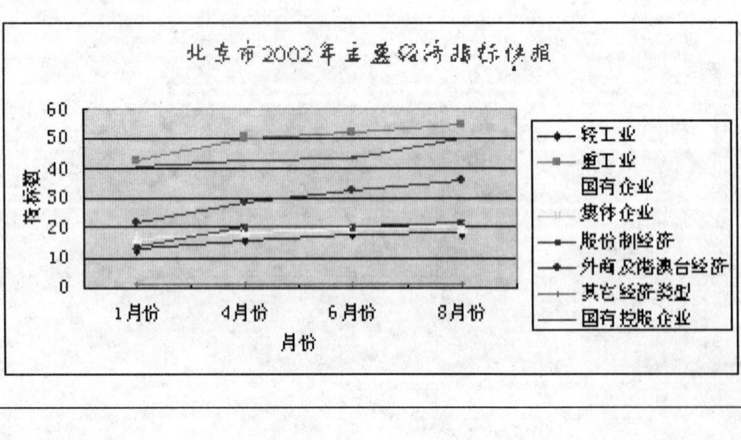

7.12　第 12 题

【操作要求】

打开文档 A7.DOC，按如下要求进行操作。

1．**利用文档大纲创建演示文稿:**

- 按照【样文 7-12A】以当前文档大纲结构在 PowerPoint 中创建七张幻灯片，将演示文稿应用设计模板 C:\Win2004GJW\KSML3\Sandstone.pot。
- 为所有幻灯片的标题和文本预设“出现”的动画效果，将演示文稿保存在考生文件夹中，命名为 A7.PPT。

2．**在演示文稿中插入声音文件**：按照【样文 7-12A】在第六张幻灯片中插入声音文件 C:\Win2004GJW\KSML3\KSWAV7-12.mid，替换图标 C:\Win2004GJW\KSML3\KSICO7-12A.ICO，设置对象格式为宽 8.68 厘米，高 6.51 厘米。

3．**文档中插入另一文档**：按照【样文 7-12B】将演示文稿 C:\Win2004GJW\KSML1\KSPPT7-12.PPT 插入文本“下一时期的目标”的后面，替换图标 C:\Win2004GJW\KSML3\KSICO7-12B.ICO，更改题注为“KSPPT7-12.PPT”，设置对象格式为宽 4.37 厘米，高 2.75 厘米。

4．**演示文稿中插入数据表或图表**：按照【样文 7-12A】在第三张幻灯片中插入图表 C:\Win2004GJW\KSML1\KSSJB7-12.XLS。

【样文 7-12A】

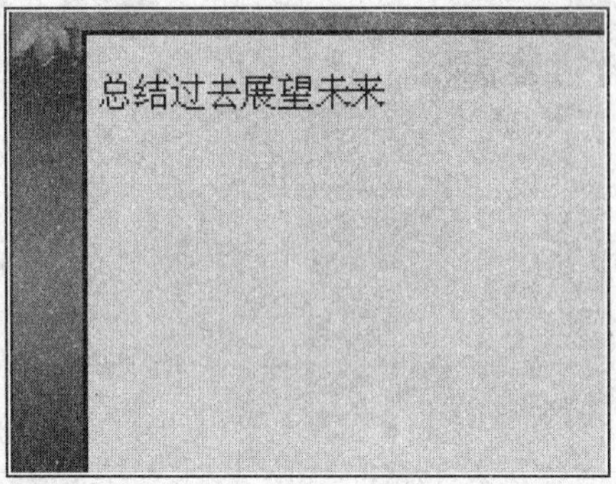

1

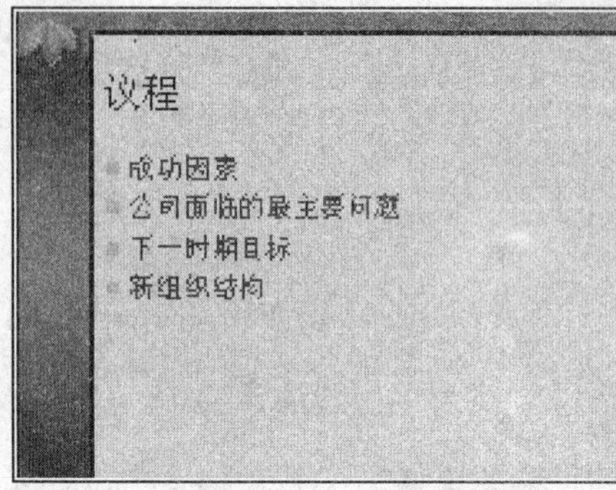

2

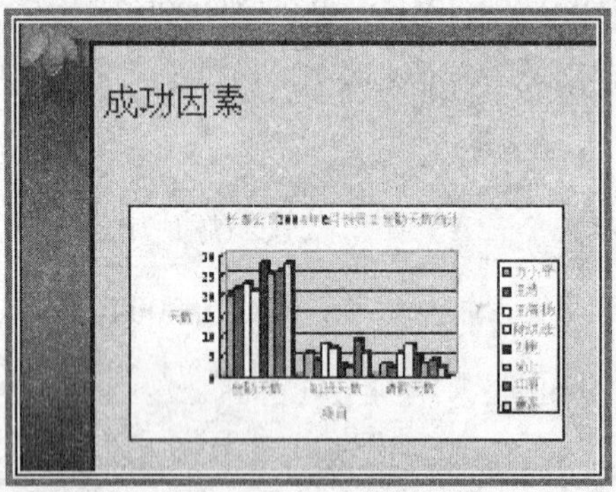

3

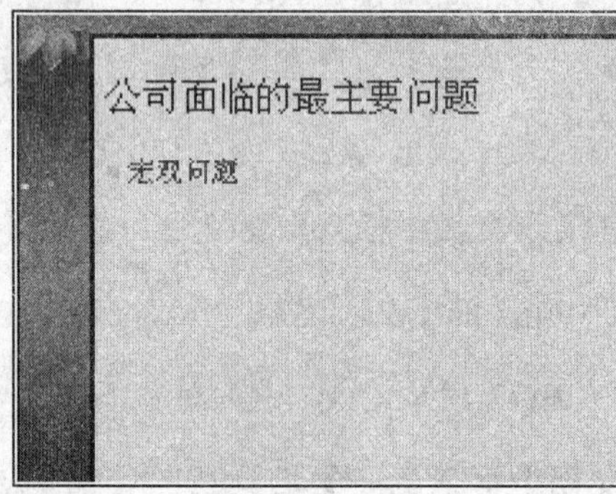

4

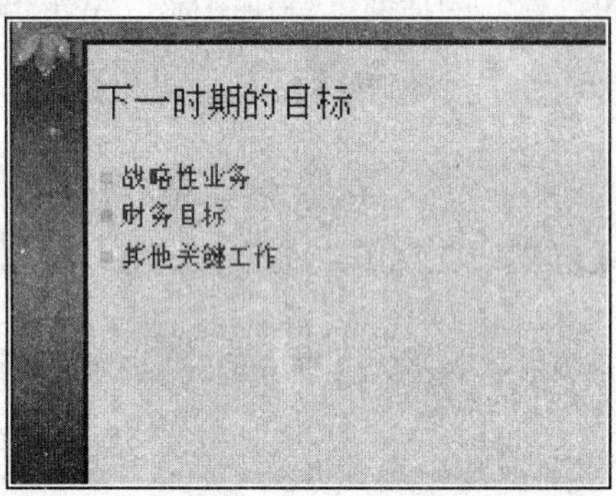

5

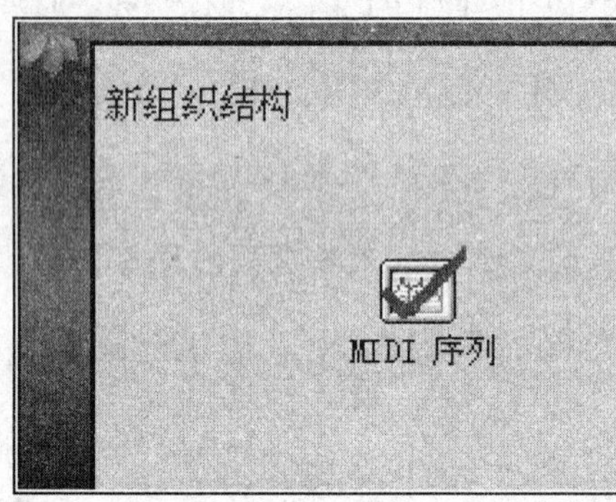

6

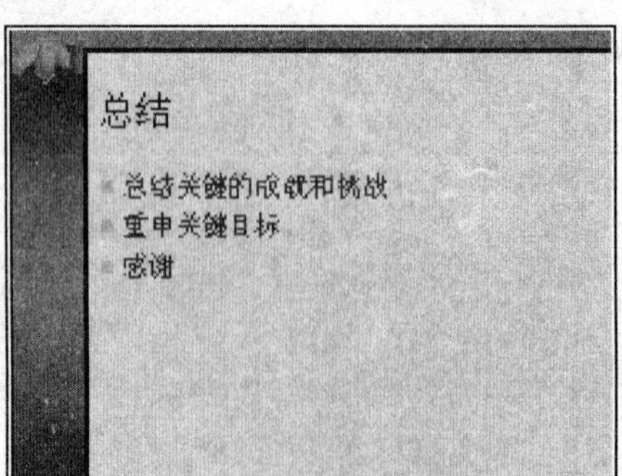

7

【样文 7-12B】

总结过去展望未来

议程

成功因素
公司面临的最主要问题
下一时期目标
新组织结构

成功因素

公司面临的最主要问题

宏观问题

下一时期的目标

KSPPT7-12.PPT

战略性业务
财务目标
其他关键工作

新组织结构

总结

总结关键的成就和挑战
重申关键目标
感谢

7.13 第 13 题

【操作要求】

打开文档 A7.DOC，按如下要求进行操作。

1．**办公软件间的信息转换**：按照【样文 7-13】在文档的末尾插入一张工作表 C:\Win2004GJW\KSML1\KSSJB7-13.XLS。

2．**宏的创建、运行**:

- 在文档 A7.DOC 中以 KSMACRO9 为宏名录制宏，将宏保存在当前文档中，要求设置字体格式为华文行楷，加粗，四号，红色，带下划线，行间距为固定值 25 磅，并指定快捷键为 ALT+Z。
- 按照【样文 7-13】利用快捷键将录制的宏应用在第一段中。

3. **在各种办公软件间转换文件格式**：保存当前文档，并重新以 Web 文件类型另存文档，页面标题为“蒙娜丽莎”。

【样文 7-13】

蒙娜丽莎是贵族私生女

面带神秘微笑的蒙娜丽莎的身世几个世纪以来一直是个谜，但是，英国《泰晤士报》3 月 14 日报道说，一位德国艺术史家最近声称，他查清了蒙娜丽莎的身世，从而解开了文艺复兴时期的最大谜团之一。

来自德国勒沃库森的艺术史家马格达丽纳·索斯特表示，他相信画于 1500 年到 1506 年期间的蒙娜丽莎的生活原型是一位公爵夫人，一个充满了冒险精神的年轻美貌女子，名叫卡特琳娜·斯福扎。索斯特女士说，她相信达·芬奇是根据一位公爵夫人的肖像画出蒙娜丽莎的，而这位公爵夫人的肖像最初是由意大利著名绘画大师洛伦索·迪克雷第画成的。索斯特说，“我完全相信她们就是同一个人。”德国一家发行量最大的日报在 13 日刊登了这两幅画像并进行了比较，而读者确实从中发现了许多相似之处。不过，索斯特表示，她在对两者的鼻子、头发、嘴唇以及脸颊进行了仔细研究之后得出的结论是，蒙娜丽莎就是卡特琳娜。15 岁那年，她嫁给了吉洛拉莫·里阿里奥，而她丈夫的叔叔就是当时的罗马教皇西克斯图斯四世。这位教皇叔叔后来把意大利的两座小城市福利和伊莫拉册封给他们并且授予了他们福利和伊莫拉公爵的贵族头衔，但是教皇在 1484 年去世之后，里阿里奥家族试图安排自己家族人继承教皇的企图遭到了失败，于是卡特琳娜率领一帮士兵冲击了罗马最著名的城堡之一圣安吉利奥城堡表示抗议。后来，她丈夫遭到了暗害，之后她再次结婚，但是丈夫又先于她死去。这些生活中的磨难都没有把她压倒，但是最后她败在了新教皇博尔吉亚及其家族的手中。1500 年，博尔吉亚教皇从她手中没收了那两座城市并且将她关押了一年之后才释放。她死于 1509 年，那年她才 46 岁。

河海学院教职员工工资一览表

编号	姓名	部门	基本工资	工龄工资	津贴	实发工资
HH01	王飞	教务处	1800	50	150	2000
HH02	陈瑚	后勤处	2000	55	250	2305
HH03	林风	教研处	2100	60	350	2510
HH04	赵亚	办公室	2200	45	200	2445
HH05	何平	后勤处	2500	50	180	2730
HH06	杨帅	教务处	2800	53	160	3013
HH07	张芷	保卫处	2300	28	130	2458

7.14 第 14 题

【操作要求】

打开文档 A7.DOC，按如下要求进行操作。

1. **办公软件间的信息转换：**

- 在当前文档下方插入工作簿 C:\Win2004GJW\KSML1\KSSJB7-14.XLS，按照【样文 7-14A】利用“北京市辖区各项费用统计”工作表中的数据生成“三维簇状柱形图”图表工作表，再以 Excel 对象的形式粘贴至当前文档的第二页。
- 按照【样文 7-14B】将第二页对象中的图表类型更改为“三维簇状条形图”。

2. **文档中插入声音文件：**

- 按照【样文 7-14C】在当前文档第一段的末尾插入声音文件 C:\Win2004GJW\KSML3\KSWAV7-14.mid，替换图标 C:\Win2004GJW\KSML3\KSICO7-14.ICO，更改题注为“KSWAV7-14.mid”，设置对象格式为宽 4.45 厘米，高 2.78 厘米，浮于文字上方。
- 激活插入到文档中的声音对象。

3. **宏的创建：**

- 在文档 A7.DOC 中以 KSMACRO10 为宏名录制宏，将宏保存在当前文档中，要求设置字体格式为楷体_GB2312，加粗，四号，宝石蓝色，并指定快捷键为 ALT+F。
- 按照【样文 7-14C】利用快捷键将录制的宏应用在第一段中。

4. **宏的编辑：** 按照【样文 7-14C】将 C:\Win2004GJW\KSML1\KSDOT7.DOT 模板文件中的宏方案 New Macros 复制到当前文档中，并将宏 KSMACRO11 应用在第二段中。

【样文 7-14A】

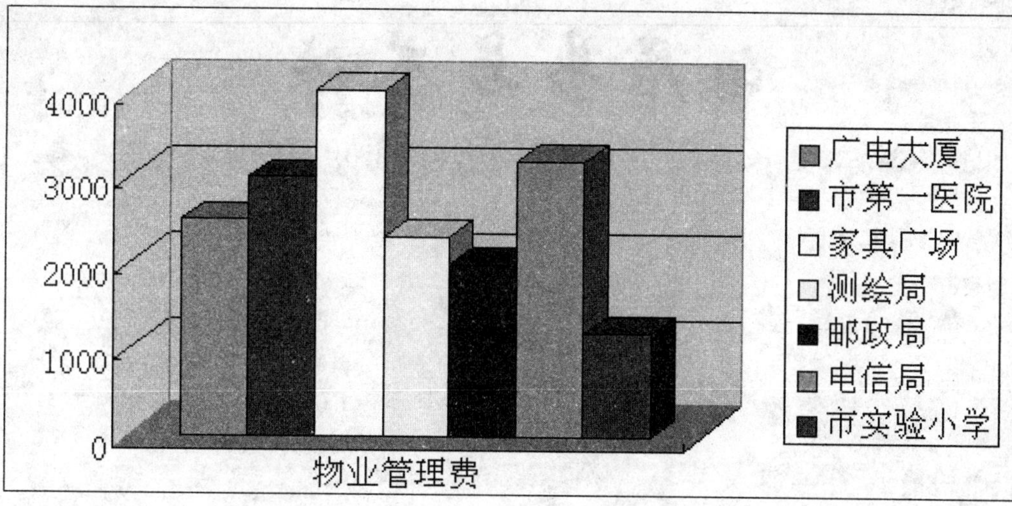

【样文 7-14B】

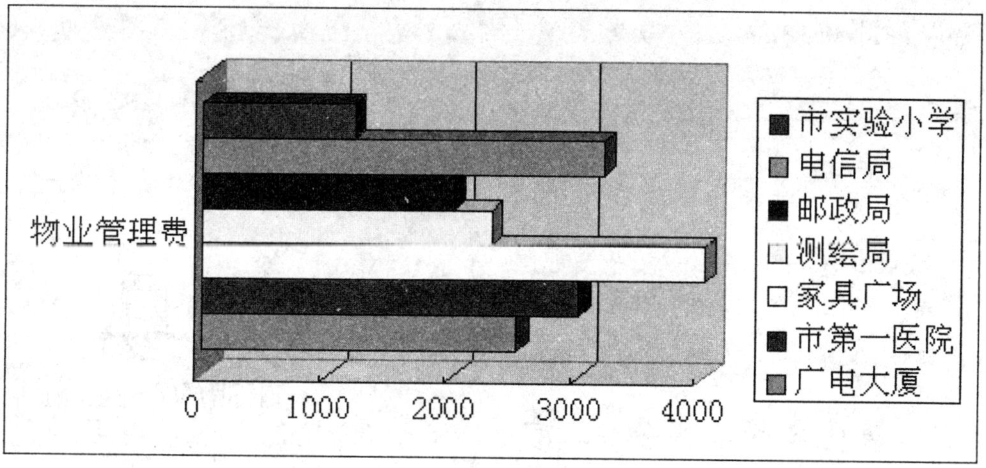

【样文 7-14C】

白居易与茶诗

把茶大量移入诗坛，使茶酒在诗坛中并驾齐驱的是白居易。从白诗中，我们看到茶在文人中的地位逐渐上升、转化的过程。白居易与许多唐代早、中期诗人一样，原是十分喜欢饮酒的。有人统计，白居易存诗二千八百首，涉及酒的九百首；而以茶为主题的有八首，叙及茶事、茶趣的有五十多首，二者共六十多首。可见，白居易是爱酒不嫌茶。《唐才子传》说他“茶铛酒杓不相离”，这正反映了他对茶酒兼好的情况。在白氏诗中，茶酒并不争高下，而常像姐妹一般出现在一首诗中：“春风小榼三升酒，寒食深炉一碗茶”（《自题新昌居止》）。又说：“举头中酒后，引手索茶时”（《和杨同州寒食于坑会》）。前者讲在不同环境中有时饮酒，有时饮茶；后者是把茶作为解酒之用。

KSWAV7-14.mid

唐代名茶尚不易得，官员、文士常相互以茶为赠品或邀友人饮茶，表示友谊。白居易的妻舅杨慕巢、杨虞卿、杨汉公兄弟均曾从不同地区给白居易寄好茶。白居易得茶后常邀好友共同品饮，也常应友人之约去品茶。从他的诗中可看出，白居易的茶友很多。尤其与李绅交谊甚深，他在自己的草堂中“趁暖泥茶灶”还说：“应须置两榻，一榻待公垂”。

7.15　第 15 题

【操作要求】

打开文档 A7.DOC，按如下要求进行操作。

1．**在文档中插入工作表或图表**：按照【样文 7-15】在当前文档末尾插入 C:\Win2004GJW\KSML1\KSSJB7-15.XLS。

2．**文档中插入声音文件**：

- 按照【样文 7-15】，在文档中插入声音文件 C:\Win2004GJW\KSML3\KSWAV7-15.mid，替换图标 C:\Win2004GJW\KSML3\KSICO7-15.ICO，更改题注为“KSWAV7-15.mid”，设置对象格式为宽 2.7 厘米，高 1.69 厘米，浮于文字上方。
- 激活插入到文档中的声音对象。

3．**宏的创建、运行**：

- 在文档 A7.DOC 中以 KSMACRO12 为宏名录制宏，将宏保存在当前文档中，要求设置字体格式为隶书，加粗，倾斜，小四，粉红色，并指定快捷键为 ALT+F。
- 按照【样文 7-15】利用快捷键将录制的宏应用在第一段中。

4．**在各种办公软件间转换文件格式**：保存当前文档，并重新以 Web 文件类型另存文档，页面标题为“散文选摘”。

【样文 7-15】

新年，我爬的这座山

国人历来讲究“一元复始，万象更新”。所以，逢过年一放假，大家就变着法子去“更新”。诸如泛舟啦、爬坡啦、影楼上重披婚纱啦、“梨园春”里唱两腔啦，等等，尽可能地玩得新鲜有趣。我虽未免俗，却又想不出名堂，无奈之下，就在家里练爬山。

KSWAV7-15.mid

居室之内如何爬山？说来也很平常。

众人皆知，中国有两座大山堪称世界之最。一曰喜马拉雅山珠穆朗玛峰，一曰《红楼梦》。前者是自然的山，物质的峰。后者是精神的山，文学的峰。尤其《红楼梦》这座文学之峰，更是高插云天，博大雄深，神奇玄奥。不仅让国内一代又一代的“红学”专家毕其一生，潜研不辍，也更使海外的“红学”痴迷者顶礼膜拜，攀爬不已。拉美爆炸文学大师博尔赫斯，便是一位识得“红山”真面目的探索者。博氏在国家图书馆数度寒暑，潜心“红学”，称《红楼梦》是最杰出的小说，《红楼梦》里所写的421个人物活灵活现，这在世界小说之林中很少见，令人惊叹。外国文豪对《红楼梦》尚且如此高山仰止，而况国人乎？我对《红楼梦》的崇敬之情无以复加，我且试爬它。

你瞧，这开卷第一回，就叫人百读不厌。嗬，我一见“灵石”，便爱不释手。这块当年女娲氏炼石补天时剩下的一块巨石，自经锻炼，灵性已通，一心想到红尘享受享受。适逢一僧一道经过青埂峰下，那僧便大施佛法，大展幻术，“将一块大石登时变成一块鲜明莹洁的美玉，且又缩成扇坠大小的可佩可拿”，“再镌上数字，使人一见便知是奇物方妙”，并打算让其“到那昌明隆盛之邦，诗礼簪缨之族，花柳繁华地，温柔富贵乡，去安身乐业”。石头听了，喜不能禁，乃问：”…不知携了弟子到何地方？”那僧笑道：“你且莫问，日后自然明白的。”说着便袖了这石，同那道人飘然而去…真可谓笔法娴熟，语妙天下，雅人深致！也难怪曹雪芹的“红粉知己”脂砚斋在此亦庄亦谐地作眉批道：“余亦恨不能随此石而去也。聊供阅者一笑！”

作者与批阅者是何等心有灵犀，志趣相投，相映成辉！面对这样的“红山”，谁不想攀爬不止，把玩再三，神往之矣！

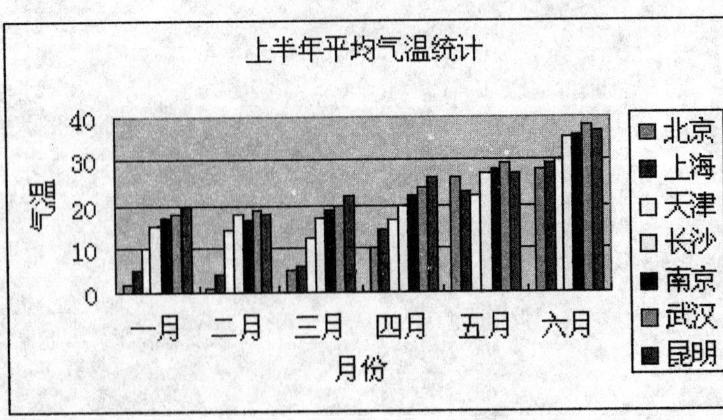

7.16　第 16 题

【操作要求】

打开文档 A7.DOC，按如下要求进行操作。

1．**办公软件间的信息转换：**

- 在当前文档的第二页插入工作簿 C:\Win2004GJW\KSML1\KSSJB7-16.XLS，按照【样文 7-16A】将“前六车间产品统计”工作表中的数据生成“分离型饼图”图表工作表，再以 Excel 对象的形式粘贴至当前文档的第三页。
- 按照【样文 7-16B】将第三页对象中的图表类型更改为“复合条饼图”。

2. **在文档中插入表格：**按照【样文 7-16C】在当前文档末尾插入文档表格 C:\Win2004-GJW\KSML1\KSDOC7-16.DOC。

3．**宏的创建：**

- 按照【样文 7-16C】以 KSMACRO13 为宏名录制宏，将宏保存在当前文档中，要求设置字体格式为华文彩云，加粗，四号，梅红色，行间距为固定值 24 磅，并将文档的第一段应用该宏。
- 按照【样文 7-16C】将 C:\Win2004GJW\KSML1\KSDOT7.DOT 模板文件中的宏方案 New Macros 复制到当前文档中，并将宏 KSMACRO14 应用在第二段中。

4. **在各种办公软件间转换文件格式：**保存当前文档，并重新以 Web 文件类型另存文档，页面标题为“沈氏园里传说”。

【样文 7-16A】

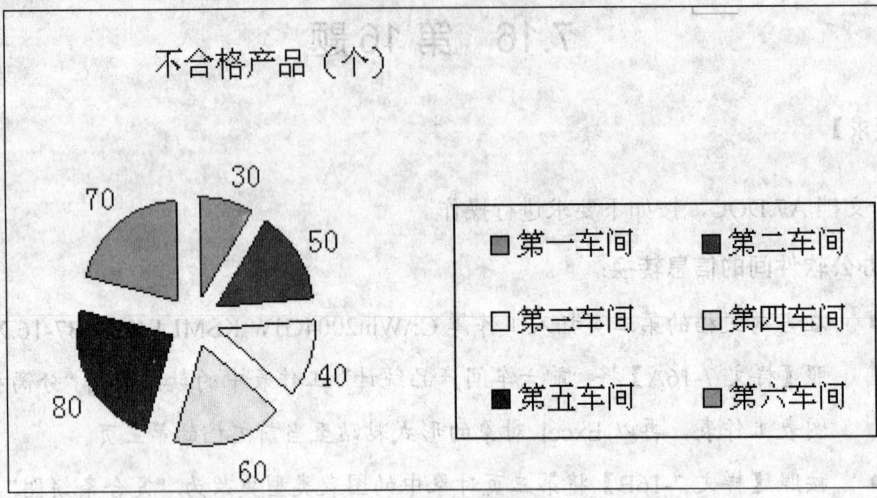

【样文 7-16B】

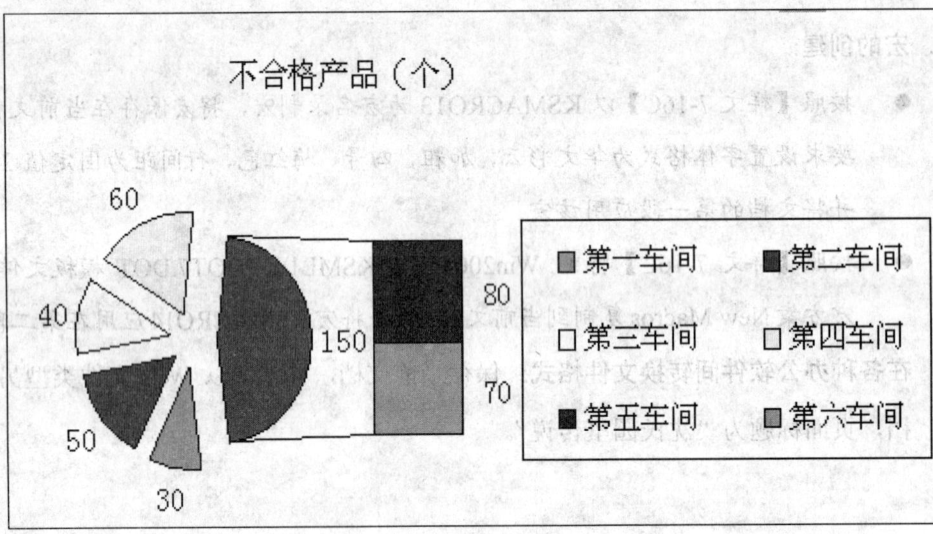

【样文 7-16C】

沈氏园里一段不老的传说

位于浙江省绍兴市区鲁迅路和延安路之间的沈氏园，是绍兴历代众多古典园林中唯一保存至今的宋代园林。这里蕴藏着一个八百多年前陆游和唐琬凄婉动人的爱情故事，而当时陆游在墙上即兴而作的一阕《钗头凤》，成为千古绝唱，沈园亦因此成为千古名园。

在一个暖洋洋的冬日午后，跨过放翁桥，迈过高高的黑漆门槛，我走进了这座雅致的宋代名园，去寻找那个脍炙人口的不老的传说。

问梅槛里，凭栏而坐，脚下是吱吱的木板，头上是萋萋的菖草，身后是幽幽的梅林，眼前是静静的宋池。我没有看到感觉上应有的那个夏日绮梦的景致，那是一朵亭亭的出水芙蓉，几片如盖的绿叶旋舞着地，托举着一个美的梦。现在，这微波荡漾的水面上，依然有几尾红鲤不甘寂寞地相互追逐着、嬉戏着，等待着睡莲的醒期。心中想着陆游，想着唐琬，想着此时，想着彼时……恍惚中，仿佛看到了一个沾满露水的夏日清晨，心中的莲，正一层一层地绽开那美丽的笑靥，在我的面前泛开胭红一片…….

孤鹤轩前，那一方新砌的残垣断壁，承载着这个园内的不老的传说。

“红酥手，黄滕酒，满城春色宫墙柳。
东风恶，欢情薄，一怀愁绪，几年离索。错！错！错！
春如旧，人空瘦，泪痕红浥鲛绡透。
桃花落，闲池阁，山盟虽在，锦书难托。莫！莫！莫！”

方案	市场情况	2003年		2004年	
		概率	利润(元)	概率	利润(元)
甲方案	良好	50%	60000	60%	100000
	一般	20%	40000	20%	80000
	较差	30%	40500	20%	70000
乙方案	良好	20%	38000	30%	60000
	一般	50%	45000	30%	50000
	较差	30%	69000	40%	40000

7.17　第 17 题

【操作要求】

打开文档 A7.XLS，按如下要求进行操作。

1. **复制工作表**：将 Sheet1 工作表复制到 Sheet2 中。

2. **录制宏**：

- 按照【样文 7-17A】在 Sheet1 中运用单元格的绝对引用，以 KSMACRO15 为宏名录制宏，将宏保存在当前工作簿中，要求设置单元格区域 C3:F3 的对齐格式为水平居中，垂直居中，字体为隶书，金色。
- 在 Sheet1 中，运用单元格的相对引用以 KSMACRO16 为宏名录制宏，创建快捷键为 Ctrl+Z，将宏保存在当前工作簿中，要求设置单元格的对齐格式为水平居中，垂直居中，字体为楷体_GB2312，字号为 14 磅，金色。

3. **运行宏**：按照【样文 7-17B】在 Sheet2 中的单元格区域 C3:F3，用快捷键快速运行宏 KSMACRO16。

4. **在各种办公软件间转换文件格式**：保存当前工作簿，并重新以 Web 文件类型另存文档，页面标题为“汽车销售统计”。

【样文 7-17A】

万喜车业有限公司2003年销售量统计

车名	第一季度（辆）	第二季度（辆）	第三季度（辆）	第四季度（辆）
红旗	2000	2500	2800	3000
奔驰	1500	2200	1900	2000
凯迪拉克	1200	1800	2000	2100
本田	1000	1600	2300	2600
林肯	900	700	800	1000
保时捷	800	1700	1500	1600
别克	2300	2800	3000	3200

【样文 7-17B】

万喜车业有限公司2003年销售量统计

车名	第一季度（辆）	第二季度（辆）	第三季度（辆）	第四季度（辆）
红旗	2000	2500	2800	3000
奔驰	1500	2200	1900	2000
凯迪拉克	1200	1800	2000	2100
本田	1000	1600	2300	2600
林肯	900	700	800	1000
保时捷	800	1700	1500	1600
别克	2300	2800	3000	3200

7.18 第 18 题

【操作要求】

打开文档 A7.XLS，按如下要求进行操作。

1. **复制工作表**：将 Sheet1 工作表复制到 Sheet2 中。
2. **录制宏**:
   - 按照【样文 7-18A】在 Sheet1 中运用单元格的绝对引用，以 KSMACRO17 为宏名录制宏，将宏保存在当前工作簿中，要求设置单元格区域 B3:H10 的外边框线为细实线，内部框线为虚线。
   - 在 Sheet1 中，运用单元格的相对引用以 KSMACRO18 为宏名录制宏，创建快捷键为 Ctrl+Z，将宏保存在当前工作簿中，要求设置单元格边框为靛蓝色的双实线，底纹为青绿色。
3. **运行宏**：按照【样文 7-18B】在 Sheet2 中的单元格区域 C4:H10，用快捷键快速运行宏 KSMACRO18。
4. **在各种办公软件间转换文件格式**：保存当前工作簿，并重新以“DBF 4”文件类型另存文档。

【样文 7-18A】

日本噪声的卫生标准（1974年）						
中心频率	不同接触时间允许的倍频程声压级（dB）					
	480min	240min	120min	60min	40min	30min
250	98	102	108	97	120	120
500	92	95	99	87	112	117
1k	86	88	91	86	99	103
2k	83	84	85	88	90	92
3k	82	83	84	86	88	90
4k	82	83	85	87	89	91

【样文 7-18B】

日本噪声的卫生标准（1974年）						
中心频率	不同接触时间允许的倍频程声压级（dB）					
	480min	240min	120min	60min	40min	30min
250	98	102	108	97	120	120
500	92	95	99	87	112	117
1k	86	88	91	86	99	103
2k	83	84	85	88	90	92
3k	82	83	84	86	88	90
4k	82	83	85	87	89	91

7.19 第 19 题

【操作要求】

打开文档 A7.XLS，按如下要求进行操作。

1. **复制工作表**：将 Sheet1 工作表复制到 Sheet2 中。
2. **录制宏**：
   - 按照【样文 7-19A】在 Sheet1 中运用单元格的绝对引用，以 KSMACRO19 为宏名录制宏，将宏保存在当前工作簿中，要求设置单元格区域 B3:E9 的字体为隶书，内部框线为虚线。
   - 在 Sheet1 中，运用单元格的相对引用以 KSMACRO20 为宏名录制宏，创建快捷键为 Ctrl+Z，将宏保存在当前工作簿中，设置字体格式为楷体_GB2312，加粗，字号为 28 磅，梅红色，深蓝色底纹。
3. **运行宏**：按照【样文 7-19B】在 Sheet2 中选中单元格 B2，用快捷键快速运行宏 KSMACRO20。
4. **在各种办公软件间转换文件格式**：保存当前工作簿，并重新以“DBF 4”文件类型另存文档。

【样文 7-19A】

列强在非洲占有的土地、人口			
国家	土地面积（平方千米）	非洲土地的百分	人口
法国	1090多万	35.90%	3000多万
英国	880多万	29%	4000-5000万
德国	250多万	8.20%	1000万
比利时	230多万	7.50%	1500多万
意大利	225万	7.40%	100多万
葡萄牙	208万	6.80%	500万

【样文 7-19B】

列强在非洲占有的土地、人口			
国家	土地面积（平方千米）	占非洲土地的百分比	人口
法国	1090多万	35.90%	3000多万
英国	880多万	29%	4000-5000万
德国	250多万	8.20%	1000万
比利时	230多万	7.50%	1500多万
意大利	225万	7.40%	100多万
葡萄牙	208万	6.80%	500万

7.20 第 20 题

【操作要求】

打开文档 A7.XLS，按如下要求进行操作。

1. **复制工作表**：将 Sheet1 工作表复制到 Sheet2 中。
2. **录制宏**：
   - 按照【样文 7-20A】在 Sheet1 中运用单元格的绝对引用，以 KSMACRO21 为宏名录制宏，将宏保存在当前工作簿中，要求设置单元格区域 B3:B9 的外边框线为粗实线，内边框线为细实线。
   - 在 Sheet1 中，运用单元格的相对引用，以 KSMACRO22 为宏名录制宏，创建快捷键为 Ctrl+Z，将宏保存在当前工作簿中，要求设置单元格的字体格式为隶书，加粗，字号为 18 磅，单元格的边框线为靛蓝色的粗实线，底纹为金色。
3. **运行宏**：按照【样文 7-20B】在 Sheet2 中的 B2:B9 单元格区域，用快捷键快速运行宏 KSMACRO22。
4. **在各种办公软件间转换文件格式**：保存当前工作簿，并重新以 Web 文件类型另存文档，页面标题为“服装超市销售情况表”。

【样文 7-20A】

宏达服装超市2004年第一季度销售情况表

货号	品名规格	单位	数量	单价	金额					
					千	百	十	元	角	分
1	瑞达	元	1	70			7	0	0	0
2	伟成	元	2	120		2	4	0	0	0
3	立志	元	4	80		3	2	0	0	0
4	众成	元	10	12	1	2	0	0	0	0
合计人民币（大写）　壹仟　捌佰　叁拾　零元　零角　零分						1830.00元				

【样文 7-20B】

宏达服装超市2004年第一季度销售情况表										
货号	品名规格	单位	数量	单价	金额					
					千	百	十	元	角	分
1	瑞达	元	1	70			7	0	0	0
2	伟成	元	2	120		2	4	0	0	0
3	立志	元	4	80		3	2	0	0	0
4	众成	元	10	12	1	2	0	0	0	0
合计人民币（大写）　壹仟　捌佰　叁拾　零元　零角										

第八单元　桌面信息管理程序应用[1]

8.1　第 1 题

【操作要求】

确认以 KS 邮箱登录，进入 Outlook，引入文件 A8.PST 至个人文件夹中，用引入的项目替换重复的项目，按下列要求进行操作。

1．**答复邮件**：

- 按【样文 8-1A】答复李飞的邮件，并在答复的邮件中插入附件 C:\Win2004GJW\KSML3\fujian8-1.DOC。
- 按【样文 8-1B】答复王占永的邮件，抄送至王冰，将邮件标记为“无须响应”。

2．**定制约会**：

- 按【样文 8-1C】添加一次个人约会，主题为“张蕴华老师的生日”；地点为“张老师的家”；时间为 2004 年 8 月 12 日，20:00 开始，21:00 结束，以年为周期；并通知张波和张兰；提前一天提醒；发送约会。
- 按【样文 8-1D】利用主题为“参加考试”的邮件定制一次个人约会，地点为“一高”；时间为 2004 年 8 月 11 日，8:00 开始，11:00 结束，提前一天提醒；保存并关闭约会。

3．**通讯簿操作**：按【样文 8-1E】将王天南添加到联系人列表中。

4．**导出结果**：导出到个人文件夹（包括子文件夹）到 A8-A.PST。

---

[1]本单元题目是以 Outlook 2002 为例的。

【样文 8-1A】

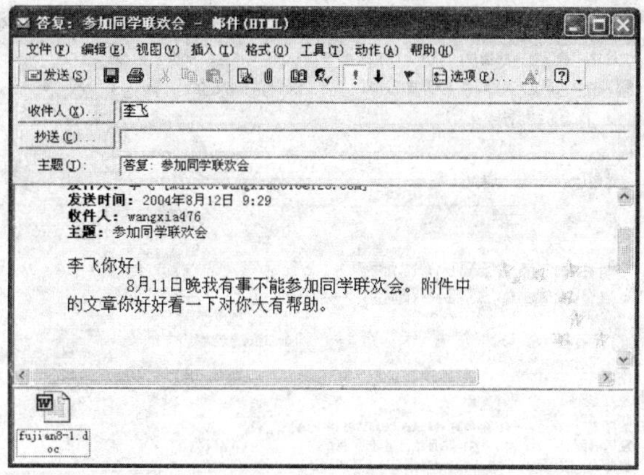

【样文 8-1B】

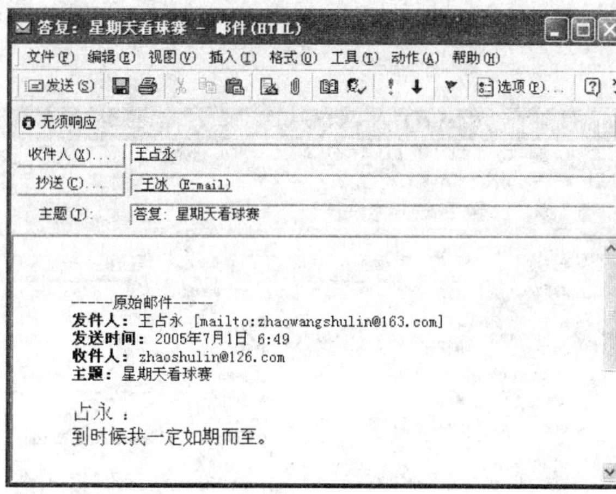

【样文 8-1C】

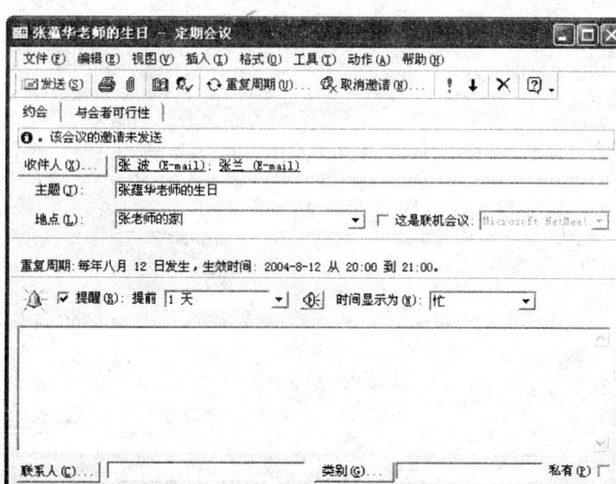

【样文 8-1D】

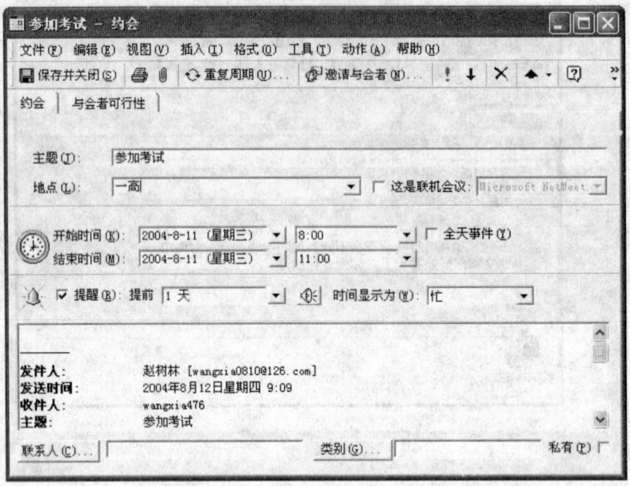
参加考试 - 约会
文件(F) 编辑(E) 视图(V) 插入(I) 格式(O) 工具(T) 动作(A) 帮助(H)
保存并关闭(S)
重复周期(U)...
邀请与会者(N)...
约会
与会者可行性
主题(J): 参加考试
地点(L): 一高
这是联机会议:
Microsoft NetMeet
开始时间(X): 2004-8-11 (星期三) 8:00
全天事件(Y)
结束时间(M): 2004-8-11 (星期三) 11:00
提醒(R): 提前 1 天
时间显示为(W): 忙
发件人: 赵树林 [wangxia0810@126.com]
发送时间: 2004年8月12日星期四 9:09
收件人: wangxia476
主题: 参加考试
联系人(C)...
类别(G)...
私有(P)

【样文 8-1E】

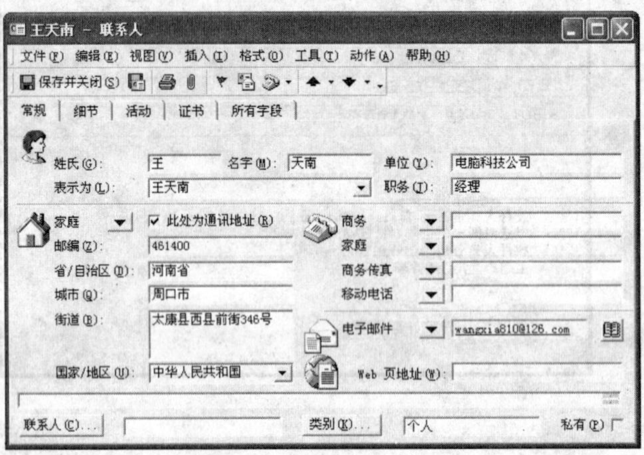
王天南 - 联系人
文件(F) 编辑(E) 视图(V) 插入(I) 格式(O) 工具(T) 动作(A) 帮助(H)
保存并关闭(S)
常规
细节
活动
证书
所有字段
姓氏(G): 王
名字(M): 天南
单位(Y): 电脑科技公司
表示为(L): 王天南
职务(T): 经理
家庭
此处为通讯地址(R)
商务
邮编(Z): 461400
家庭
省/自治区(D): 河南省
商务传真
城市(Q): 周口市
移动电话
街道(B): 太康县西县前街346号
电子邮件
wangxia810@126.com
国家/地区(U): 中华人民共和国
Web 页地址(W):
联系人(C)...
类别(E)...
个人
私有(P)

8.2　第 2 题

【操作要求】

确认以 KS 邮箱登录，进入 Outlook，引入文件 A8.PST 至个人文件夹中，用引入的项目替换重复的项目，按下列要求进行操作。

1．**答复邮件：**

- 按【样文 8-2A】答复李宁的邮件，并在答复的邮件中插入附件 C:\Win2004GJW\KSML3\fujian8-2.DOC。
- 按【样文 8-2B】答复李飞的邮件，抄送至赵树林，将邮件标记为“已读”，重要性为“高”。

2．**定制约会：**

- 按【样文 8-2C】添加一次个人约会，主题为“庆祝建校二十周年”；地点为“学校操场”；时间为 2004 年 8 月 20 日，8:00 开始，12:00 结束；提前 15 分钟提醒；类别为“个人”；保存并关闭约会。
- 按【样文 8-2D】利用主题为“参加同学联欢会”的邮件定制一次个人约会，地点为“中州宾馆”；时间为 2004 年 8 月 11 日，18:00 开始，20:00 结束，提前 15 分钟提醒；保存并关闭约会。

3．**通讯簿操作：**按【样文 8-2E】将孔明添加到联系人列表中。

4．**导出结果：**导出到个人文件夹（包括子文件夹）到 A8-A.PST。

【样文 8-2A】

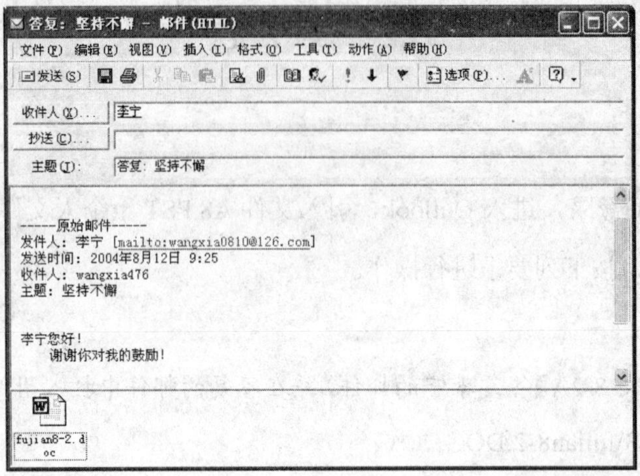

【样文 8-2B】

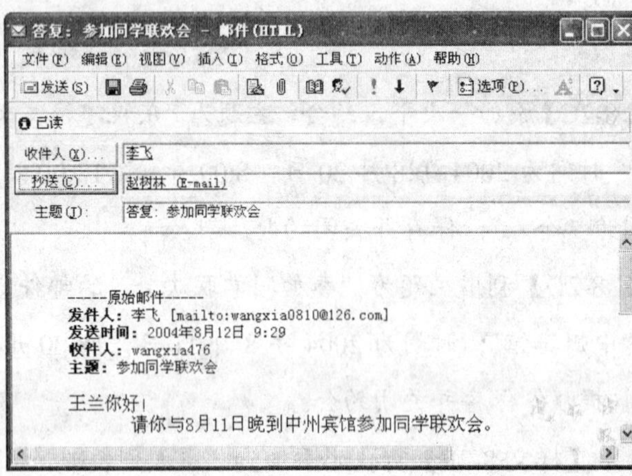

【样文 8-2C】

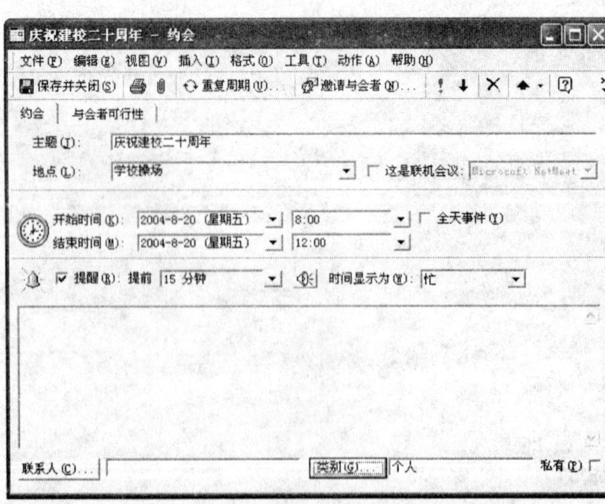

【样文 8-2D】

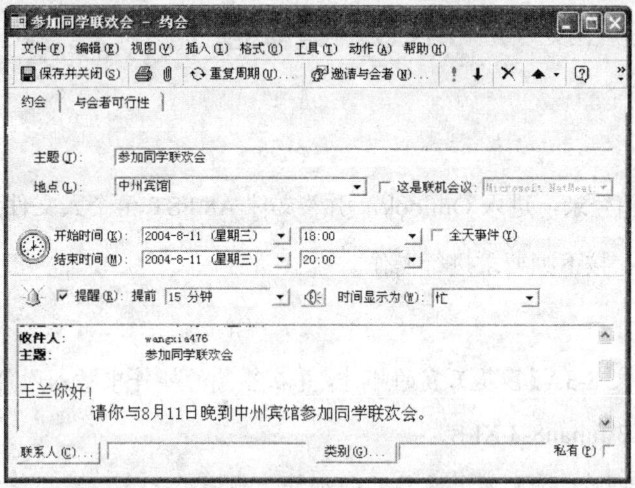
参加同学联欢会 - 约会
文件(F) 编辑(E) 视图(V) 插入(I) 格式(O) 工具(T) 动作(A) 帮助(H)
保存并关闭(S)
重复周期(U)...
邀请与会者(N)...
约会
与会者可行性
主题(J): 参加同学联欢会
地点(L): 中州宾馆
这是联机会议
开始时间(R): 2004-8-11 (星期三) 18:00
全天事件(Y)
结束时间(M): 2004-8-11 (星期三) 20:00
提醒(R): 提前 15 分钟
时间显示为(W): 忙
收件人: wangxia476
主题: 参加同学联欢会
王兰你好!
请你与8月11日晚到中州宾馆参加同学联欢会。
联系人(C)...
类别(G)...
私有(P)

【样文 8-2E】

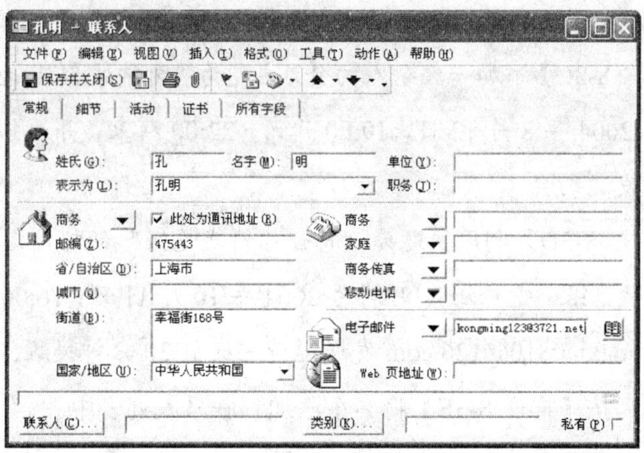
孔明 - 联系人
文件(F) 编辑(E) 视图(V) 插入(I) 格式(O) 工具(T) 动作(A) 帮助(H)
保存并关闭(S)
常规
细节
活动
证书
所有字段
姓氏(G): 孔
名字(M): 明
单位(Y):
表示为(L): 孔明
职务(T):
商务
此处为通讯地址(R)
商务
邮编(Z): 475443
家庭
省/自治区(D): 上海市
商务传真
城市(Q):
移动电话
街道(B): 幸福街168号
电子邮件
kongming123@3721.net
国家/地区(U): 中华人民共和国
Web 页地址(W):
联系人(C)...
类别(K)...
私有(P)

8.3 第 3 题

【操作要求】

确认以 KS 邮箱登录，进入 Outlook，引入文件 A8.PST 至个人文件夹中，用引入的项目替换重复的项目，按下列要求进行操作。

1．答复邮件：

- 按【样文 8-3A】答复王霞的邮件，并在答复的邮件中插入附件 C:\Win2004GJW\KSML3\fujian8-3.XLS。
- 按【样文 8-3B】答复秦稳孔的邮件，抄送至王永，将邮件标记为“答复所有人”，敏感度为“个人”。

2．定制约会：

- 按【样文 8-3C】添加一次个人约会，主题为“同学聚会”；地点为“人民宾馆”；时间为 2004 年 8 月 12 日，19:00 开始，22:00 结束，并通知李宁；提前 1 小时提醒；发送约会。
- 按【样文 8-3D】利用主题为“想让你请我吃饭”的邮件定制一次个人约会，地点为“德银小吃广场”；时间为 2004 年 10 月 11 日，16:00 开始，17:00 结束，并向 wangxia0810@126.com 发送邀请，提前 30 分钟提醒；发送约会。

3．通讯簿操作：按【样文 8-3E】将秦军添加到联系人列表中。

4．导出结果：导出到个人文件夹（包括子文件夹）到 A8-A.PST。

【样文 8-3A】

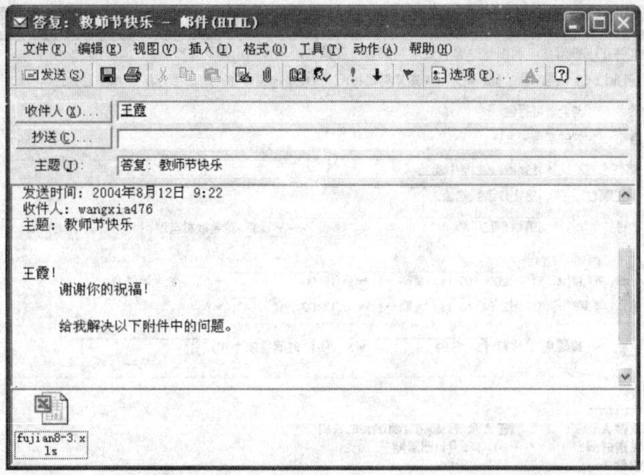

【样文 8-3B】

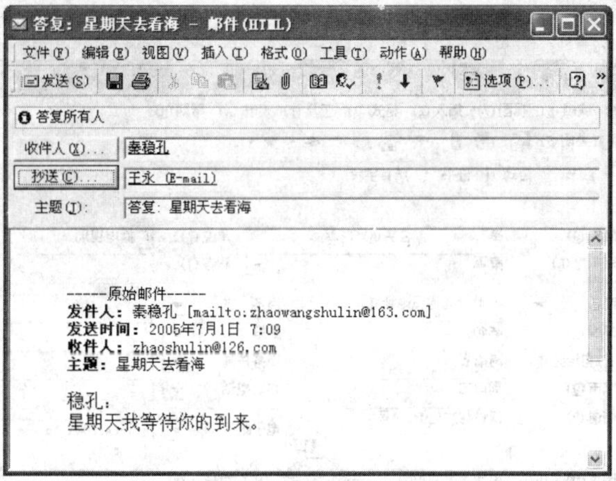

【样文 8-3C】

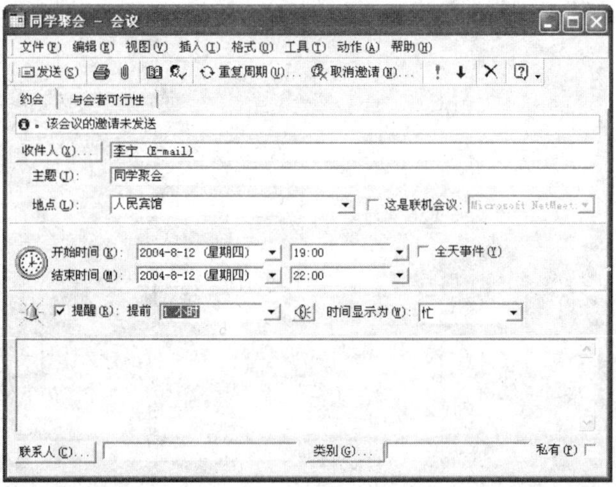

【样文 8-3D】

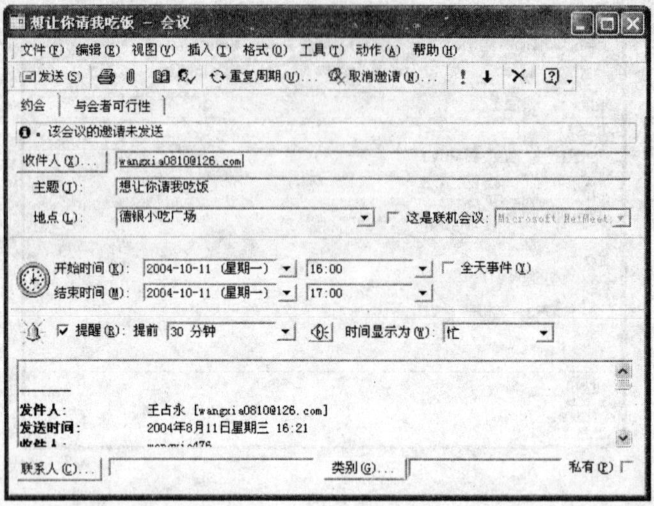
想让你请我吃饭 - 会议
文件(F) 编辑(E) 视图(V) 插入(I) 格式(O) 工具(T) 动作(A) 帮助(H)
发送(S)
重复周期(U)...
取消邀请(N)...
约会
与会者可行性
该会议的邀请未发送
收件人(X)...
wangxia0810@126.com
主题(J):
想让你请我吃饭
地点(L):
德银小吃广场
这是联机会议:
Microsoft NetMeet
开始时间(K):
2004-10-11 (星期一)
16:00
全天事件(Y)
结束时间(M):
2004-10-11 (星期一)
17:00
提醒(R): 提前
30 分钟
时间显示为(W):
忙
发件人:
王占永 [wangxia0810@126.com]
发送时间:
2004年8月11日星期三 16:21
联系人(C)...
类别(G)...
私有(P)

【样文 8-3E】

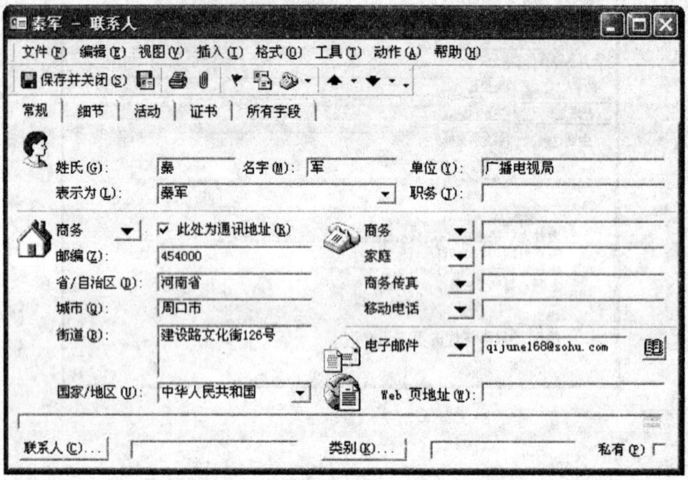
秦军 - 联系人
文件(F) 编辑(E) 视图(V) 插入(I) 格式(O) 工具(T) 动作(A) 帮助(H)
保存并关闭(S)
常规
细节
活动
证书
所有字段
姓氏(G):
秦
名字(M):
军
单位(Y):
广播电视局
表示为(L):
秦军
职务(T):
商务
此处为通讯地址(R)
商务
家庭
邮编(Z):
454000
省/自治区(D):
河南省
商务传真
城市(Q):
周口市
移动电话
街道(B):
建设路文化街126号
电子邮件
qijune168@sohu.com
国家/地区(U):
中华人民共和国
Web 页地址(W):
联系人(C)...
类别(K)...
私有(P)

8.4　第 4 题

【操作要求】

确认以 KS 邮箱登录，进入 Outlook，引入文件 A8.PST 至个人文件夹中，用引入的项目替换重复的项目，按下列要求进行操作。

1．**转发邮件：**

- 按【样文 8-4A】将邮件“参加同学联欢会”转发给张波，并在转发的邮件中插入附件 C:\Win2004GJW\KSML3\fujian8-4.XLS。
- 按【样文 8-4B】将邮件“参加考试”转发给李宁，将邮件标记为“无须响应”；重要性为“高”，请在阅读此邮件后给出“已读”回执。

2．**安排会议：**按【样文 8-4C】安排一次会议，主题为“经济技术工作会议”；地点为“中州路财源宾馆”；时间为 2004 年 8 月 12 日，9:00 开始，11:00 结束；史明是必选与会者，王永是可选与会者，提前 1 小时提醒；发送会议。

3．**安排任务：**

- 按【样文 8-4D】安排“全国测量工资格培训考试”的任务日程；开始时间为 2004 年 8 月 12 日，结束时间为 2004 年 8 月 20 日；保存任务。
- 按【样文 8-4E】安排“书写财务报告”的任务日程；开始时间为 2004 年 10 月 12 日，结束时间为 2004 年 10 月 16 日，将任务分配给王永和史明；发送任务。

4．**导出结果：**导出到个人文件夹（包括子文件夹）到 A8-A.PST。

【样文 8-4A】

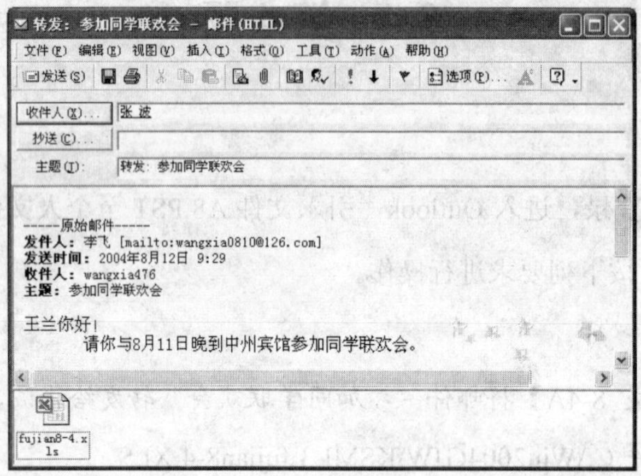

【样文 8-4B】

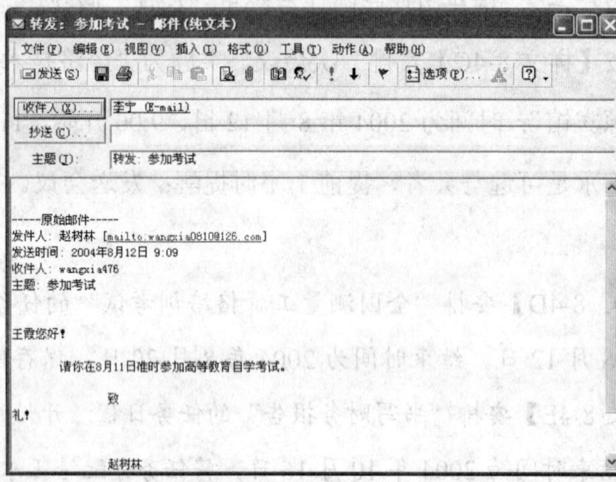

【样文 8-4C】

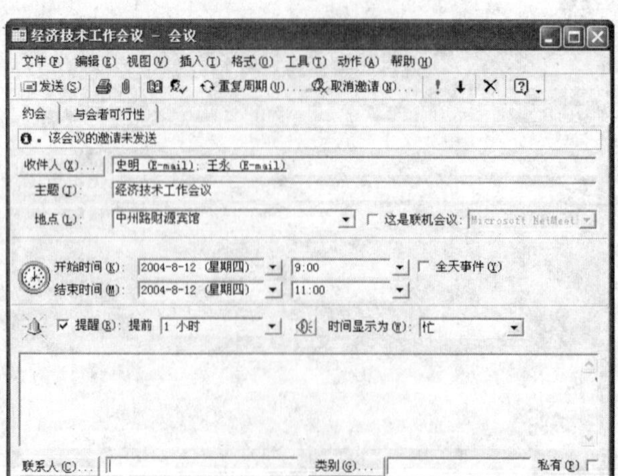

【样文 8-4D】

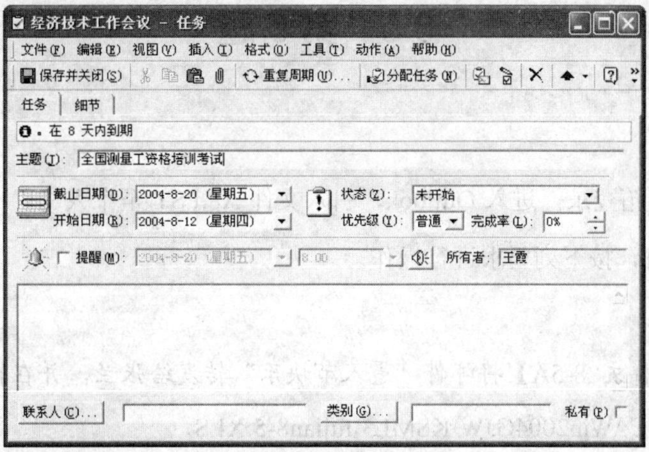
经济技术工作会议 - 任务
文件(F) 编辑(E) 视图(V) 插入(I) 格式(O) 工具(T) 动作(A) 帮助(H)
保存并关闭(S)
重复周期(U)...
分配任务(N)
任务
细节
在 8 天内到期
主题(J):
全国测量工资格培训考试
截止日期(D):
2004-8-20 (星期五)
开始日期(R):
2004-8-12 (星期四)
状态(Z):
未开始
优先级(Y):
普通
完成率(L):
0%
提醒(M):
2004-8-20 (星期五)
8:00
所有者:
王霞
联系人(C)...
类别(G)...
私有(P)

【样文 8-4E】

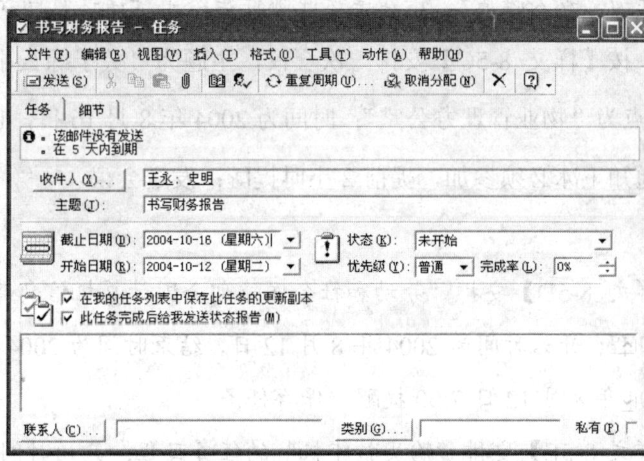
书写财务报告 - 任务
文件(F) 编辑(E) 视图(V) 插入(I) 格式(O) 工具(T) 动作(A) 帮助(H)
发送(S)
重复周期(U)...
取消分配(N)
任务
细节
该邮件没有发送
在 5 天内到期
收件人(X)...
王永；史明
主题(J):
书写财务报告
截止日期(D):
2004-10-16 (星期六)
开始日期(R):
2004-10-12 (星期二)
状态(K):
未开始
优先级(Y):
普通
完成率(L):
0%
在我的任务列表中保存此任务的更新副本
此任务完成后给我发送状态报告(M)
联系人(C)...
类别(G)...
私有(P)

8.5 第 5 题

【操作要求】

确认以 KS 邮箱登录，进入 Outlook，引入文件 A8.PST 至个人文件夹中，用引入的项目替换重复的项目，按下列要求进行操作。

1. **转发邮件：**
   - 按【样文 8-5A】将邮件“愚人节快乐”转发给张兰，并在转发的邮件中插入附件 C:\Win2004GJW\KSML3\fujian8-5.XLS。
   - 按【样文 8-5B】将邮件“坚持不懈”转发给史明，将邮件标记为“仅供参考”；敏感度为“私人性质”，请在送达此邮件后给出“送达”回执。
2. **安排会议：** 按【样文 8-5C】安排一次会议，主题为“关于绿云小区物业管理费的收缴”；地点为“物业管理办公室”；时间为 2004 年 8 月 16 日，16:30 开始，17:00 结束；并通知王冰必须参加，提前 2 小时提醒；发送会议。
3. **安排任务：**
   - 按【样文 8-5D】安排“劳动和社会保障部全国计算机信息高新技术考试”的任务日程；开始时间为 2004 年 8 月 12 日，结束时间为 2004 年 8 月 14 日；并在 2004 年 8 月 12 日 7:00 提醒；保存任务。
   - 按【样文 8-5E】安排“购买打印机”的任务日程；开始时间为 2004 年 10 月 16 日，结束时间为 2004 年 10 月 17 日，将任务分配给李宁；发送任务。
4. **导出结果：** 导出到个人文件夹（包括子文件夹）到 A8-A.PST。

【样文 8-5A】

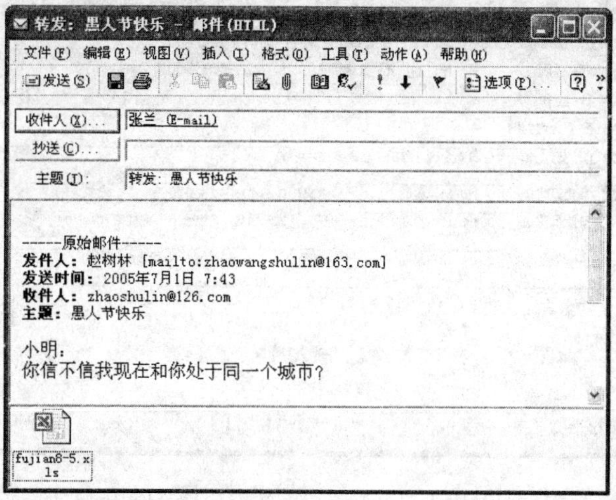

【样文 8-5B】

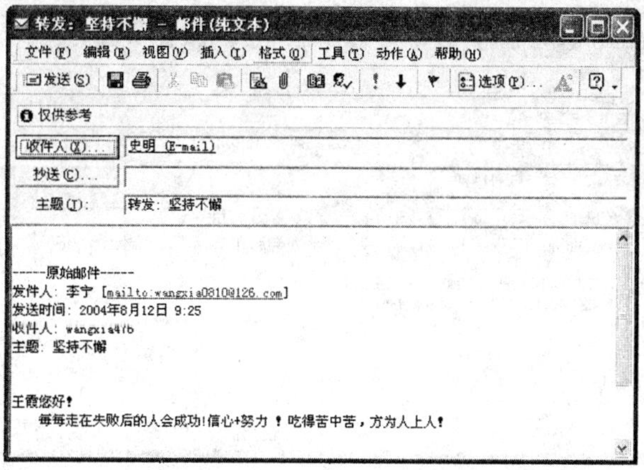

【样文 8-5C】

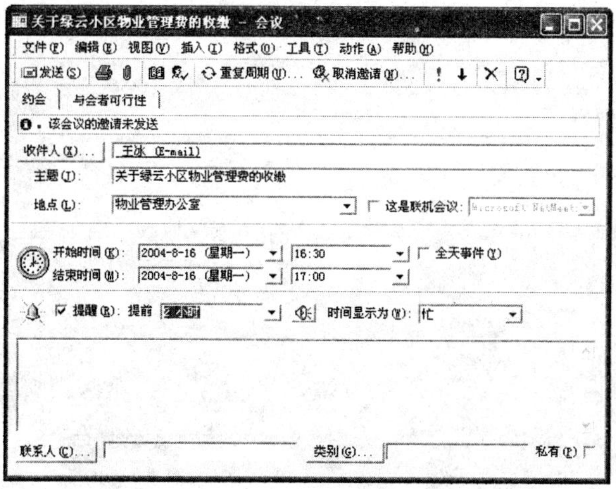

【样文 8-5D】

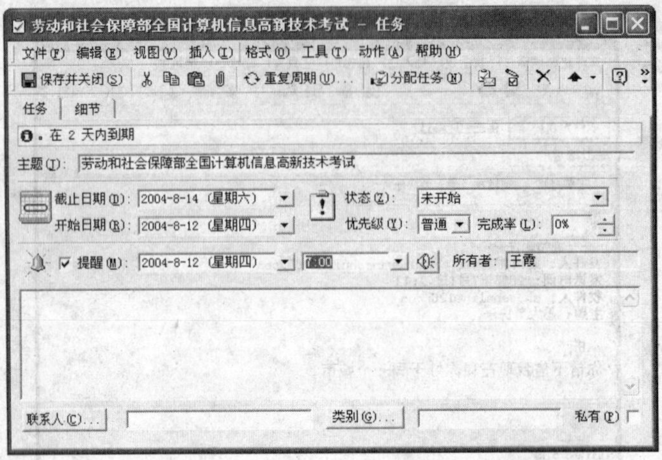
劳动和社会保障部全国计算机信息高新技术考试 - 任务
文件(F) 编辑(E) 视图(V) 插入(I) 格式(O) 工具(T) 动作(A) 帮助(H)
保存并关闭(S)
重复周期(U)...
分配任务(N)
任务
细节
在 2 天内到期
主题(J):
劳动和社会保障部全国计算机信息高新技术考试
截止日期(D):
2004-8-14 (星期六)
开始日期(R):
2004-8-12 (星期四)
状态(Z):
未开始
优先级(Y):
普通
完成率(L):
0%
提醒(M):
2004-8-12 (星期四)
所有者:
王霞
联系人(C)...
类别(G)...
私有(P)

【样文 8-5E】

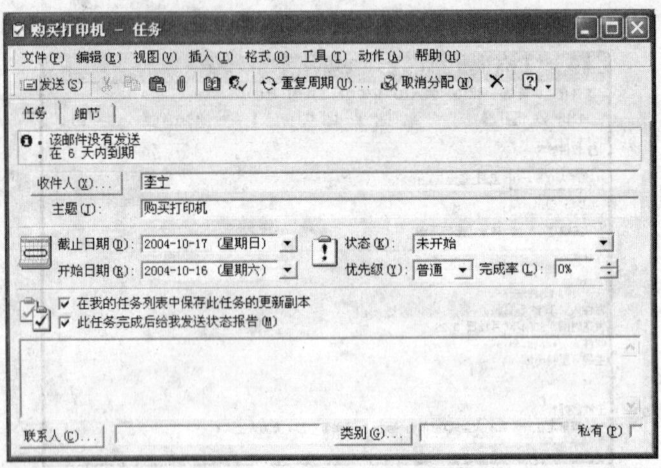
购买打印机 - 任务
文件(F) 编辑(E) 视图(V) 插入(I) 格式(O) 工具(T) 动作(A) 帮助(H)
发送(S)
重复周期(U)...
取消分配(N)
任务
细节
该邮件没有发送
在 6 天内到期
收件人(X)...
主题(J):
购买打印机
截止日期(D):
2004-10-17 (星期日)
开始日期(R):
2004-10-16 (星期六)
状态(K):
未开始
优先级(Y):
普通
完成率(L):
0%
在我的任务列表中保存此任务的更新副本
此任务完成后给我发送状态报告(M)
联系人(C)...
类别(G)...
私有(P)

8.6　第 6 题

【操作要求】

确认以 KS 邮箱登录，进入 Outlook，引入文件 A8.PST 至个人文件夹中，用引入的项目替换重复的项目，按下列要求进行操作。

1．**转发邮件**：

- 按【样文 8-6A】将邮件“想让你请我吃饭”转发给史明，并在转发的邮件中插入附件 C:\Win2004GJW\KSML3\fujian8-6.XLS。
- 按【样文 8-6B】将邮件“教师节快乐”转发给张兰，抄送至王永，将邮件标记为“答复”；重要性为“高”。

2．**安排会议**：按【样文 8-6C】安排一次会议，主题为“关于我省安装固定电话”，地点为“省广播大厅”；类别为“电话”；时间为 2004 年 8 月 12 日，16:30 开始，17:00 结束；并通知张波必须参加，提前 15 分钟提醒；发送会议。

3．**安排任务**：

- 按【样文 8-6D】安排“2004 年下半年全国高等教育自学考试报名工作”的任务日程；开始时间为 2004 年 9 月 1 日，结束时间为 2004 年 9 月 7 日；并在 2004 年 8 月 31 日 8:00 提醒；类别为“状态”；保存并关闭任务。
- 按【样文 8-6E】安排“维修德银商贸城供电线路”的任务日程；开始时间为 2004 年 10 月 30 日，结束时间为 2004 年 10 月 31 日，将任务分配给王永、张波和史明；发送任务。

4．**导出结果**：导出到个人文件夹（包括子文件夹）到 A8-A.PST。

【样文 8-6A】

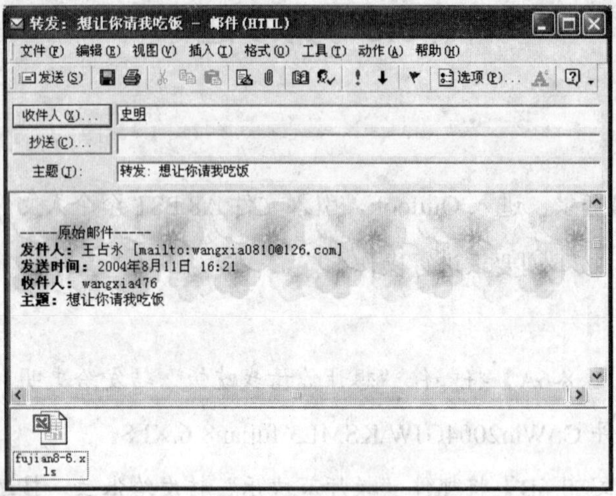

【样文 8-6B】

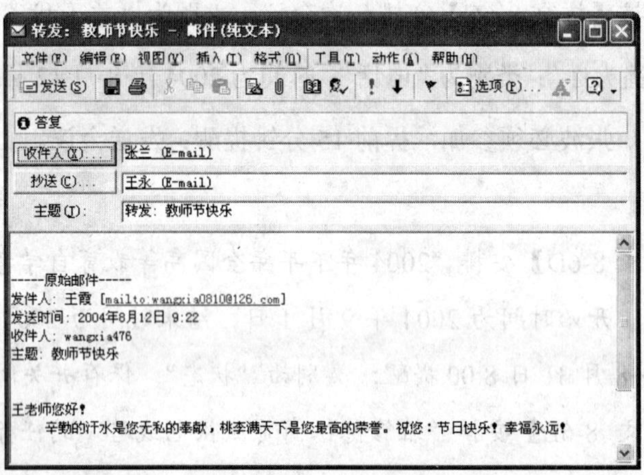

【样文 8-6C】

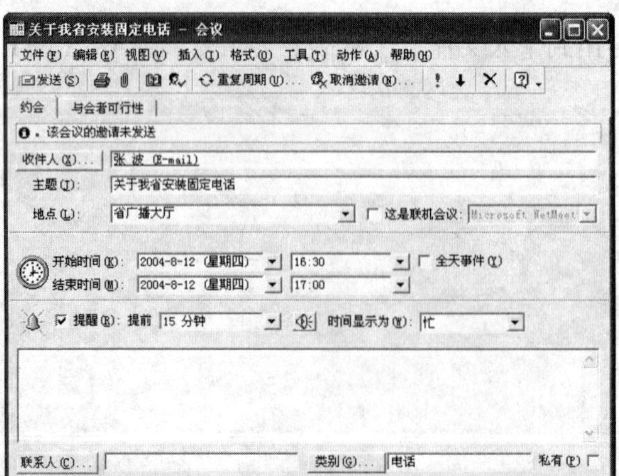

【样文 8-6D】

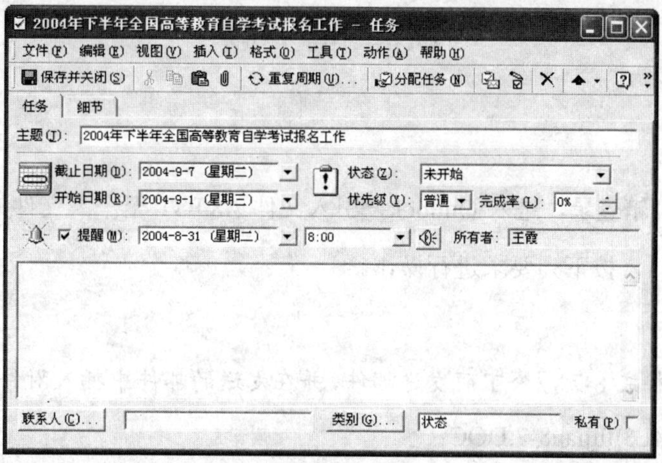
2004年下半年全国高等教育自学考试报名工作 - 任务
文件(F) 编辑(E) 视图(V) 插入(I) 格式(O) 工具(T) 动作(A) 帮助(H)
保存并关闭(S)
重复周期(U)...
分配任务(N)
任务
细节
主题(J): 2004年下半年全国高等教育自学考试报名工作
截止日期(D): 2004-9-7 (星期二)
开始日期(R): 2004-9-1 (星期三)
状态(Z): 未开始
优先级(Y): 普通
完成率(L): 0%
提醒(M): 2004-8-31 (星期二) 8:00
所有者: 王霞
联系人(C)...
类别(G)...
状态
私有(P)

【样文 8-6E】

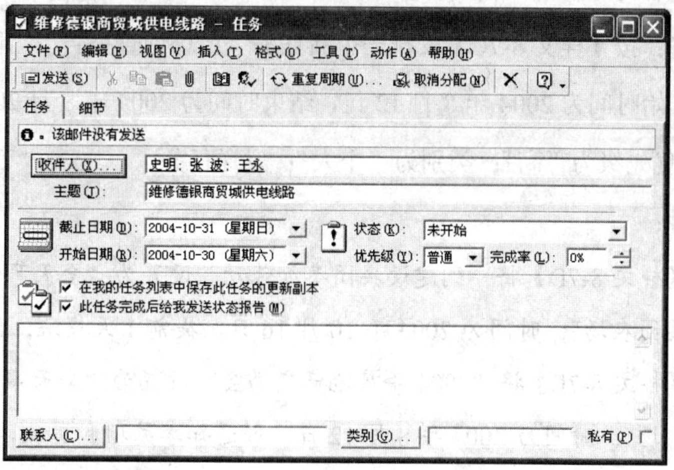
维修德银商贸城供电线路 - 任务
文件(F) 编辑(E) 视图(V) 插入(I) 格式(O) 工具(T) 动作(A) 帮助(H)
发送(S)
重复周期(U)...
取消分配(N)
任务
细节
该邮件没有发送
收件人(X)... 史明; 张波; 王永
主题(J): 维修德银商贸城供电线路
截止日期(D): 2004-10-31 (星期日)
开始日期(R): 2004-10-30 (星期六)
状态(K): 未开始
优先级(Y): 普通
完成率(L): 0%
在我的任务列表中保存此任务的更新副本
此任务完成后给我发送状态报告(M)
联系人(C)...
类别(G)...
私有(P)

8.7 第 7 题

【操作要求】

确认以 KS 邮箱登录，进入 Outlook，引入文件 A8.PST 至个人文件夹中，用引入的项目替换重复的项目，按下列要求进行操作。

1．**发送邮件：**

- 按【样文 8-7A】给丁丽发送邮件，并在发送的邮件中插入附件 C:\Win2004GJW\KSML3\fujian8-7.DOC。
- 按【样文 8-7B】给李灵珊发送邮件，抄送给王琪，将邮件标记为“无须响应”；重要性为“低”；请在送达此邮件后给出“送达”回执。

2．**指派任务：**按【样文 8-7C】安排一个新任务“市场调查报告”，并将该任务指派给赵凤；开始时间为 2004 年 8 月 12 日，结束时间为 2004 年 8 月 20 日；状态为“进行中”，优先级为“高”；类别为“个人”；发送任务。

3．**安排事件：**

- 按【样文 8-7D】将“到建设兵团参加劳动”设置为“全天事件”，地点为“建设兵团农场”；时间为 2004 年 10 月 16 日，提前 1 天提醒；保存并关闭事件。
- 按【样文 8-7E】将“2004 年房地产交易会”设置为“全天事件”，地点为“人民广场”；时间为 2004 年 8 月 12 日，并通知李灵珊和秦孔，重要性为“高”；提前 1 小时提醒；发送事件。

4．**导出结果：**导出到个人文件夹（包括子文件夹）到 A8-A.PST。

【样文 8-7A】

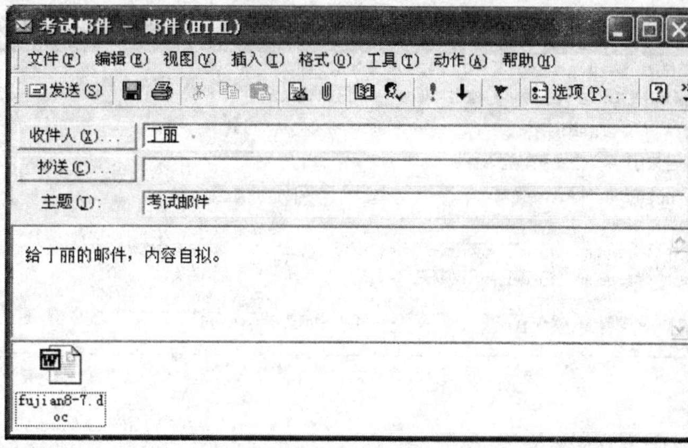

【样文 8-7B】

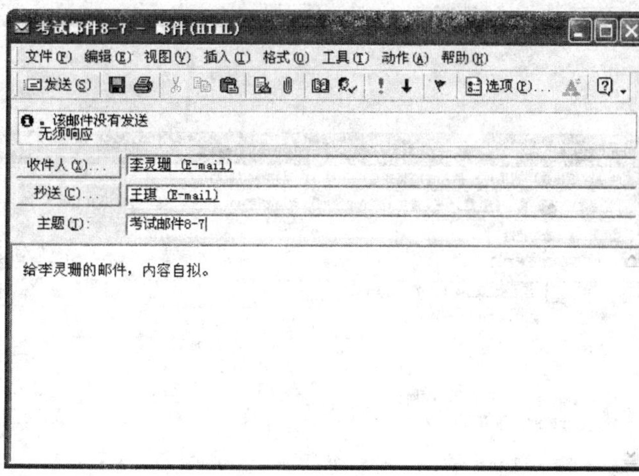

【样文 8-7C】

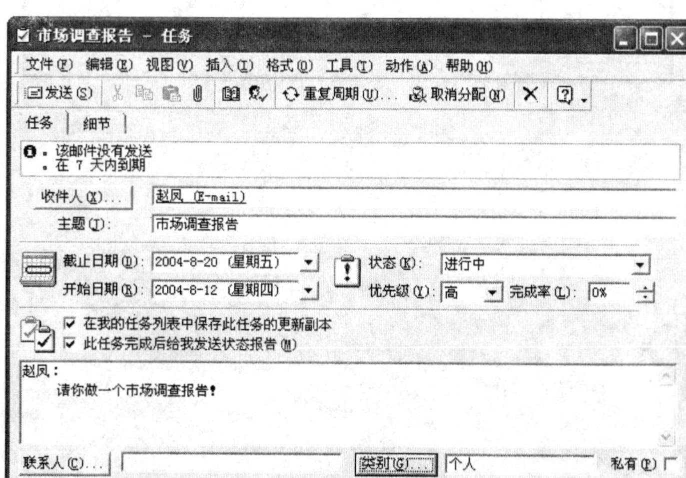

【样文 8-7D】

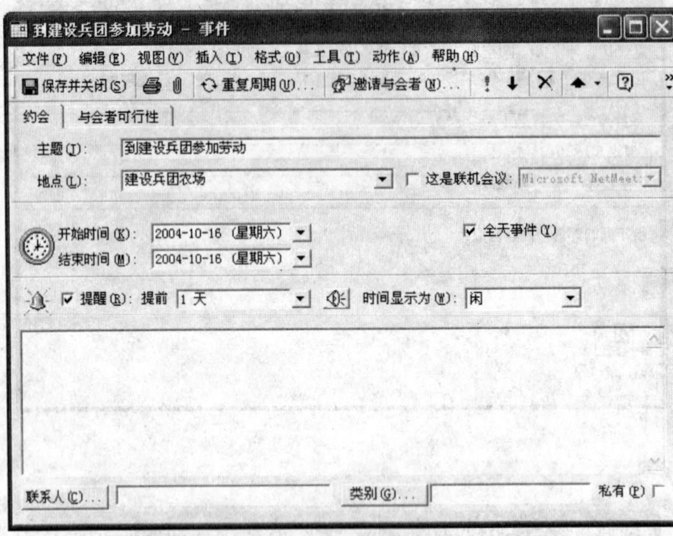
到建设兵团参加劳动 - 事件
文件(F) 编辑(E) 视图(V) 插入(I) 格式(O) 工具(T) 动作(A) 帮助(H)
保存并关闭(S)
重复周期(U)...
邀请与会者(N)...
约会
与会者可行性
主题(J):
到建设兵团参加劳动
地点(L):
建设兵团农场
这是联机会议:
Microsoft NetMeet
开始时间(X):
2004-10-16 (星期六)
结束时间(M):
2004-10-16 (星期六)
全天事件(Y)
提醒(R): 提前
1 天
时间显示为(W):
闲
联系人(C)...
类别(G)...
私有(P)

【样文 8-7E】

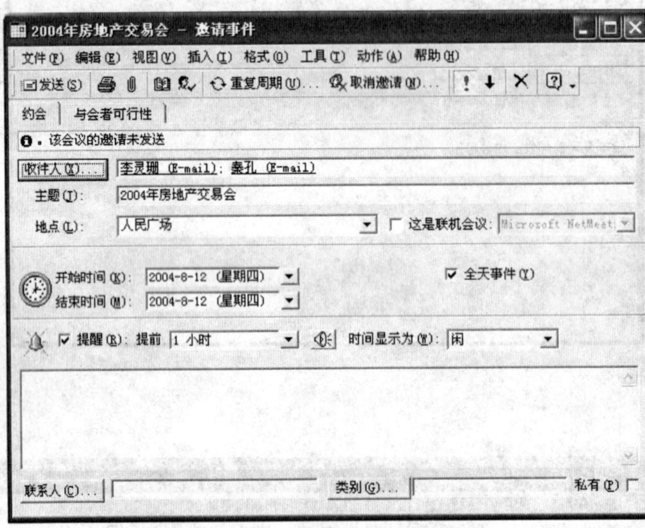
2004年房地产交易会 - 邀请事件
文件(F) 编辑(E) 视图(V) 插入(I) 格式(O) 工具(T) 动作(A) 帮助(H)
发送(S)
重复周期(U)...
取消邀请(N)...
约会
与会者可行性
该会议的邀请未发送
收件人(X)...
李灵珊 (E-mail); 秦孔 (E-mail)
主题(J):
2004年房地产交易会
地点(L):
人民广场
这是联机会议:
Microsoft NetMeet
开始时间(X):
2004-8-12 (星期四)
结束时间(M):
2004-8-12 (星期四)
全天事件(Y)
提醒(R): 提前
1 小时
时间显示为(W):
闲
联系人(C)...
类别(G)...
私有(P)

8.8　第 8 题

【操作要求】

确认以 KS 邮箱登录，进入 Outlook，引入文件 A8.PST 至个人文件夹中，用引入的项目替换重复的项目，按下列要求进行操作。

1．**发送邮件**：

- 按【样文 8-8A】给赵凤发送邮件，并在发送的邮件中插入附件 C:\Win2004GJW\KSML3\fujian8-8.DOC。
- 按【样文 8-8B】给王琪发送邮件，抄送给丁丽，将邮件标记为“仅供参考”；重要性为“高”；请在阅读此邮件后给出“已读”回执；使答复发送到赵凤。

2．**指派任务**：按【样文 8-8C】安排一个新任务“采购打印机”，并将该任务指派给秦孔；开始时间为 2004 年 8 月 12 日，结束时间为 2004 年 8 月 14 日；状态为“进行中”，优先级为“低”；发送任务。

3．**安排事件**：

- 按【样文 8-8D】将“关于大中专分配”设置为“全天事件”，地点为“二楼小会议室”；时间为 2004 年 8 月 18 日，重要性为“高”；类别为“个人”；提前 1 天提醒；保存并关闭事件。
- 按【样文 8-8E】将“安装暖气管道”设置为“全天事件”，地点为“人事局家属楼”；时间为 2004 年 10 月 30 日，并通知丁丽和秦孔，提前 1 小时提醒；发送事件。

4．**导出结果**：导出到个人文件夹（包括子文件夹）到 A8-A.PST。

【样文 8-8A】

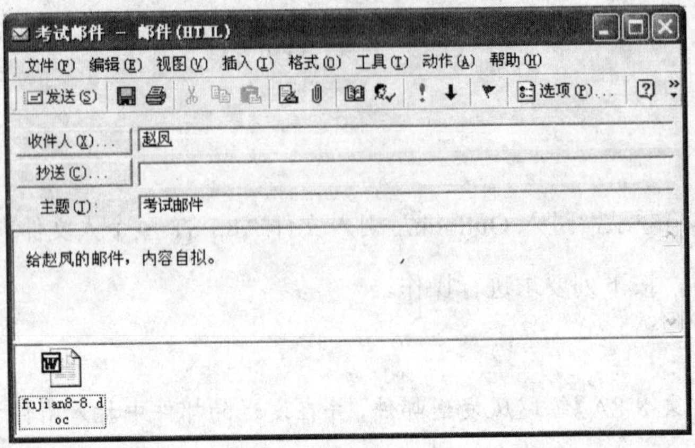

【样文 8-8B】

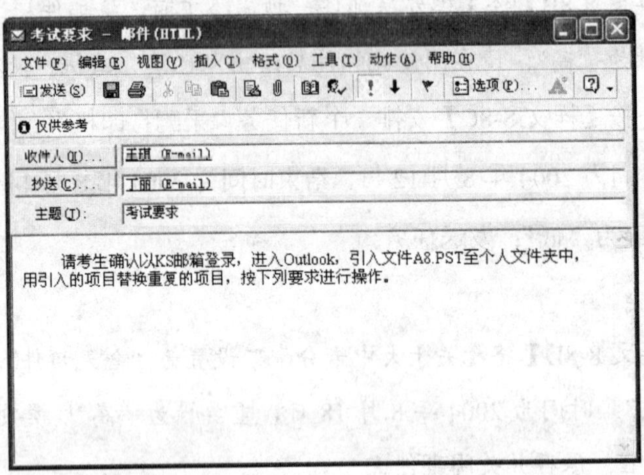

【样文 8-8C】

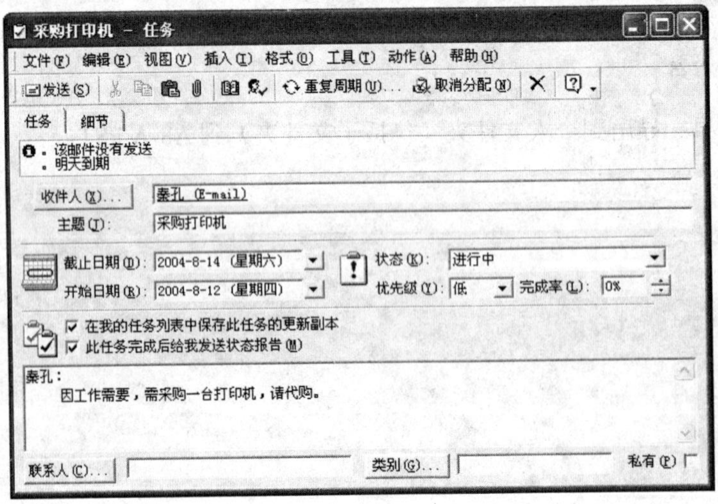

【样文 8-8D】

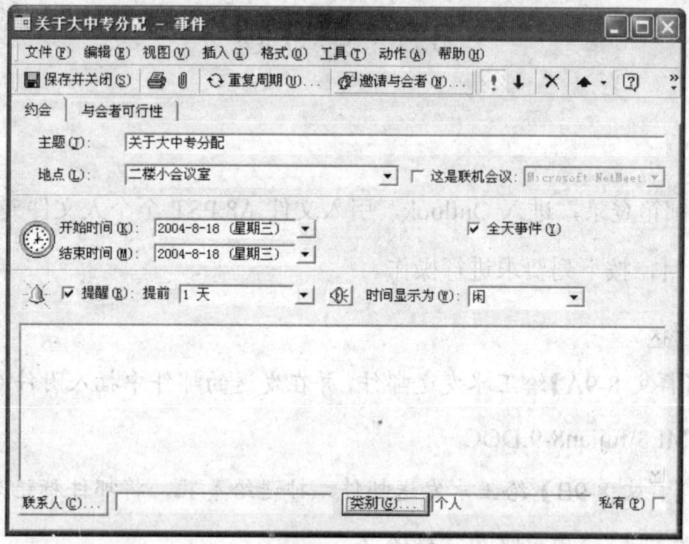
关于大中专分配 - 事件
文件(F) 编辑(E) 视图(V) 插入(I) 格式(O) 工具(T) 动作(A) 帮助(H)
保存并关闭(S)
重复周期(U)...
邀请与会者(N)...
约会
与会者可行性
主题(J):
关于大中专分配
地点(L):
二楼小会议室
这是联机会议:
Microsoft NetMeeting
开始时间(K):
2004-8-18 (星期三)
结束时间(M):
2004-8-18 (星期三)
全天事件(Y)
提醒(R): 提前
1 天
时间显示为(W):
闲
联系人(C)...
类别(G)...
个人
私有(P)

【样文 8-8E】

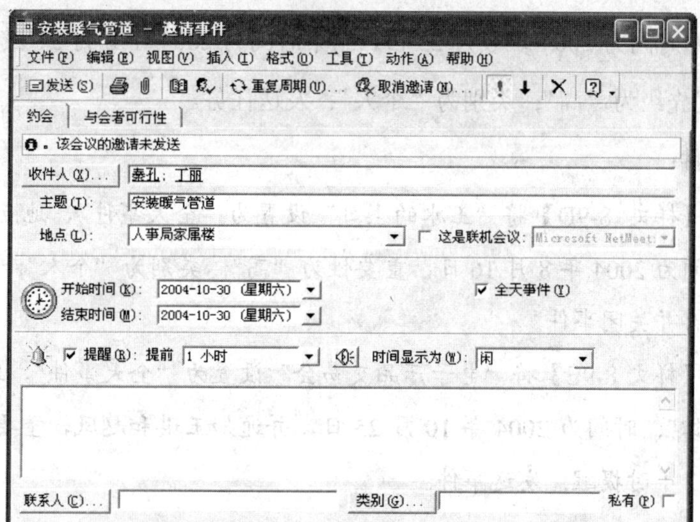
安装暖气管道 - 邀请事件
文件(F) 编辑(E) 视图(V) 插入(I) 格式(O) 工具(T) 动作(A) 帮助(H)
发送(S)
重复周期(U)...
取消邀请(N)...
约会
与会者可行性
该会议的邀请未发送
收件人(X)...
秦孔; 丁丽
主题(J):
安装暖气管道
地点(L):
人事局家属楼
这是联机会议:
Microsoft NetMeeting
开始时间(K):
2004-10-30 (星期六)
结束时间(M):
2004-10-30 (星期六)
全天事件(Y)
提醒(R): 提前
1 小时
时间显示为(W):
闲
联系人(C)...
类别(G)...
私有(P)

8.9 第 9 题

【操作要求】

确认以 KS 邮箱登录，进入 Outlook，引入文件 A8.PST 至个人文件夹中，用引入的项目替换重复的项目，按下列要求进行操作。

1. **发送邮件：**

- 按【样文 8-9A】给王冰发送邮件，并在发送的邮件中插入附件 C:\Win2004GJW\KSML3\fujian8-9.DOC。
- 按【样文 8-9B】给王永发送邮件，抄送给秦孔，将邮件标记为“已读”；重要性为“高”，敏感度为“机密”；

2. **指派任务：**按【样文 8-9C】安排一个新任务“书写策划书”，并将该任务指派给赵凤；开始时间为 2004 年 8 月 23 日，结束时间为 2004 年 8 月 31 日；状态为“未开始”，优先级为“高”；类别为“个人”；发送任务。

3. **安排事件：**

- 按【样文 8-9D】将“王冰的生日”设置为“全天事件”，地点为“王冰家”；时间为 2004 年 8 月 16 日，重要性为“高”；类别为“个人”；提前 1 天提醒；保存并关闭事件。
- 按【样文 8-9E】将“电子产品交易会”设置为“全天事件”，地点为“红生体育馆”；时间为 2004 年 10 月 25 日，并通知王琪和赵凤，重要性为“高”；提前 2 小时提醒；发送事件。

4. **导出结果：**导出到个人文件夹（包括子文件夹）到 A8-A.PST。

【样文 8-9A】

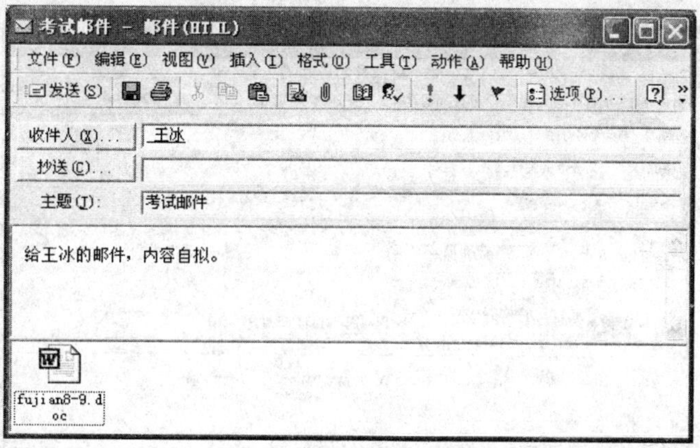

【样文 8-9B】

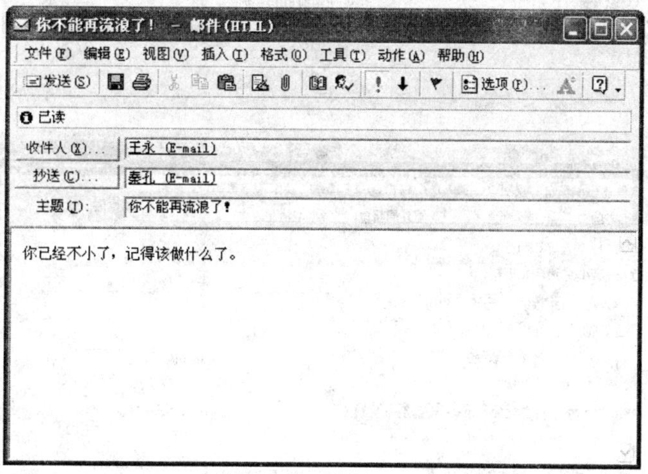

【样文 8-9C】

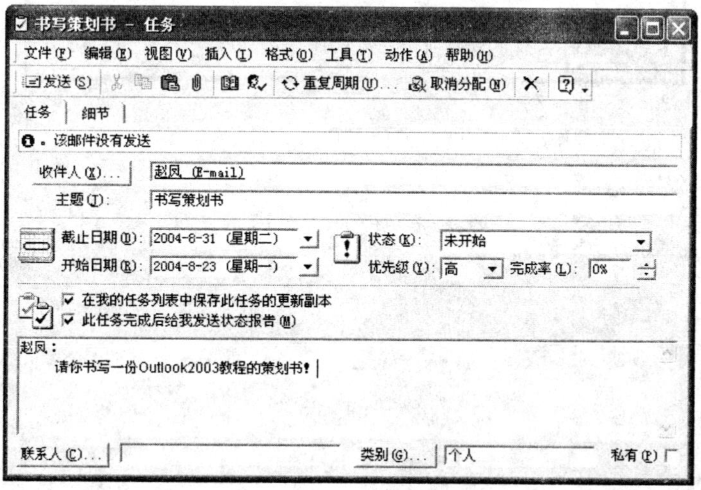

【样文 8-9D】

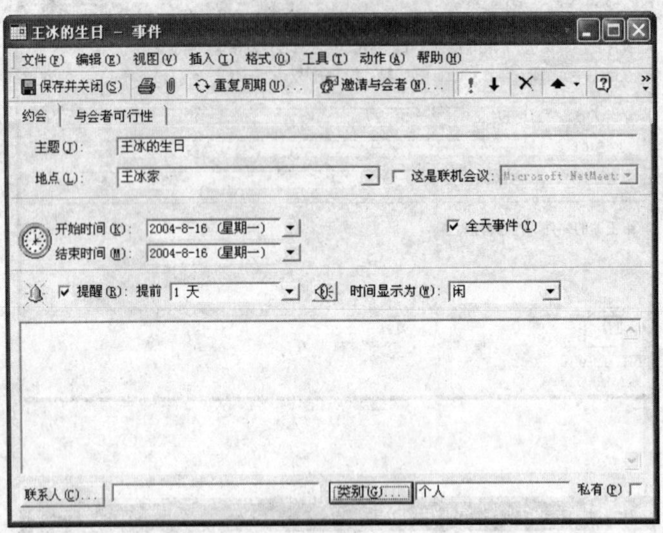
王冰的生日 - 事件
文件(F) 编辑(E) 视图(V) 插入(I) 格式(O) 工具(T) 动作(A) 帮助(H)
保存并关闭(S)
重复周期(U)...
邀请与会者(N)...
约会
与会者可行性
主题(J): 王冰的生日
地点(L): 王冰家
这是联机会议:
开始时间(K): 2004-8-16 (星期一)
结束时间(M): 2004-8-16 (星期一)
全天事件(Y)
提醒(R): 提前 1 天
时间显示为(W): 闲
联系人(C)...
类别(G)... 个人
私有(P)

【样文 8-9E】

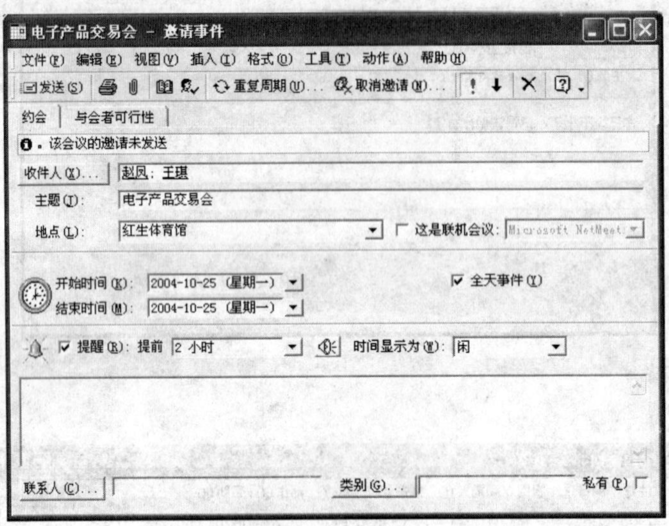
电子产品交易会 - 邀请事件
文件(F) 编辑(E) 视图(V) 插入(I) 格式(O) 工具(T) 动作(A) 帮助(H)
发送(S)
重复周期(U)...
取消邀请(N)...
约会
与会者可行性
该会议的邀请未发送
收件人(X)... 赵凤; 王琪
主题(J): 电子产品交易会
地点(L): 红生体育馆
这是联机会议:
开始时间(K): 2004-10-25 (星期一)
结束时间(M): 2004-10-25 (星期一)
全天事件(Y)
提醒(R): 提前 2 小时
时间显示为(W): 闲
联系人(C)...
类别(G)...
私有(P)

8.10　第 10 题

【操作要求】

确认以 KS 邮箱登录，进入 Outlook，引入文件 A8.PST 至个人文件夹中，用引入的项目替换重复的项目，按下列要求进行操作。

1．答复邮件：

- 按【样文 8-10A】答复收件箱中的邮件“上大学的建议”，并在答复的邮件中插入附件 C:\Win2004GJW\KSML3\fujian8-10.DOC。
- 按【样文 8-10B】答复收件箱中的邮件“招生考试”，抄送至王永，设置邮件的重要性为“高”。

2．安排约会：

- 按【样文 8-10C】安排一次个人约会，主题为“参加老乡聚会”；地点为“学校操场”；时间为 2004 年 10 月 20 日，18:00 开始，20:00 结束；提前 30 分钟提醒；保存并关闭约会。
- 按【样文 8-10D】安排一个定期约会，主题为“月底工作报告”，地点为“经理办公室”；使其发生在每月的第 30 天，生效时间为 2004 年 9 月 30 日 8:00 到 8:30；类别为“个人”；提前 1 小时提醒；保存并关闭约会。

3．响应任务：按【样文 8-10E】接受收件箱中的任务“市场调查报告”。

4．导出结果：导出到个人文件夹（包括子文件夹）到 A8-A.PST。

【样文 8-10A】

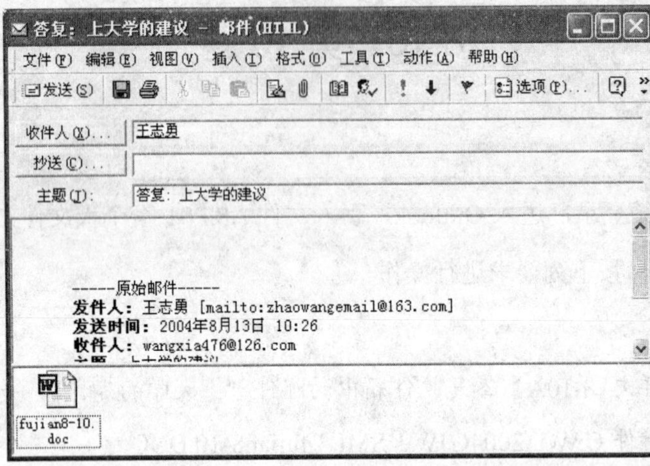

【样文 8-10B】

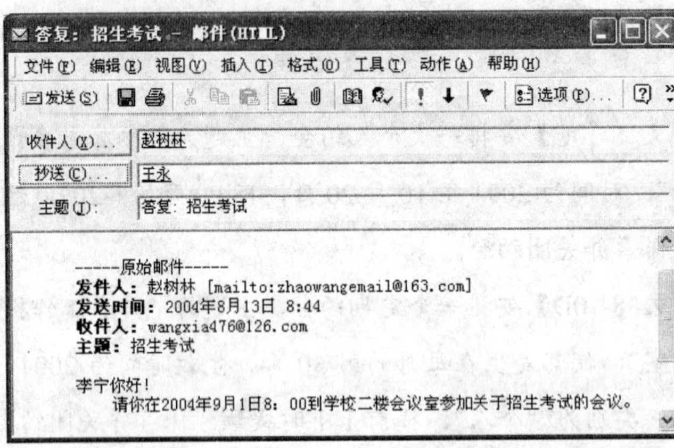

【样文 8-10C】

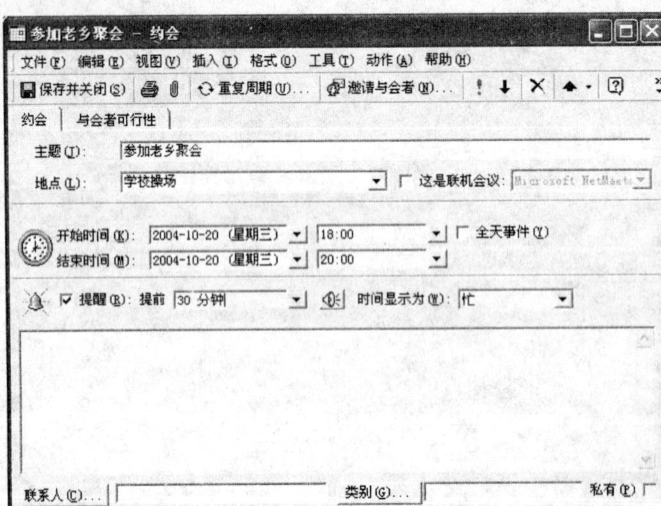

【样文 8-10D】

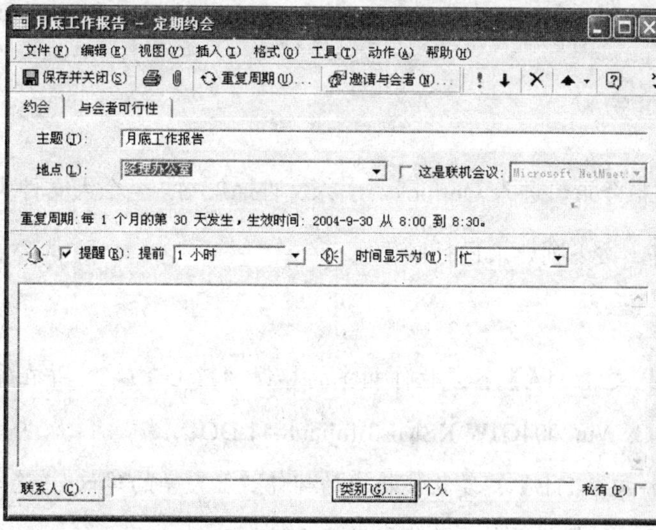

【样文 8-10E】

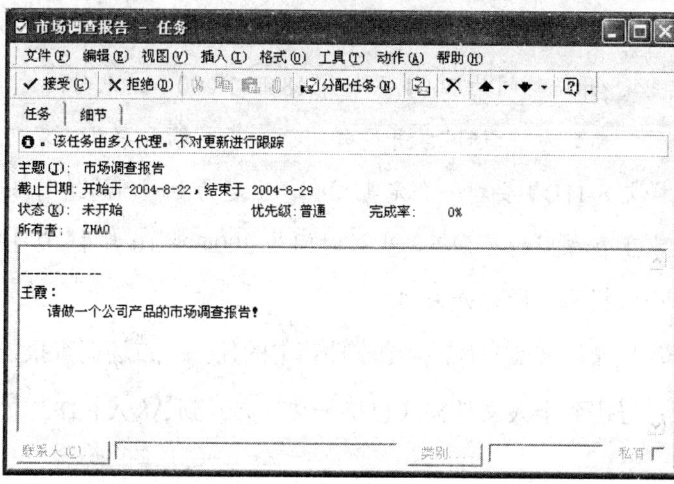

8.11 第 11 题

【操作要求】

确认以 KS 邮箱登录，进入 Outlook，引入文件 A8.PST 至个人文件夹中，用引入的项目替换重复的项目，按下列要求进行操作。

1．答复邮件：

- 按【样文 8-11A】答复收件箱中的邮件“招生考试”，并在答复的邮件中插入附件 C:\Win2004GJW\KSML3\fujian8-11.DOC。
- 按【样文 8-11B】答复收件箱中的邮件“上大学的建议”，选择“赞成”或“反对”，立即发送响应，将其转发给王冰。

2．安排约会：

- 按【样文 8-11C】安排一次个人约会；主题为“庆祝元旦”；地点为“南二楼大教室”；开始时间为 2004 年 8 月 18 日 18:00，结束时间为 21:00；提前 2 小时提醒；类别为“假日”；并通知丁丽、李灵珊和秦孔；发送约会。
- 按【样文 8-11D】安排一个定期约会，主题为“一周总结”，地点为“会议室”；使其发生在每周的星期五，生效时间为 2004 年 10 月 15 日 16:00 到 16:30；提前 1 小时提醒；保存并关闭约会。

3．响应任务：按【样文 8-11E】拒绝收件箱中的任务“市场调查报告”。

4．导出结果：导出到个人文件夹（包括子文件夹）到 A8-A.PST。

【样文 8-11A】

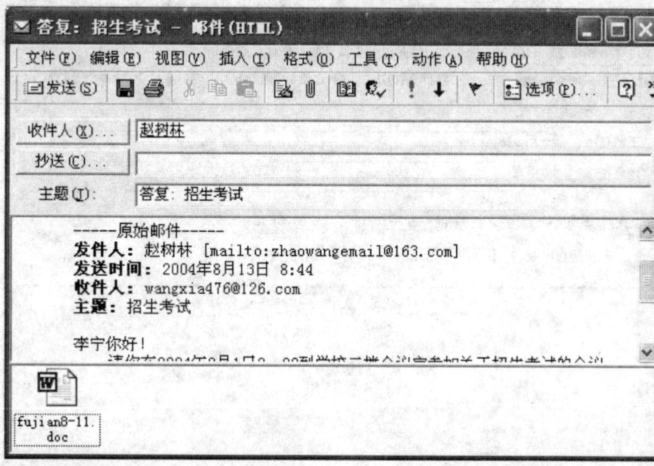

【样文 8-11B】

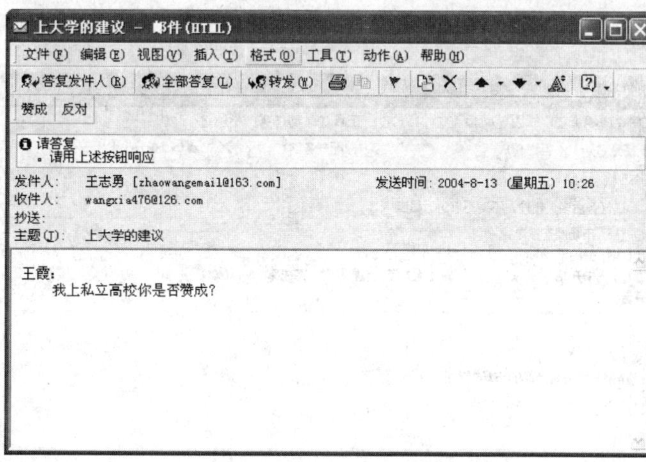

【样文 8-11C】

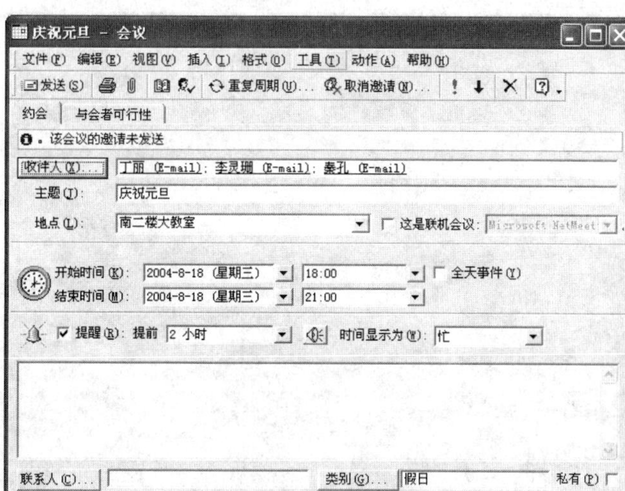

【样文 8-11D】

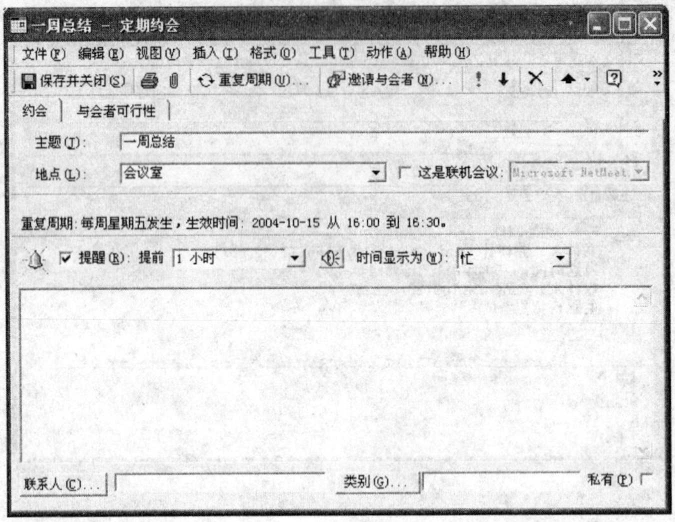

【样文 8-11E】

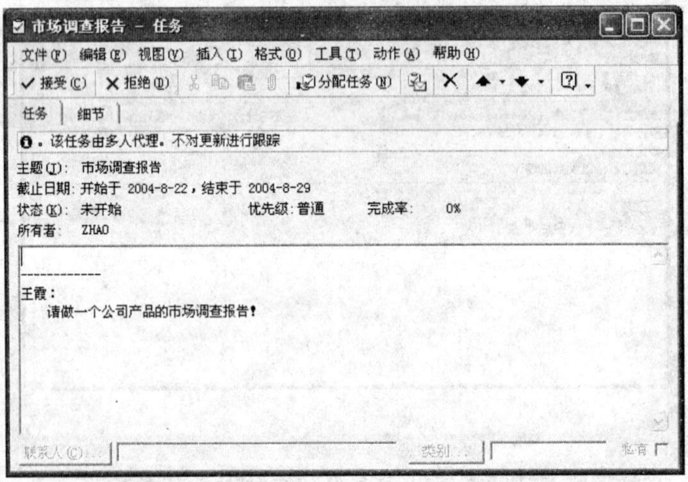

8.12　第 12 题

【操作要求】

确认以 KS 邮箱登录，进入 Outlook，引入文件 A8.PST 至个人文件夹中，用引入的项目替换重复的项目，按下列要求进行操作。

1．答复邮件：

- 按【样文 8-12A】答复收件箱中的邮件“上大学的建议”，并在答复的邮件中插入附件 C:\Win2004GJW\KSML3\fujian8-12.DOC。
- 按【样文 8-12B】答复收件箱中的邮件“参加聚会”，选择“是”或“否”，并编辑响应，将其转发给秦孔。

2．安排约会：

- 按【样文 8-12C】安排一次个人约会，主题为“面试”；地点为“办公室”；开始时间为 2004 年 8 月 19 日 8:00，结束时间为 9:00；提前 30 分钟提醒；类别为“个人”；重要性为“高”；保存并关闭约会。
- 按【样文 8-12D】安排一个定期约会，主题为“常规训练”，地点为“操场”；使其发生在每天，生效时间为 2004 年 10 月 11 日 17:00 到 17:30；保存并关闭约会。

3．响应任务：按【样文 8-12E】接受收件箱中的任务“书写策划书”。

4．导出结果：导出到个人文件夹（包括子文件夹）到 A8-A.PST。

【样文 8-12A】

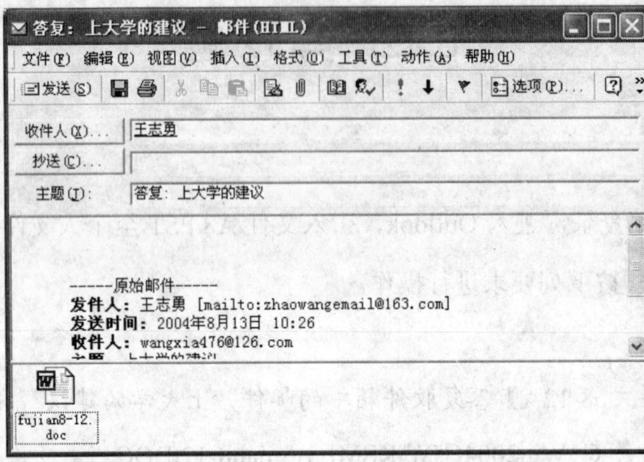

【样文 8-12B】

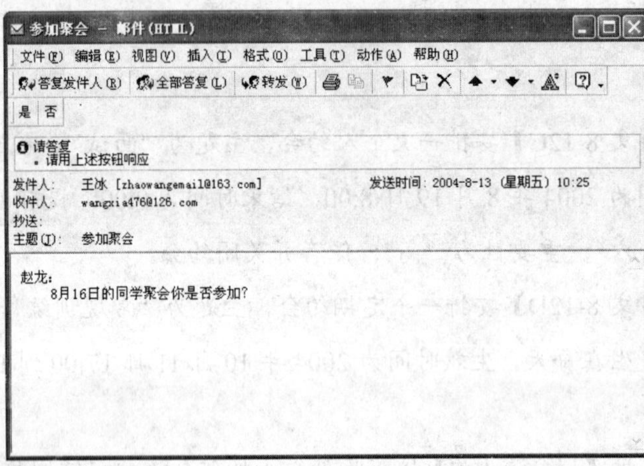

【样文 8-12C】

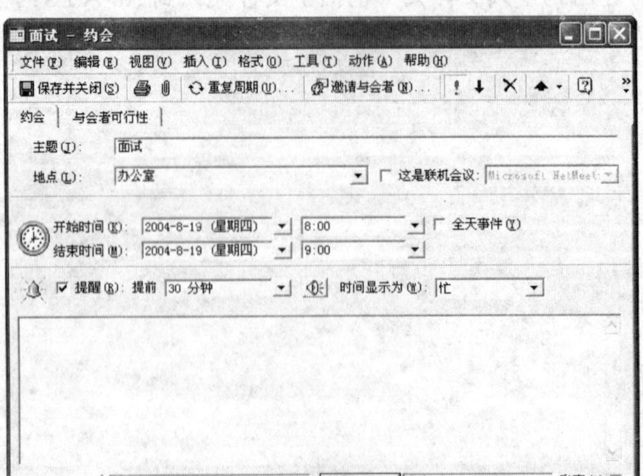

【样文 8-12D】

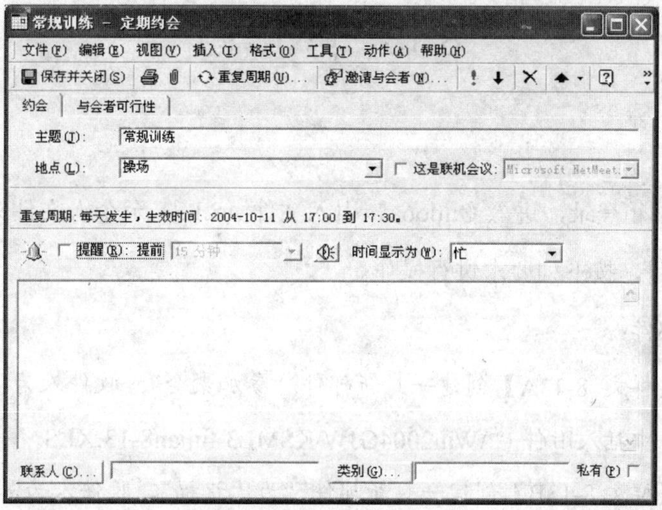

【样文 8-12E】

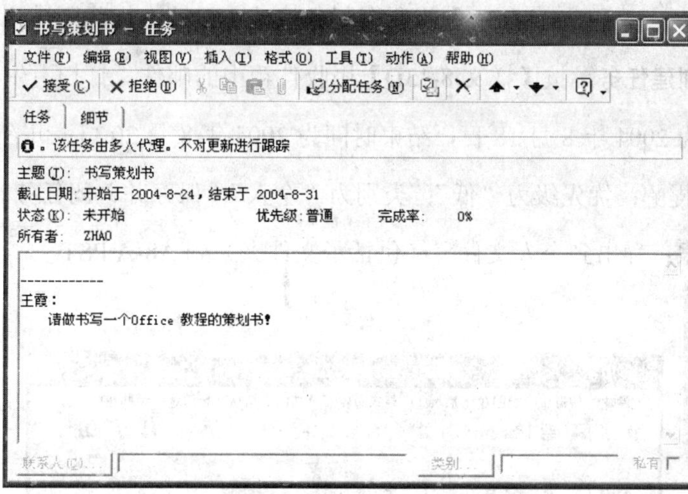

8.13 第 13 题

【操作要求】

确认以 KS 邮箱登录，进入 Outlook，引入文件 A8.PST 至个人文件夹中，用引入的项目替换重复的项目，按下列要求进行操作。

1．**创建新邮件**：

- 按【样文 8-13A】创建一封新邮件“参加聚会”；收件人为丁波，并在发送的邮件中插入附件 C:\Win2004GJW\KSML3\fujian8-13.XLS。
- 按【样文 8-13B】创建一封新邮件“为你祝福”，收件人为苏青，抄送至王永，重要性为“低”，敏感度为“个人”；传递不早于 2004 年 8 月 14 日 5:00。

2．**排序任务**：按【样文 8-13C】将所有任务按截止日期进行降序排列。

3．**由邮件创建任务**：按【样文 8-13D】用收件箱中的邮件“打扫卫生”创建任务，开始时间为 2004 年 8 月 18 日，结束时间为 2004 年 8 月 20 日；并在 2004 年 8 月 18 日 8:00 提醒；优先级为“低”；类别为“个人”；保存并关闭任务。

4．**导出结果**：导出到个人文件夹（包括子文件夹）到 A8-A.PST。

【样文 8-13A】

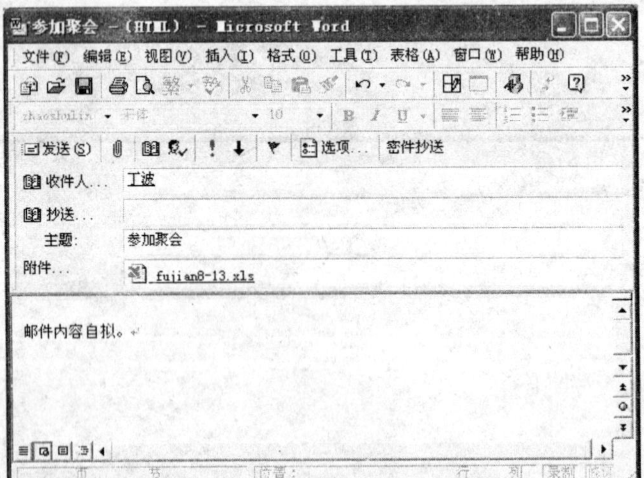

【样文 8-13B】

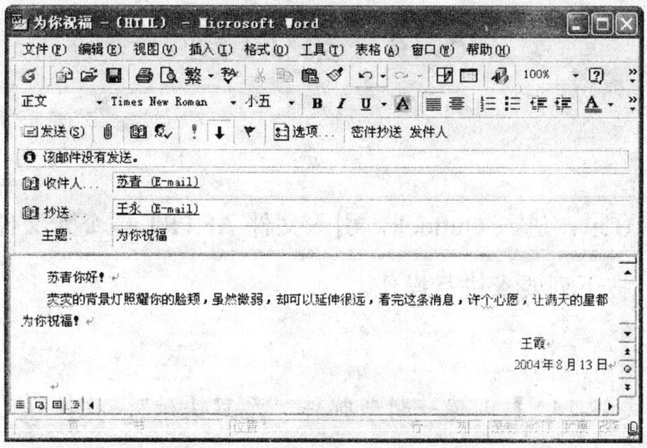

【样文 8-13C】

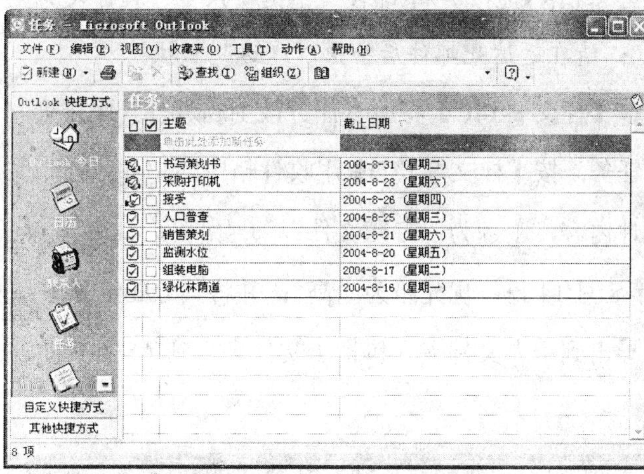

【样文 8-13D】

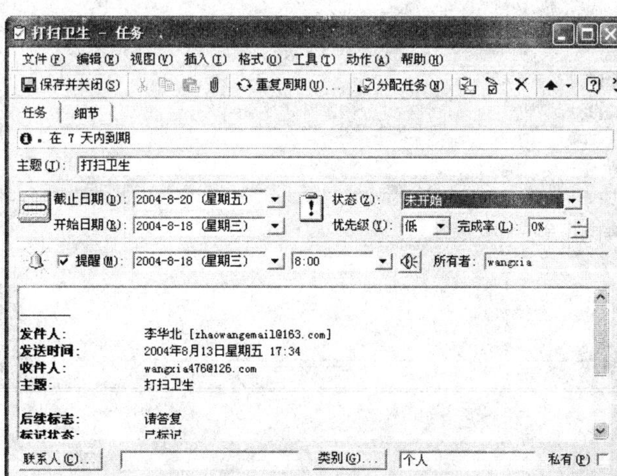

8.14 第 14 题

【操作要求】

确认以 KS 邮箱登录，进入 Outlook，引入文件 A8.PST 至个人文件夹中，用引入的项目替换重复的项目，按下列要求进行操作。

1．**创建新邮件**：

- 按【样文 8-14A】创建一封新邮件“元旦快乐”；收件人为王中，并在发送的邮件中插入附件为 C:\Win2004GJW\KSML3\fujian8-14.XLS。
- 按【样文 8-14B】创建一个邮件“圣诞快乐!”，收件人为王帅，敏感度为“私人性质”；请在送达此邮件后给出“送达”回执。

2．**排序任务**：按【样文 8-14C】将所有任务按主题进行升序排列。

3．**由邮件创建任务**：按【样文 8-14D】用收件箱中的邮件“打印文件”创建任务；任务内容为邮件内容，主题为“打印文件”，开始时间为 2004 年 8 月 12 日，结束时间为 2004 年 8 月 14 日；优先级为“高”；并将其分配给王中；发送任务。

4．**导出结果**：导出到个人文件夹（包括子文件夹）到 A8-A.PST。

【样文 8-14A】

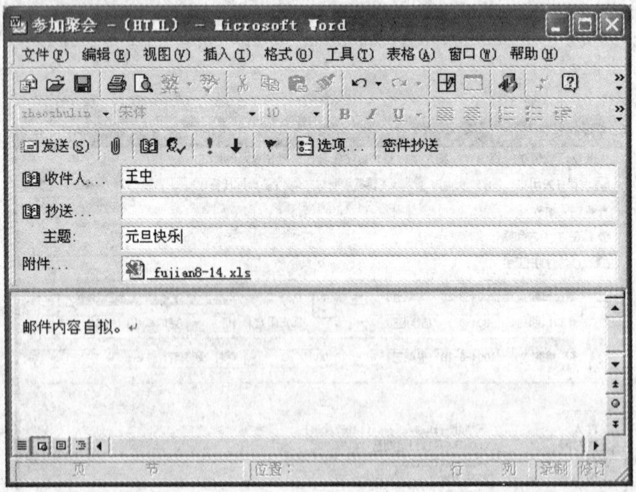

【样文 8-14B】

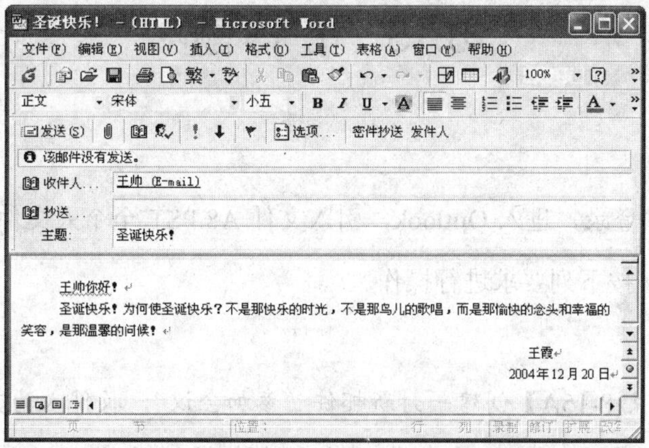

【样文 8-14C】

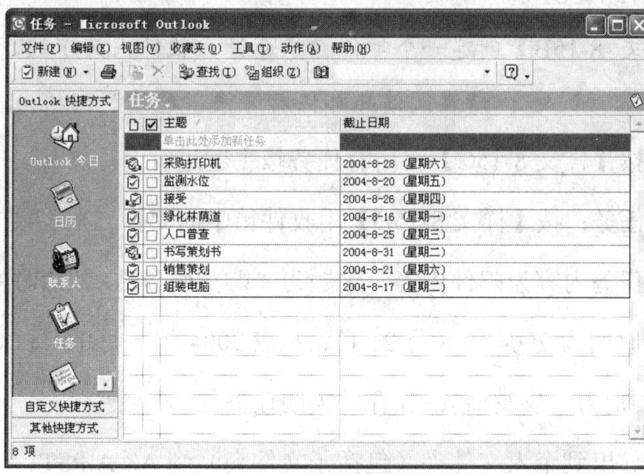

【样文 8-14D】

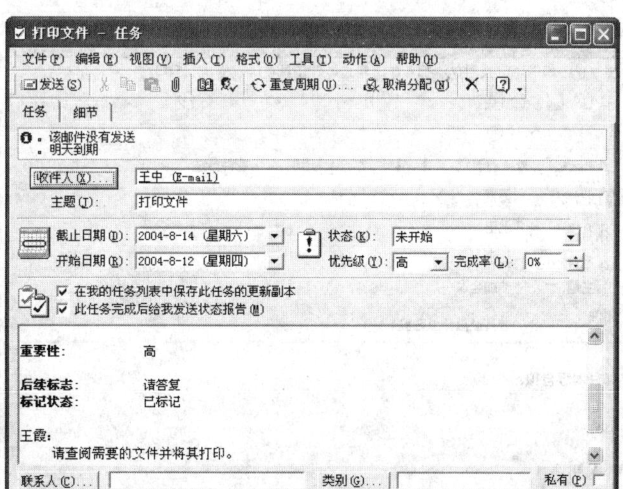

8.15 第 15 题

【操作要求】

确认以 KS 邮箱登录，进入 Outlook，引入文件 A8.PST 至个人文件夹中，用引入的项目替换重复的项目，按下列要求进行操作。

1. **创建新邮件：**

- 按【样文 8-15A】创建一封新邮件“参加会议”；收件人为苏青，抄送至王中，密件抄送至王永，并在发送的邮件中插入附件 C:\Win2004GJW\KSML3\fujian8-15.XLS。
- 按【样文 8-15B】创建一个邮件“感谢!”，收件人为丁波，重要性为“高”，敏感度为“个人”；请在阅读此邮件后给出“已读”回执。

2. **排序任务：**按【样文 8-15C】将所有任务按主题进行升序排序。

3. **由邮件创建任务：**按【样文 8-15D】用收件箱中的邮件“购买硬盘”并按邮件要求创建任务；任务内容为邮件内容，主题为“购买硬盘”，开始时间为 2004 年 8 月 16 日，结束时间为 2004 年 8 月 21 日；并在 2004 年 8 月 16 日 10:00 提醒；优先级为“高”；类别为“供货商”；保存并关闭任务。

4. **导出结果：**导出到个人文件夹（包括子文件夹）到 A8-A.PST。

【样文 8-15A】

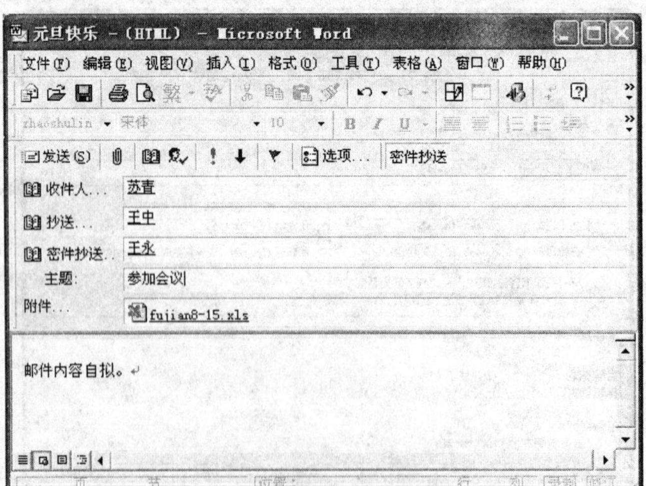

【样文 8-15B】

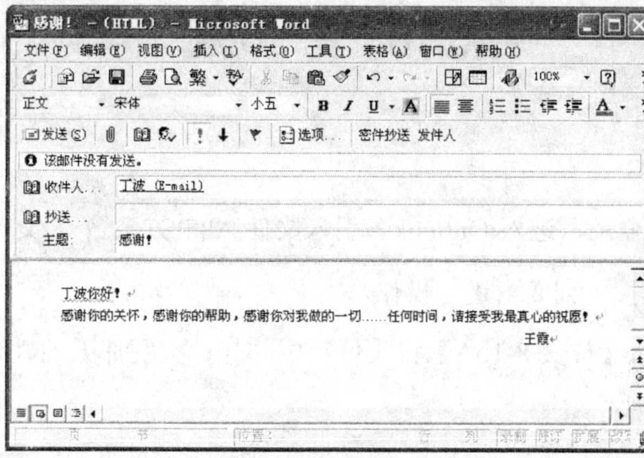

【样文 8-15C】

【样文 8-15D】

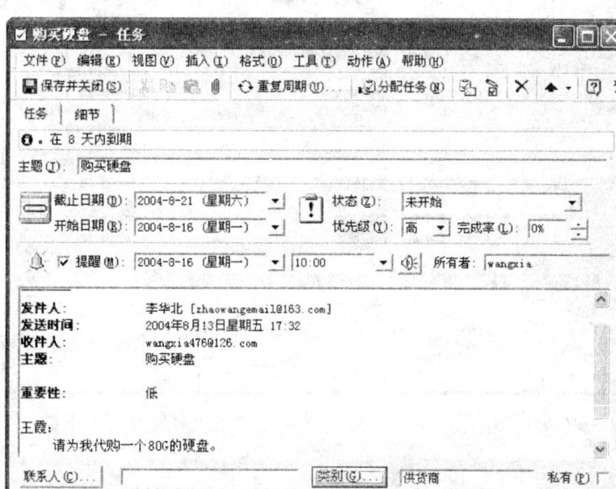

8.16 第 16 题

【操作要求】

确认以 KS 邮箱登录，进入 Outlook，引入文件 A8.PST 至个人文件夹中，用引入的项目替换重复的项目，按下列要求进行操作。

1．**排序邮件**：按【样文 8-16A】将收件箱中的邮件按发件人的姓名进行降序排列。

2．**安排会议**：

- 按【样文 8-16B】安排一次会议，主题为“开学典礼”；地点为“学校餐厅”；时间为 2004 年 8 月 14 日，10:00 开始，12:00 结束；并通知王中和赵树林；提前 30 分钟提醒；发送会议。
- 按【样文 8-16C】安排一次周期性会议，主题为“工作总结会议”；地点为“会议室”；使其发生在每周的星期五，生效时间为 2004 年 10 月 15 日 17:00 到 17:30；提前 15 分钟提醒；保存并关闭会议。

3．**通讯簿操作**：按【样文 8-16D】将赵龙添加到联系人列表中。

4．**导出结果**：导出到个人文件夹（包括子文件夹）到 A8-A.PST。

【样文 8-16A】

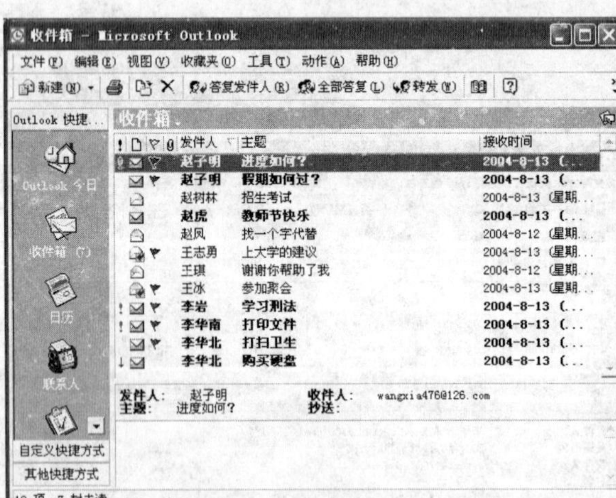

【样文 8-16B】

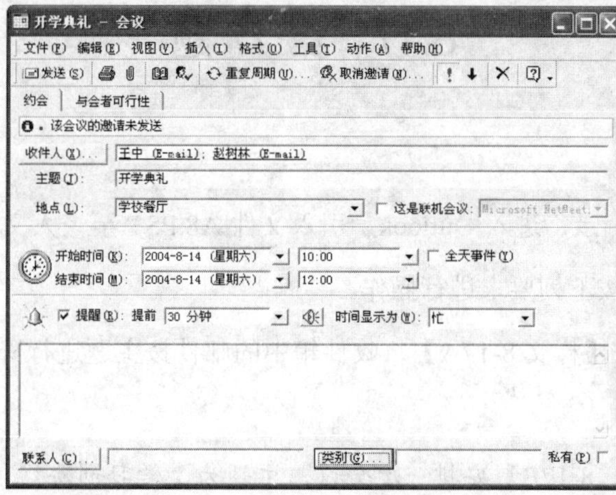

【样文 8-16C】

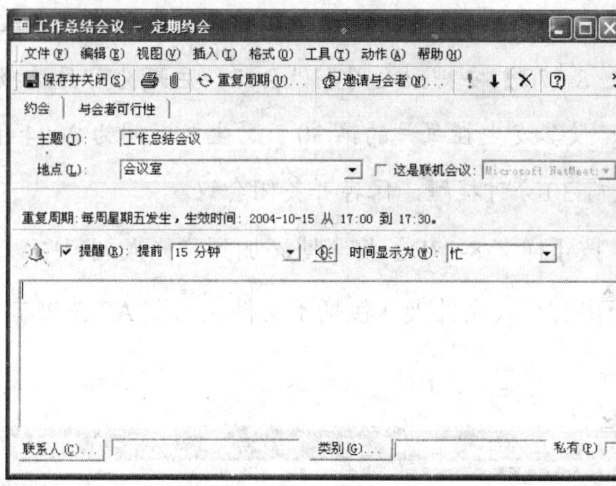

【样文 8-16D】

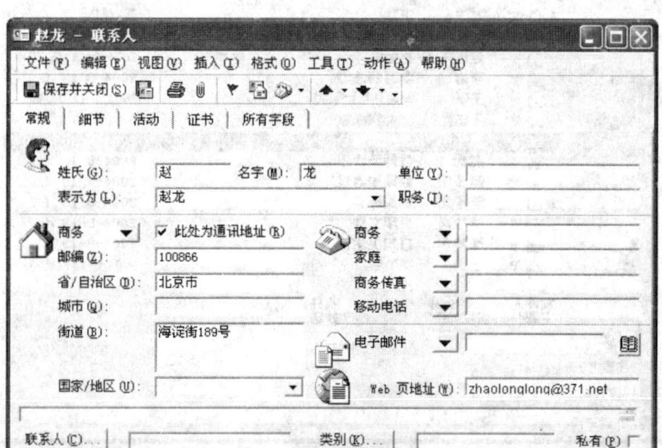

8.17 第 17 题

【操作要求】

确认以 KS 邮箱登录，进入 Outlook，引入文件 A8.PST 至个人文件夹中，用引入的项目替换重复的项目，按下列要求进行操作。

1. **排序邮件**：按【样文 8-17A】将收件箱中的邮件按主题进行降序排列。
2. **安排会议**：
   - 按【样文 8-17B】安排一次会议，主题为“学习刑法”；地点为“学校演播大厅”；开始时间为 2004 年 8 月 20 日 8:00，结束时间为 10:00；王帅是必选与会者，赵树林是可选与会者；提前 1 天提醒；类别为“熟人”；发送会议。
   - 按【样文 8-17C】安排一次周期性会议，主题为“月度报告”；地点为“经理办公室”；使其发生在每月的第 30 天，生效时间为 2004 年 10 月 30 日 8:00 到 9:00；提前 30 分钟提醒；保存并关闭会议。
3. **通讯簿操作**：按【样文 8-17D】将李博添加到联系人列表中。
4. **导出结果**：导出到个人文件夹（包括子文件夹）到 A8-A.PST。

【样文 8-17A】

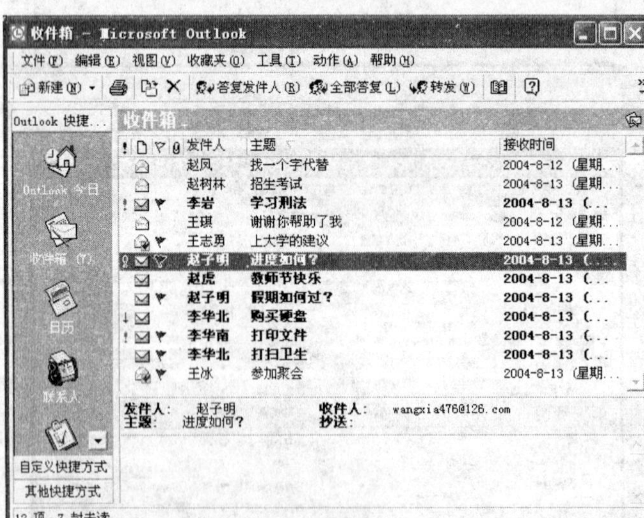

【样文 8-17B】

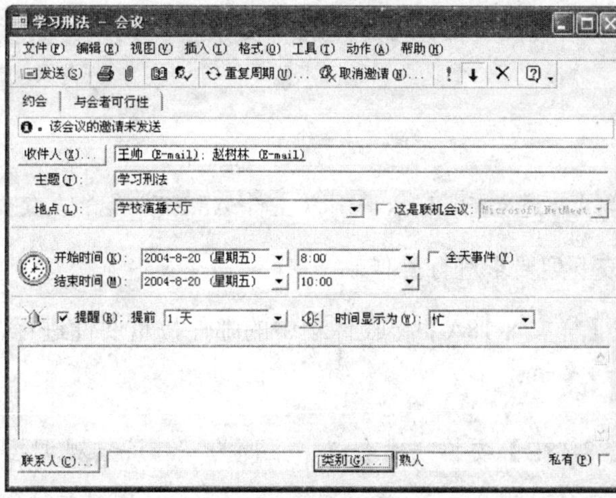

【样文 8-17C】

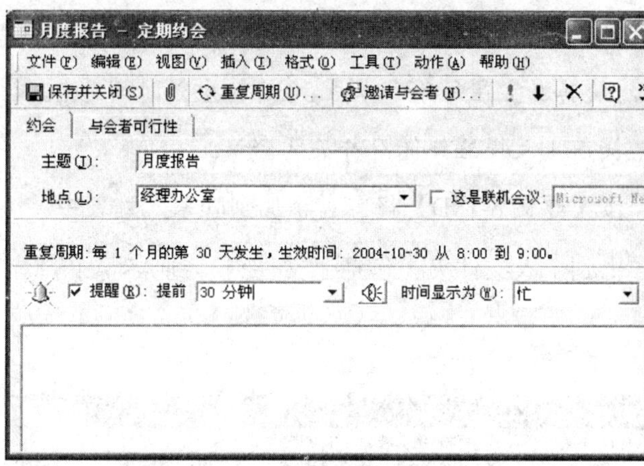

【样文 8-17D】

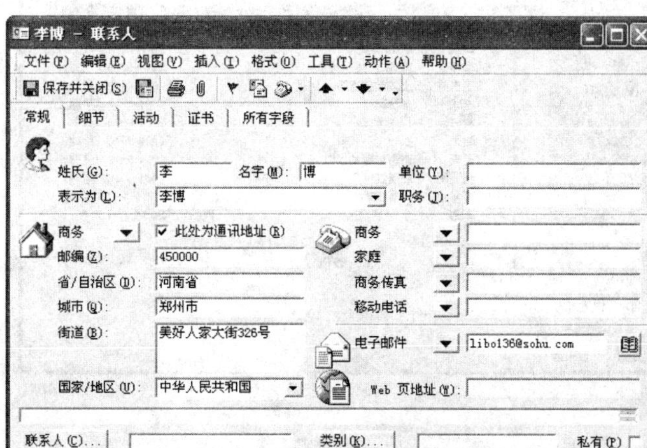

8.18 第 18 题

【操作要求】

确认以 KS 邮箱登录，进入 Outlook，引入文件 A8.PST 至个人文件夹中，用引入的项目替换重复的项目，按下列要求进行操作。

1. **排序邮件**：按【样文 8-18A】将收件箱中的邮件按重要性进行升序排列。

2. **安排会议**：

- 按【样文 8-18B】安排一次会议，主题为“经济宏观调控”；地点为“高法宾馆八楼”；开始时间为 2004 年 8 月 26 日 8:00，结束时间为 11:00；重要性为“高”，并通知苏青和王琪参加；提前 1 小时提醒；类别为“个人”；发送会议。
- 按【样文 8-18C】安排一次周期性会议，主题为“年度报告”；地点为“经理办公室”；使其发生在每年十二月 30 日，生效时间为 2004 年 12 月 30 日 8:00 到 9:00；提前 1 天提醒；保存并关闭会议。

3. **通讯簿操作**：按【样文 8-18D】将白雪添加到联系人列表中。

4. **导出结果**：导出到个人文件夹（包括子文件夹）到 A8-A.PST。

【样文 8-18A】

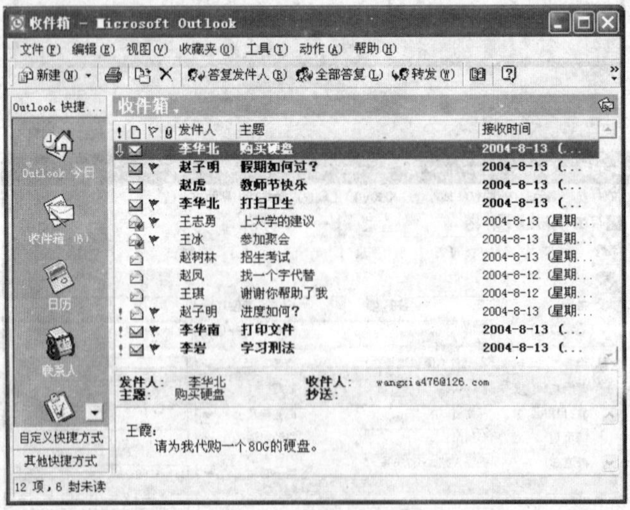

【样文 8-18B】

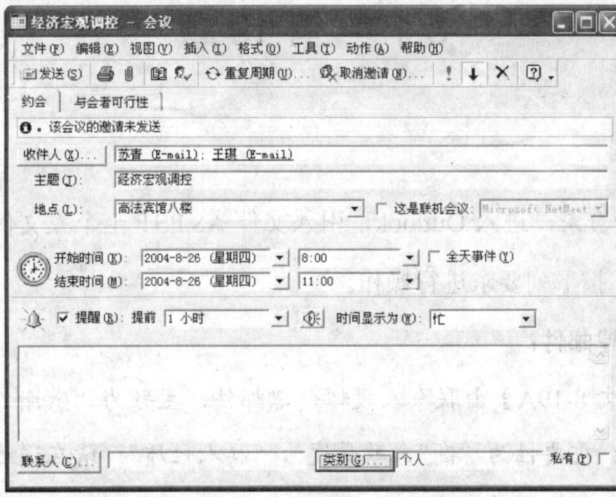

【样文 8-18C】

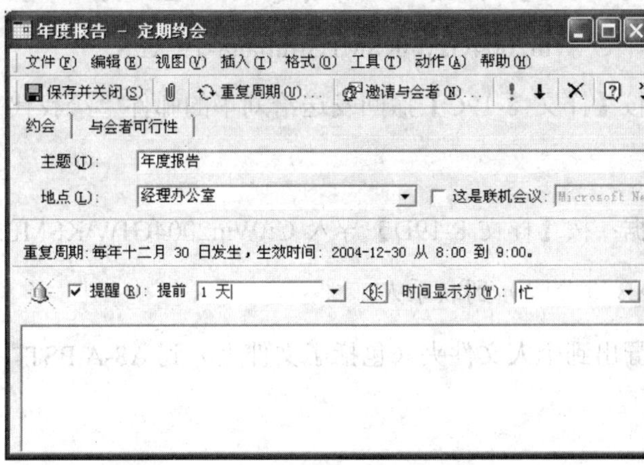

【样文 8-18D】

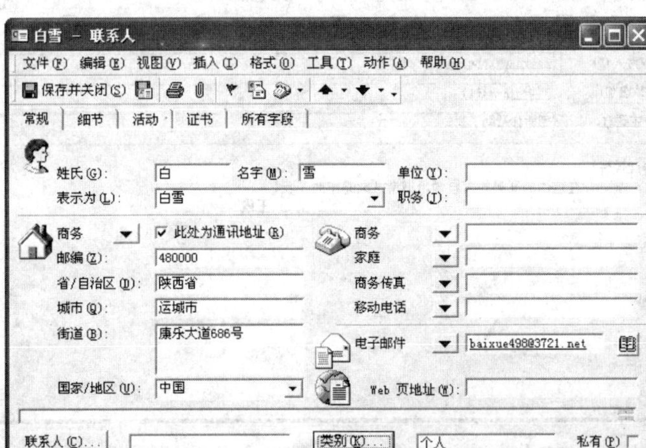

8.19 第 19 题

【操作要求】

确认以 KS 邮箱登录，进入 Outlook，引入文件 A8.PST 至个人文件夹中，用引入的项目替换重复的项目，按下列要求进行操作。

1. **由联系人创建邮件：**
   - 按【样文 8-19A】由联系人段辉创建邮件，主题为“感谢你帮助了我!”；抄送给刘华；重要性为“高”，敏感度为“私人性质”；请在送达此邮件后给出“送达”回执；类别为“个人”。
   - 按【样文 8-19B】由联系人王静创建邮件，主题为“参加考试”；并在邮件中插入附件 C:\Win2004GJW\KSML3\fujian8-19.XLS。
2. **撤消邮件：**按【样文 8-19C】撤回发送给刘华的邮件“给我代购一张飞机票”；保存返回信息。
3. **导入外部数据：**按【样文 8-19D】导入 C:\Win2004GJW\KSML3\KS8-19.TXT 文本文件（以 TAB 键分隔）到联系人。
4. **导出结果：**导出到个人文件夹（包括子文件夹）到 A8-A.PST。

【样文 8-19A】

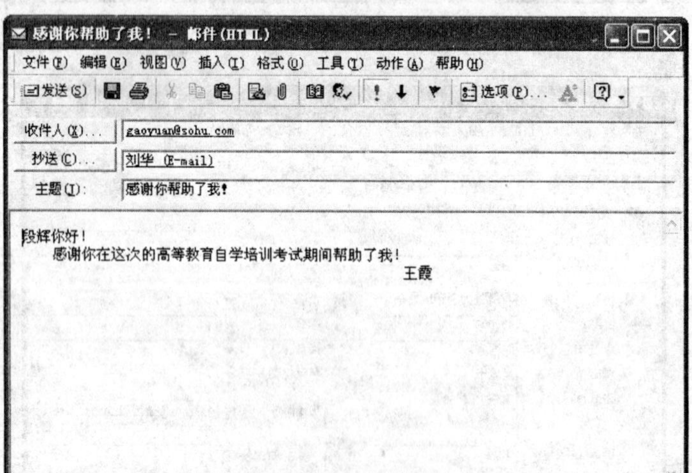

【样文 8-19B】

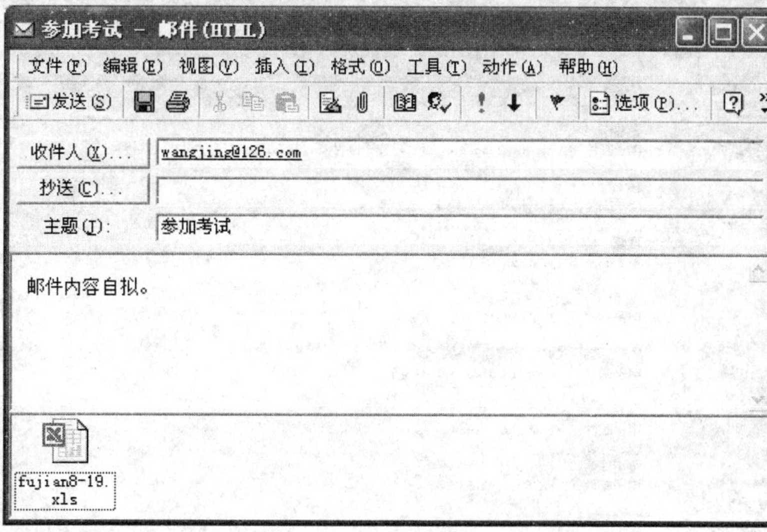

【样文 8-19C】

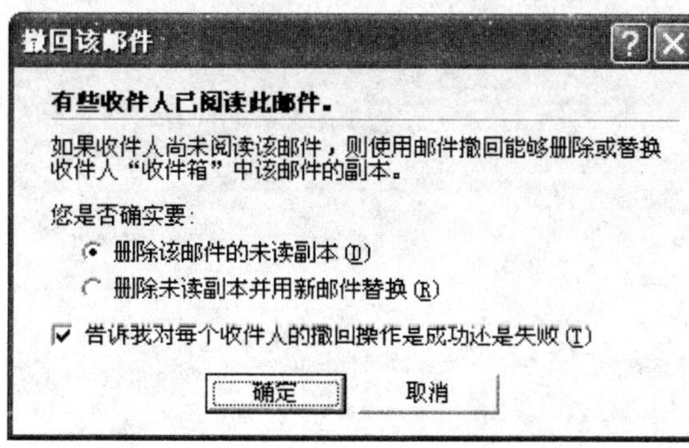

【样文 8-19D】

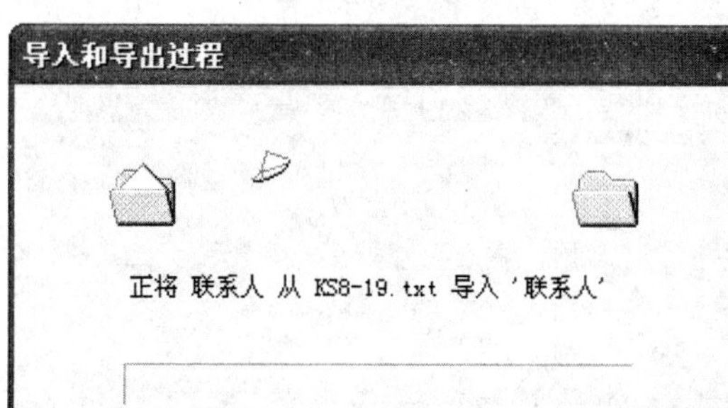

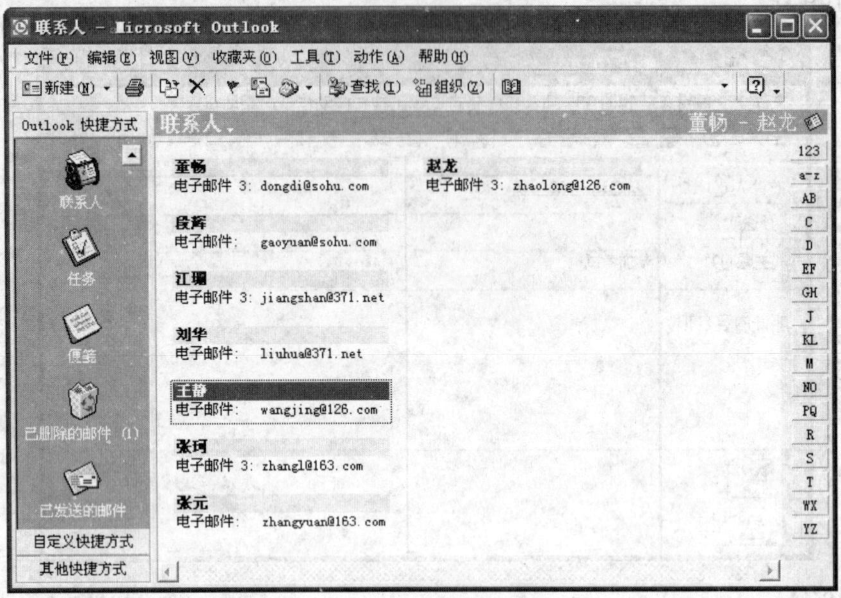
联系人 - Microsoft Outlook
文件(F) 编辑(E) 视图(V) 收藏夹(O) 工具(T) 动作(A) 帮助(H)
新建(N) 查找(I) 组织(Z)
Outlook 快捷方式
联系人
董畅 - 赵龙
联系人
任务
便笺
已删除的邮件 (1)
已发送的邮件
自定义快捷方式
其他快捷方式
董畅
电子邮件 3: dongdi@sohu.com
段辉
电子邮件: gaoyuan@sohu.com
江珊
电子邮件 3: jiangshan@371.net
刘华
电子邮件: liuhua@371.net
王静
电子邮件: wangjing@126.com
张珂
电子邮件 3: zhangl@163.com
张元
电子邮件: zhangyuan@163.com
赵龙
电子邮件 3: zhaolong@126.com
123
a-z
AB
C
D
EF
GH
J
KL
M
NO
PQ
R
S
T
WX
YZ

8.20　第20题

【操作要求】

确认以KS邮箱登录，进入Outlook，引入文件A8.PST至个人文件夹中，用引入的项目替换重复的项目，按下列要求进行操作。

1．**由联系人创建邮件**：

- 按【样文8-20A】由联系人刘华创建邮件，主题为“邮寄考前辅导资料”；抄送给王静；重要性为“高”，敏感度为“个人”；请在阅读此邮件后给出“已读”回执；类别为“个人”。
- 按【样文8-20B】由联系人张元创建邮件，主题为“参加同学聚会”；并在邮件中插入附件C:\Win2004GJW\KSML3\fujian8-20.XLS。

2．**撤消邮件**：按【样文8-20C】撤回发送给王静的邮件“你是否去留学？”；并使用新的邮件替换。

3．**导入外部数据**：按【样文8-20D】导入C:\Win2004GJW\KSML3\KS8-20.TXT文本文件（以TAB键分隔）到联系人。

4．**导出结果**：导出到个人文件夹（包括子文件夹）到A8-A.PST。

【样文8-20A】

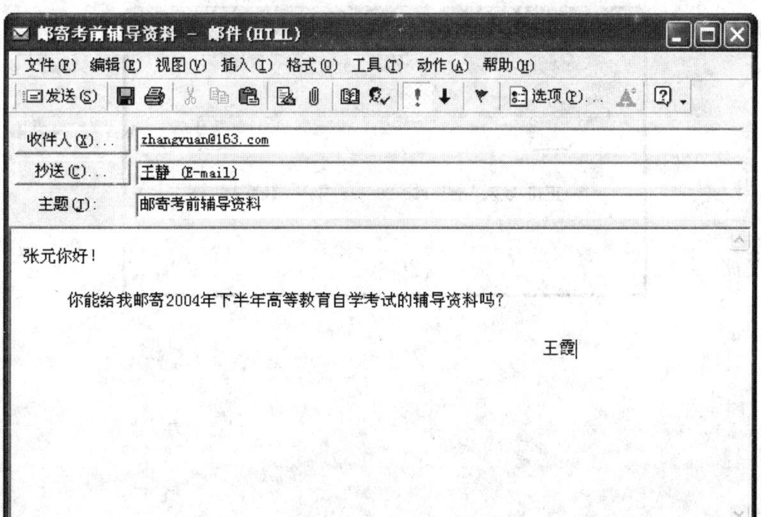

【样文 8-20B】

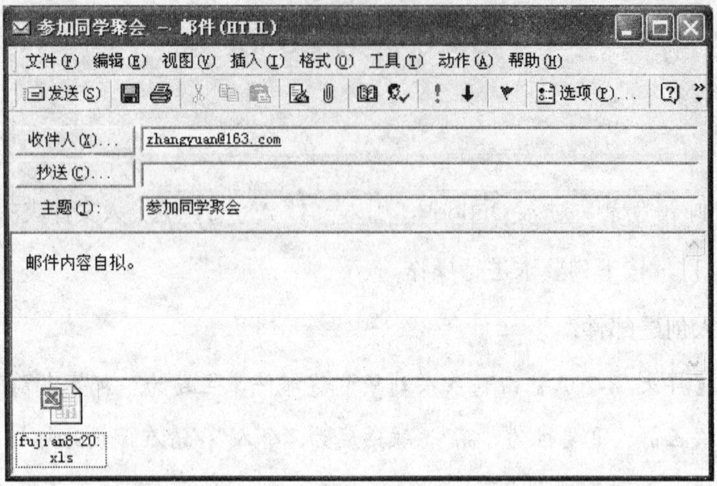

【样文 8-20C】

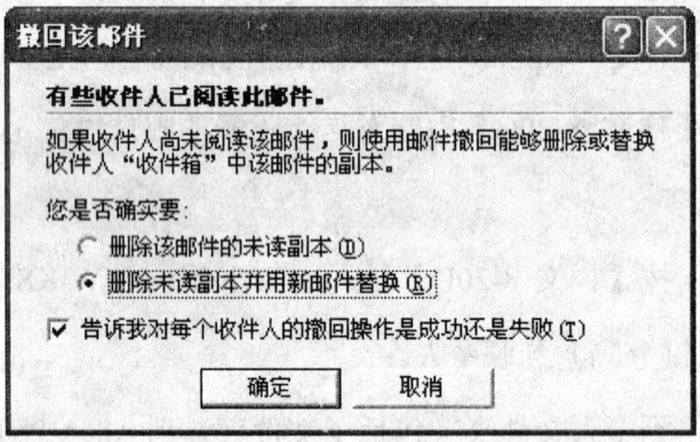

【样文 8-20D】

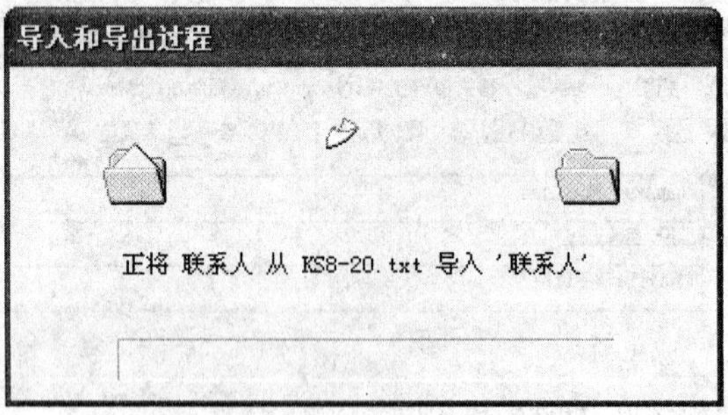

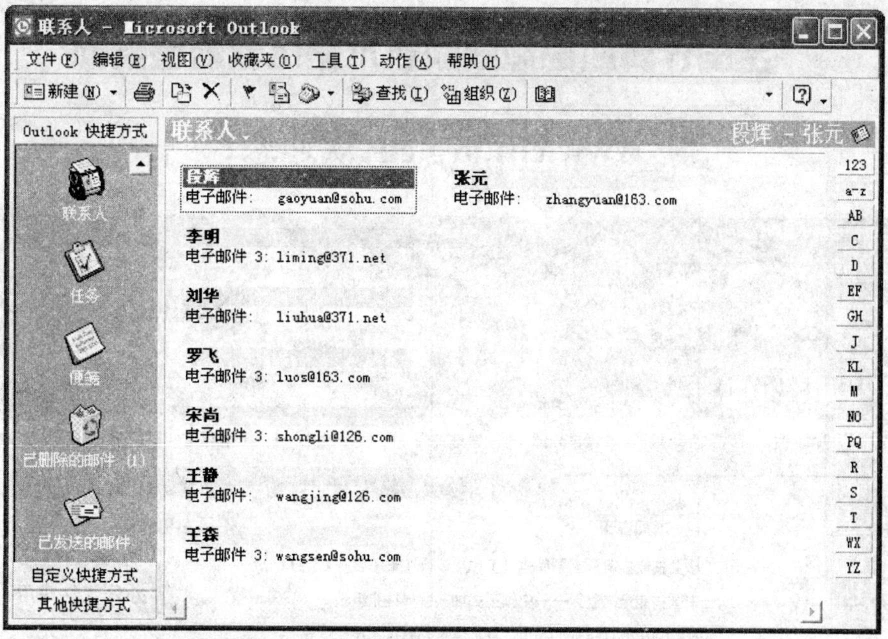
联系人 - Microsoft Outlook
文件(F) 编辑(E) 视图(V) 收藏夹(O) 工具(T) 动作(A) 帮助(H)
新建(N) 查找(I) 组织(Z)
Outlook 快捷方式
联系人
任务
便笺
已删除的邮件 (1)
已发送的邮件
自定义快捷方式
其他快捷方式
联系人
段辉 - 张元
段辉
电子邮件: gaoyuan@sohu.com
张元
电子邮件: zhangyuan@163.com
李明
电子邮件 3: liming@371.net
刘华
电子邮件: liuhua@371.net
罗飞
电子邮件 3: luos@163.com
宋尚
电子邮件 3: shongli@126.com
王静
电子邮件: wangjing@126.com
王森
电子邮件 3: wangsen@sohu.com
123
a-z
AB
C
D
EF
GH
J
KL
M
NO
PQ
R
S
T
WX
YZ